高等职业教育公共基础课通用教材

一元微积分及其应用

（第 3 版）

主　编　冯国勇　贾青慧
副主编　陈　猛

北京理工大学出版社
BEIJING INSTITUTE OF TECHNOLOGY PRESS

内容简介

本书是根据教育部制定的《高职高专教育高等数学课程教学基本要求》和《高等学校课程思政建设指导纲要》，在认真总结高职院校教改经验的基础上编写修订而成的．本书坚持贯彻"以应用为目的、以必需、够用为度"的原则，贴近高职院校学生数学的实际水平，在保证科学性的基础上，注意讲清概念，减少数学理论的推证，阐述清晰、通俗、易懂，注重对学生基本运算能力和分析问题、解决问题能力的培养，强调数学的应用模块，同时注意学生自学能力和自我提高能力的培养．

本书主要内容包括四大模块，分别为：基础模块：函数与连续、导数与微分、不定积分、定积分；应用模块：导数的应用、定积分的应用、常微分方程；提高模块：无穷级数、数学建模简介；预备模块：高等数学预备知识（高中数学知识复习）．

本书可作为高职院校各专业学生（一元微积分必修内容）的教材或教学参考书．

版权专有　侵权必究

图书在版编目（CIP）数据

一元微积分及其应用 / 冯国勇，贾青慧主编． -- 3 版． -- 北京：北京理工大学出版社，2021.5（2023.1 重印）
ISBN 978-7-5682-9854-4

Ⅰ. ①一… Ⅱ. ①冯… ②贾… Ⅲ. ①微积分-高等职业教育-教材 Ⅳ. ①O172

中国版本图书馆 CIP 数据核字（2021）第 095528 号

出版发行	/北京理工大学出版社有限责任公司
社　　址	/北京市海淀区中关村南大街 5 号
邮　　编	/100081
电　　话	/(010)68914775（总编室）
	(010)82562903（教材售后服务热线）
	(010)68944723（其他图书服务热线）
网　　址	/http://www.bitpress.com.cn
经　　销	/全国各地新华书店
印　　刷	/北京虎彩文化传播有限公司
开　　本	/710 毫米×1000 毫米　1/16
印　　张	/18
字　　数	/342 千字
版　　次	/2021 年 5 月第 3 版　2023 年 1 月第 5 次印刷
定　　价	/45.20 元

责任编辑	/孟祥雪
文案编辑	/孟祥雪
责任校对	/周瑞红
责任印制	/王美丽

图书出现印装质量问题，请拨打售后服务热线，本社负责调换

前　言

"高等数学"是高职院校必修的一门公共基础课,是学生学习有关专业知识和技术,提高文化素质及培养逻辑思维能力的重要基础.

本书是根据教育部制定的《高职高专教育高等数学课程教学基本要求》和《高等学校课程思政建设指导纲要》,在认真总结高职院校教改经验的基础上编写修订的.本书坚持贯彻"以应用为目的,以必需、够用为度"的原则,贴近高职院校学生数学的实际水平,在保证科学性的基础上,注意讲清概念,减少数学理论的推证,阐述清晰、通俗、易懂,注重对学生基本运算能力和分析问题、解决问题能力的培养,强调数学的应用模块,同时注意学生自学能力和自我提高能力的培养.

本教材主要特点:

1. 教材具体内容贴近高职院校学生数学的实际水平,以必需、够用为度,阐述清晰、通俗、易懂,分基础模块、应用模块、提高模块、预备模块四个模块选择进行模块化教学;

2. 教材中加大对学生应用能力的培养,注重加强数学的实际应用,课堂练习、习题两块由浅入深,循序渐进;

3. 教材中注意从源于实际的问题引入基本概念;

4. 加入本章精粹内容,将本章知识要点和计算技巧高度概括;

5. 加入提高模块,注意学生自学能力和自我提高能力的培养,尤其加入数学建模简介章节内容,让学生初步了解数学建模的思想,把数学这一工具融入学生的生活实践中;

6. 加入预备模块,为基础相对薄弱的学生补充和查阅相关高中数学知识.

本书主要内容包括:

基础模块:函数与连续、导数与微分、不定积分、定积分;

应用模块:导数的应用、定积分的应用、常微分方程;

提高模块:无穷级数、数学建模简介;

预备模块:高等数学预备知识(高中数学知识复习).

本教材主编为兰州资源环境职业技术大学的冯国勇、贾青慧教授,副主编为陈猛副教授,第三、四、六、七、八章由冯国勇执笔;第一、二、五、九章由贾青慧执笔;第十章由陈猛执笔,全书由冯国勇统稿.在本书编写修订过程中,编者参阅了一些教材和著作,并得到了兰州资源环境职业技术大学的有关领导与老师的大力支持和建议,在此表示衷心的感谢.

本教材立体化数字化学习资源可以在学银在线 https://www.xueyinonline.com/detail/227610105 下载查看,希望读者可通过邮箱 342389609@qq.com 提出宝贵意见.

编　者

2021 年 5 月

教材配套在线开放课程

目 录

基 础 模 块

微积分发展简史 ··· 2
第一章　极限与连续 ··· 4
　§1.1　函数 ··· 4
　习题1.1 ·· 10
　§1.2　函数的极限 ·· 10
　习题1.2 ·· 16
　§1.3　极限的运算 ·· 16
　习题1.3 ·· 21
　§1.4　无穷小量与无穷大量 ·· 21
　习题1.4 ·· 26
　§1.5　函数的连续性 ··· 26
　习题1.5 ·· 32
　本章知识精粹 ··· 33
　第一章习题 ·· 35
　习题参考答案 ··· 36
第二章　导数与微分 ··· 38
　§2.1　导数的概念 ·· 38
　习题2.1 ·· 44
　§2.2　函数的求导法则 ·· 45
　习题2.2 ·· 48
　§2.3　隐函数、参数方程所确定的函数的导数 ···················· 49
　习题2.3 ·· 52
　§2.4　高阶导数 ··· 52
　习题2.4 ·· 55
　§2.5　函数的微分 ·· 55
　习题2.5 ·· 58
　本章知识精粹 ··· 59
　第二章习题 ·· 61
　习题参考答案 ··· 62

第三章　不定积分 …… 65

§3.1　不定积分的概念及直接积分法 …… 65
习题 3.1 …… 71
§3.2　换元积分法 …… 72
习题 3.2 …… 81
§3.3　分部积分法 …… 82
习题 3.3 …… 84
§3.4　有理函数和可以化为有理函数的积分 …… 85
习题 3.4 …… 89
§3.5　简易积分表的使用 …… 89
常用积分简表 …… 89
本章知识精粹 …… 98
第三章习题 …… 100
习题参考答案 …… 101

第四章　定积分 …… 103

§4.1　定积分的概念 …… 103
习题 4.1 …… 110
§4.2　牛顿—莱布尼茨公式 …… 111
习题 4.2 …… 115
§4.3　定积分的换元积分法与分部积分法 …… 115
习题 4.3 …… 123
§4.4　广义积分 …… 124
习题 4.4 …… 128
本章知识精粹 …… 128
第四章习题 …… 130
习题参考答案 …… 131

应 用 模 块

第五章　导数的应用 …… 135

§5.1　微分中值定理 …… 135
习题 5.1 …… 137
§5.2　洛必达法则 …… 137
习题 5.2 …… 141
§5.3　函数的单调性 …… 141
习题 5.3 …… 143
§5.4　函数的极值与最值 …… 144

习题 5.4 …………………………………………………………… 147
　§5.5　曲线的凹凸性及拐点 ……………………………………… 148
　　习题 5.5 …………………………………………………………… 149
　§5.6　函数图形的描绘 …………………………………………… 150
　　习题 5.6 …………………………………………………………… 152
　§5.7　微分的应用 ………………………………………………… 152
　　习题 5.7 …………………………………………………………… 155
　§5.8　曲线的曲率 ………………………………………………… 155
　　习题 5.8 …………………………………………………………… 157
　　本章知识精粹 ……………………………………………………… 158
　　第五章习题 ………………………………………………………… 159
　　习题参考答案 ……………………………………………………… 160

第六章　定积分的应用 ………………………………………………… 163
　§6.1　定积分在几何中的应用 …………………………………… 163
　　习题 6.1 …………………………………………………………… 170
　§6.2　定积分在物理和经济中的应用 …………………………… 170
　　习题 6.2 …………………………………………………………… 174
　　本章知识精粹 ……………………………………………………… 174
　　第六章习题 ………………………………………………………… 175
　　习题参考答案 ……………………………………………………… 176

第七章　常微分方程 …………………………………………………… 177
　§7.1　微分方程的概念 …………………………………………… 177
　　习题 7.1 …………………………………………………………… 179
　§7.2　一阶微分方程 ……………………………………………… 179
　　习题 7.2 …………………………………………………………… 183
　§7.3　可降阶的高阶微分方程 …………………………………… 184
　　习题 7.3 …………………………………………………………… 186
　§7.4　二阶常系数线性微分方程 ………………………………… 186
　　习题 7.4 …………………………………………………………… 190
　　本章知识精粹 ……………………………………………………… 190
　　第七章习题 ………………………………………………………… 191
　　习题参考答案 ……………………………………………………… 191

提　高　模　块

第八章　无穷级数 ……………………………………………………… 195
　§8.1　常数项级数 ………………………………………………… 195

习题 8.1 ……………………………………………………………… 199
　§ 8.2　数项级数的收敛性判别法 ……………………………………… 199
　　习题 8.2 ……………………………………………………………… 203
　§ 8.3　幂级数 …………………………………………………………… 204
　　习题 8.3 ……………………………………………………………… 209
　§ 8.4　函数的幂级数展开式 …………………………………………… 209
　　习题 8.4 ……………………………………………………………… 213
　§ 8.5　傅里叶级数 ……………………………………………………… 213
　　习题 8.5 ……………………………………………………………… 218
　本章知识精粹 …………………………………………………………… 218
　第八章习题 ……………………………………………………………… 220
　习题参考答案 …………………………………………………………… 221

第九章　数学建模简介 ……………………………………………………… 223
　§ 9.1　数学模型及建立数学模型概述 ………………………………… 223
　§ 9.2　初等数学建模 …………………………………………………… 229
　§ 9.3　简单的优化模型 ………………………………………………… 232
　§ 9.4　微分方程模型 …………………………………………………… 237

预 备 模 块

第十章　高等数学预备知识 ………………………………………………… 243
　§ 10.1　指数函数与对数函数 …………………………………………… 243
　　习题 10.1 …………………………………………………………… 246
　§ 10.2　不等式 …………………………………………………………… 246
　　习题 10.2 …………………………………………………………… 249
　§ 10.3　数列 ……………………………………………………………… 250
　　习题 10.3 …………………………………………………………… 252
　§ 10.4　复数 ……………………………………………………………… 253
　　习题 10.4 …………………………………………………………… 256
　§ 10.5　三角函数 ………………………………………………………… 257
　　习题 10.5 …………………………………………………………… 265
　§ 10.6　圆锥曲线 ………………………………………………………… 265
　　习题 10.6 …………………………………………………………… 271
　本章知识精粹 …………………………………………………………… 272
　第十章习题 ……………………………………………………………… 274
　习题参考答案 …………………………………………………………… 275

参考文献 ……………………………………………………………………… 277

基础模块

微积分发展简史

微积分是微分学(Differential Calculus)和积分学(Integral Calculus)的统称,英文简称Calculus,意为计算.

微积分诞生于17世纪,是由牛顿与莱布尼茨在前人研究的基础上各自独立创立的.但微积分的萌芽和发展酝酿从公元前就开始了,早在公元前4世纪前后,古希腊时期的数学家就已经初步有了极限的思想,如欧多克斯、阿基米德的著作中都有一些关于"无限"的思想和研究.同时期,我国也产生了"一尺之棰,日取其半,万世不竭"的极限思想.公元3世纪刘徽的"割圆术"及公元5至6世纪祖冲之、祖暅对圆周率、面积和体积的研究,也应用了极限的思想方法.

到了16世纪至17世纪上半叶,随着科学技术的发展和对数学研究的深入,一些长期未能解决的数学问题的研究促进了微积分的发展.一批杰出科学家从几何等各个角度为微积分的正式诞生奠定了基础,如开普勒、帕斯卡、费马、巴罗等,但他们的工作仍然没能全面、完整地解决微积分的一些基本问题.与此同时,随着天文学、力学、航海、机械以及解析几何等许多新兴科学的巨大发展,一大批迫切需要解决的力学和数学问题摆在数学家面前,正是在这个背景下,17世纪下半叶,微积分应运而生.

牛顿作为那个时代的科学巨人,用物理学的角度研究微积分.1665年11月发明"正流数术"(微分法),1666年5月建立"反流数术"(积分法),1666年10月,牛顿将前两年的工作总结为《流数简论》,明确了现代微积分的基本方法.牛顿将自古希腊以来的求解无限小问题的各种技巧统一为两类普通的算法——正反流数术,并证明了二者的互逆关系,将这两类运算进一步统一成整体,也正是在这样的定义下,牛顿超过了所有的微积分先驱者.

莱布尼兹是从几何学的角度出发研究了微积分的基本问题,确立了微分与积分之间的互逆关系,他创造的微积分符号要优于牛顿,促进了微积分的发展,沿用至今.

微积分诞生以后,许多数学家如欧拉、拉格朗日、拉普拉斯、勒让德、达朗贝尔、傅里叶等都为微积分的发展完善作出过巨大贡献,但同时微积分也不断暴露出问题和不足,特别是微积分没有建立在严格的极限理论基础上.

直至19世纪后,在波尔察诺、阿贝尔,特别是柯西、维尔斯特拉斯等数学大师的努力下,开始重新考虑微积分的逻辑基础和严密性,取得了重要成果,微积分的极限基础才得以建立.如法国数学家柯西在《分析教程》和《无限小计算教程概论》

中,以严格化作为目标,给出了微积分基本概念如变量、极限、连续性、导数、微分等的明确定义,并在此基础上重建和拓展了微积分的一些重要事实与定理.维尔斯特拉斯创造了 $\varepsilon-\delta$ 语言,对微积分中出现的各种类型的极限重加表达,使极限理论成为微积分的基础,从而使微积分进一步发展.

以微积分为基础发展起来了许多数学学科,如:微分方程、复变函数、实变函数、微分几何等,微积分成为数学中的基础学科,也是近现代数学中的重要基石和起点,成为人类文化的重要组成部分.

微积分理论是无数个伟大的灵魂夜以继日、呕心沥血才得到的,我们对数学家所做出的贡献表示敬佩,我们要学习这些数学家的敬业精神和坚韧不拔的品质,同时用数学家的成功经历鼓励和鞭策我们努力学习,以乐观的精神面对困难,战胜挫折,立志成才.

第一章 极限与连续

函数的极限与连续是高等数学研究的理论基础. 本章在复习、加深和拓宽函数的有关知识的基础上,介绍函数极限的概念,讨论函数的极限运算和连续性,为以后的学习奠定必要的基础.

§1.1 函　　数

一、函数的概念

1. 函数的定义

定义 1 设 D 为一个非空实数集合,如果存在确定的对应法则 f,使对于数集 D 中的任意一个数 x,按照 f 都有确定的实数 y 与之对应,则称 y 是定义在集合 D 上的 x 的函数,记作 $y=f(x)$. x 称为**自变量**,y 称为**因变量**,D 称为函数的**定义域**,$M=\{y|y=f(x),x\in D\}$ 称为函数的**值域**.

如果对于每一个 $x\in D$,都仅有一个 $y\in M$ 与之对应,则称这种函数为**单值函数**. 如果对于一个给定的 $x\in D$,有多个 $y\in M$ 与之对应,则称这种函数为**多值函数**. 一个多值函数通常可看成是由一些单值函数组成的. 在本教材中,若无特别的说明,我们约定函数是单值的.

函数 $y=f(x)$ 在 $x=x_0\in D$ 点,对应的函数值记为 $f(x_0)$,即
$$f(x_0)=f(x)|_{x=x_0}.$$

例 1 确定函数 $f(x)=\sqrt{3+2x-x^2}+\ln(x-2)$ 的定义域,并求 $f(3),f(t^2)$.

解 该函数的定义域应为满足不等式组
$$\begin{cases} 3+2x-x^2\geqslant 0, \\ x-2>0 \end{cases}$$
的 x 值的全体. 解此不等式组,得 $2<x\leqslant 3$. 故该函数的定义域为
$$D=\{x\mid 2<x\leqslant 3\}=(2,3];$$
$$f(3)=\sqrt{3+2\times 3-3^2}+\ln(3-2)=\ln 1=0;$$
$$f(t^2)=\sqrt{3+2t^2-t^4}+\ln(t^2-2).$$

2. 函数的表示法

一般说来,函数的表达方式有三种:公式法(以数学式子表示函数的方法)、表

格法(以表格形式表示函数的方法)和图示法(以图形表示函数的方法).

还会遇到一个函数在自变量不同的取值范围内用不同的式子来表示的情形,这样的函数称为**分段函数**.

例 2 设
$$f(x) = \begin{cases} 1, & x > 0, \\ 0, & x = 0, \\ -1, & x < 0. \end{cases}$$

求其定义域、值域及 $f(2), f(0)$ 和 $f(-2)$.

解 定义域 $D=(-\infty,0)\cup\{0\}\cup(0,+\infty)=(-\infty,+\infty)$;

值域 $M=\{1,0,-1\}$;

因为 $-2\in(-\infty,0), 0\in\{0\}, 2\in(0,+\infty)$,

所以 $f(-2)=-1, f(0)=0, f(2)=1$.

这里的 $f(x)$ 又称为**符号函数**,记为 sgn x.

例 3 绝对值函数
$$f(x) = |x| = \begin{cases} x, & x \geqslant 0, \\ -x, & x < 0. \end{cases}$$

求其定义域、值域.

解 定义域 $D=(-\infty,0)\cup[0,+\infty)=(-\infty,+\infty)$;值域 $M=[0,+\infty)$.

运用符号函数可以将绝对值函数记为 $f(x)=|x|=x \cdot $ sgn x.

3. 反函数

定义 2 设有函数 $y=f(x)$,其定义域为 D,值域为 M,如果对于 M 中的每一个 y 值($y\in M$),都可以从关系式 $y=f(x)$ 确定唯一的 x 值($x\in D$)与之对应,那么所确定的以 y 为自变量的函数 $x=\varphi(y)$ 叫作函数 $y=f(x)$ 的**反函数**,它的定义域为 M,值域为 D.

习惯上,函数的自变量都以 x 表示,所以反函数也可以表示为 $y=f^{-1}(x)$. 函数 $y=f(x)$ 的图形与其反函数 $y=f^{-1}(x)$ 的图形关于直线 $y=x$ 对称.

例 4 函数 $y=2^x$ 与函数 $y=\log_2 x$ 互为反函数,则它们的图形在同一直角坐标系中是关于直线 $y=x$ 对称的,如图 1-1 所示.

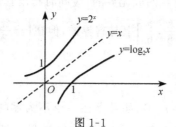

图 1-1

二、函数的基本特性

1. 奇偶性

定义 3 设函数 $y=f(x)$ 的定义域关于原点对称,如果对于定义域中的任何 x,都有 $f(-x)=f(x)$,则称 $y=f(x)$ 为**偶函数**;如果对于定义域中的任何 x,都有 $f(-x)=-f(x)$,则称 $y=f(x)$ 为**奇函数**. 不是偶函数也不是奇函数的函数,称为**非奇非偶函数**.

几何特征:奇函数的图形关于原点对称,偶函数的图形关于 y 轴对称.

例 5 判断函数 $f(x)=\cos x \ln(x+\sqrt{x^2+1})$ 的奇偶性.

解 因为该函数的定义域为 $(-\infty,+\infty)$,且有
$$f(-x)=\cos(-x)\ln(-x+\sqrt{x^2+1})=-\cos x\ln(x+\sqrt{x^2+1})=-f(x),$$
所以 $f(x)=\cos x\ln(x+\sqrt{x^2+1})$ 是奇函数.

2. 单调性

定义 4 设函数 $y=f(x)$,x_1,x_2 为区间 (a,b) 内的任意两个数. 当 $x_1<x_2$ 时,有 $f(x_1)<f(x_2)$,则称该函数在区间 (a,b) 内单调增加,或称递增;当 $x_1<x_2$ 时,有 $f(x_1)>f(x_2)$,则称该函数在区间 (a,b) 内单调减少,或称递减.

几何特征:单调增加函数的图形沿横轴正向上升,单调减少函数的图形沿横轴正向下降.

3. 有界性

定义 5 设函数 $y=f(x)$ 在区间 I 上有定义,若存在一个正数 M,当 $x\in I$ 时,恒有 $|f(x)|\leqslant M$ 成立,则称函数 $y=f(x)$ 为 I 上的**有界函数**;如果不存在这样的正数 M,则称函数 $y=f(x)$ 为 I 上的**无界函数**.

几何特征:如果 $y=f(x)$ 是区间 I 上的有界函数,那么它的图形在 I 上必介于两平行线 $y=\pm M$ 之间.

应当指出:有的函数可能在其定义域的某一部分内有界,而在另一部分无界. 因此,我们说一个函数是有界的或无界的,应同时指出其自变量的相应范围.

例如,$y=\tan x$ 在 $\left[-\dfrac{\pi}{6},\dfrac{\pi}{6}\right]$ 上是有界的,但在 $\left(-\dfrac{\pi}{2},\dfrac{\pi}{2}\right)$ 内是无界的.

4. 周期性

定义 6 对于函数 $y=f(x)$,如果存在一个不为零的正数 L,使得对于定义域内的一切 x,等式 $f(x+L)=f(x)$ 都成立,则 $y=f(x)$ 叫作**周期函数**,L 叫作这个

函数的**周期**.

我们常说的某个函数的周期通常指的是它的最小正周期.

例如,$y=\sin x$,$y=\tan x$的周期分别为2π,π.

三、复合函数

定义7 若y是u的函数:$y=f(u)$,而u又是x的函数:$u=\varphi(x)$,且$\varphi(x)$的函数值的全部或部分在$f(u)$的定义域内,则y通过变量u成为x的函数,这个函数是由函数$y=f(u)$及$u=\varphi(x)$复合而成的函数,简称**复合函数**,记作$y=f[\varphi(x)]$,其中u叫作中间变量.

应当指出:并非任何两个函数都可构成复合函数.

例6 函数$y=\arcsin u$与函数$u=2+x^2$是不能复合成一个函数的.

因为对于$u=2+x^2$的定义域$(-\infty,+\infty)$中的任何x值所对应的u值(都大于或等于2),都使$y=\arcsin u$没有定义.

对于复合函数,我们需弄清两个问题,那就是"复合"和"分解".所谓"复合",就是把几个作为中间变量的函数复合成一个函数,该过程也就是把中间变量依次代入的过程;所谓"分解",就是把一个复合函数分解为几个简单函数,而这些简单函数往往都是基本初等函数,或是基本初等函数与常数的四则运算所得到的函数.

例7 试将函数$y=\sqrt{u}$与$u=1-x^2$复合成一个函数.

解 将$u=1-x^2$代入$y=\sqrt{u}$,即得所求的复合函数$y=\sqrt{1-x^2}$,其定义域为$[-1,1]$.

例8 已知$y=\ln u$,$u=\sin v$,$v=x^2+1$,试把y表示为x的函数.

解 将中间变量依次代入:$y=\ln u=\ln \sin v=\ln \sin(x^2+1)$,所得函数即所求复合函数$y=\ln \sin(x^2+1)$.

例9 指出函数$y=\cos^2 x$是由哪些函数复合而成的.

解 令$u=\cos x$,则$y=u^2$,所以$y=\cos^2 x$是由$y=u^2$,$u=\cos x$复合而成的.

例10 指出函数$y=\sqrt{\ln(\sin x+2^x)}$是由哪些函数复合而成的.

解 令$u=\ln(\sin x+2^x)$,则$y=\sqrt{u}$,再令$v=\sin x+2^x$,则$u=\ln v$.所以$y=\sqrt{\ln(\sin x+2^x)}$是由$y=\sqrt{u}$,$u=\ln v$,$v=\sin x+2^x$复合而成的.

四、初等函数

1. 基本初等函数

最常用的基本初等函数有5种,分别是:幂函数$y=x^a$、指数函数$y=a^x$($a>0$且$a\neq 1$)、对数函数$y=\log_a x$($a>0$且$a\neq 1$)、三角函数(如正弦函数$y=\sin x$和余弦函数$y=\cos x$)及反三角函数(如反正弦函数$y=\arcsin x$和反正切函数$y=$

arctan x),见表 1-1.

表 1-1

函数名称	函数的表达式	函数的图形	函数的性质
指数函数	$y=a^x (a>0$ 且 $a\neq 1)$		(a) 其定义域为 $(-\infty, +\infty)$; (b) 当 $a>1$ 时,在定义域内单调增,当 $0<a<1$ 时,在定义域内单调减; (c) 其图像过点 $(0,1)$
对数函数	$y=\log_a x (a>0$ 且 $a\neq 1)$		(a) 其定义域为 $(0, +\infty)$; (b) 当 $a>1$ 时,在定义域内单调增,当 $0<a<1$ 时,在定义域内单调减; (c) 其图像过点 $(1,0)$
幂函数	$y=x^a$ (a 为任意实数)	这里只画出部分函数图形的一部分	(a) 其定义域因 a 而异; (b) 图像过点 $(0,0)$
三角函数	$y=\sin x$(正弦函数) (这里只写出了正弦函数)		(a) 正弦函数以 2π 为周期; (b) 正弦函数是奇函数; (c) 正弦函数是有界函数 $\|\sin x\|\leq 1$
反三角函数	$y=\arcsin x$(反正弦函数) (这里只写出了反正弦函数)		(a) 其定义域为 $[-1,1]$; (b) 由于此函数为多值函数,因此把函数值限制在 $[-\pi/2, \pi/2]$ 上,并称其为反正弦函数的主值

2. 初等函数

由基本初等函数与常数经过有限次的四则运算及有限次的函数复合所产生,并且能用一个解析式表示的函数称为**初等函数**.

初等函数是高等数学的主要研究对象. 注意:分段函数一般不是初等函数. 但是,由于分段函数在其定义域的各个子区间上常用初等函数表示,故仍可通过初等函数来研究它们.

3. 双曲函数

下面介绍一种应用中经常遇到的函数——双曲函数.
(1) 双曲函数见表 1-2.

表 1-2

函数的名称	函数的表达式	函数的图形	函数的性质
双曲正弦	$\mathrm{sh}\, x = \dfrac{e^x - e^{-x}}{2}$	$y=\mathrm{sh}\, x$ 的图形	(a) 其定义域为 $(-\infty, +\infty)$； (b) 是奇函数； (c) 在定义域内单调增
双曲余弦	$\mathrm{ch}\, x = \dfrac{e^x + e^{-x}}{2}$	$y=\mathrm{ch}\, x$ 的图形	(a) 其定义域为 $(-\infty, +\infty)$； (b) 是偶函数； (c) 其图像过点 $(0,1)$
双曲正切	$\mathrm{th}\, x = \dfrac{e^x - e^{-x}}{e^x + e^{-x}}$	$y=\mathrm{th}\, x$ 的图形	(a) 其定义域为 $(-\infty, +\infty)$； (b) 是奇函数； (c) 其图像夹在水平直线 $y=1$ 及 $y=-1$ 之间；在定义域内单调增

双曲函数与三角函数的区别见表 1-3.

表 1-3

双曲函数的性质	三角函数的性质
$\mathrm{sh}\, 0 = 0, \mathrm{ch}\, 0 = 1, \mathrm{th}\, 0 = 0$	$\sin 0 = 0, \cos 0 = 1, \tan 0 = 0$
$\mathrm{sh}\, x$ 与 $\mathrm{th}\, x$ 是奇函数，$\mathrm{ch}\, x$ 是偶函数	$\sin x$ 与 $\tan x$ 是奇函数，$\cos x$ 是偶函数
$\mathrm{ch}^2 x - \mathrm{sh}^2 x = 1$	$\sin^2 x + \cos^2 x = 1$
都不是周期函数	都是周期函数

双曲函数也有和差公式：

$$\text{sh}(x \pm y) = \text{sh }x\text{ch }y \pm \text{ch }x\text{sh }y;$$
$$\text{ch}(x \pm y) = \text{ch }x\text{ch }y \pm \text{sh }x\text{sh }y;$$
$$\text{th}(x \pm y) = \frac{\text{th }x \pm \text{th }y}{1 \pm \text{th }x\text{th }y}.$$

(2) 反双曲函数. 双曲函数的反函数称为反双曲函数.

反双曲正弦函数 $\text{arsh }x = \ln(x + \sqrt{1+x^2})$，其定义域为 $(-\infty, +\infty)$；

反双曲余弦函数 $\text{arch }x = \ln(x + \sqrt{x^2-1})$，其定义域为 $[1, +\infty)$；

反双曲正切函数 $\text{arth }x = \dfrac{1}{2}\ln\dfrac{1+x}{1-x}$，其定义域为 $(-1, +1)$.

习　题　1.1

1. 求下列函数的定义域：

(1) $y = \arcsin(x-2)$；　　　　(2) $y = \sqrt{5-x} + \arctan\dfrac{1}{x}$；

(3) $y = \ln(2+x)$；　　　　　　(4) $y = e^{\frac{1}{x}}$.

2. 下列各题中，函数 $f(x)$ 和 $g(x)$ 是否相同？为什么？

(1) $f(x) = \lg x^2, g(x) = 2\lg x$；

(2) $f(x) = x, g(x) = \sqrt{x^2}$；

(3) $f(x) = 1, g(x) = \sec^2 x - \tan^2 x$.

3. 若 $f(x) = \begin{cases} x+1, & x<1, \\ 2x+3, & x>1. \end{cases}$ 求函数值 $f(0), f(-1), f(1.5), f(1+a)$.

4. 讨论下列函数的奇偶性：

(1) $f(x) = x\cos x + \sin x$；　　(2) $y = \dfrac{a^x + a^{-x}}{2}$；

(3) $y = \ln(x + \sqrt{1+x^2})$.

5. 求下列函数的反函数及反函数的定义域：

(1) $y = \sqrt{4-x^2}, \quad x \in [-2, 0]$；　(2) $y = 10^{2x+3}$.

6. 在下列各题中，求由所给函数复合而成的复合函数，并求各复合函数的定义域：

(1) $y = 10^u, u = 1+x^2$；　　　(2) $y = u^2, u = \sin v, v = 1+2x$；

(3) $y = \sqrt{u}, u = 1-e^x$.

§1.2　函数的极限

一、实例与邻域

1. 实例

春秋战国时期的哲学家庄子在《庄子·天下篇》中说"一尺之棰，日取其半，万世不竭"，隐含了深刻的极限思想.

我国魏晋时期的数学家刘徽,曾试图从圆内接正多边形出发,来计算半径等于单位长度的圆的面积。他从圆内接正六边形开始,每次把边数加倍,直觉地意识到边数越多,内接正多边形的面积越接近于圆的面积。他曾正确地计算出圆内接正 3 072 边形的面积,从而得到圆周率 π 的十分精确的结果:π≈3.141 6。他的算法用现代数学来表达,就是

$$A \approx 6 \cdot 2^{n-1} \cdot \frac{1}{2} R^2 \cdot \sin \frac{2\pi}{6 \cdot 2^{n-1}},$$

其中,A 为半径等于 R 的圆的面积;$6 \cdot 2^{n-1}$ 为刘徽的计算方法中用到的正多边形的边数。

刘徽在其所著的"九章算术注"中曾说:"割之弥细,所失弥少,割之又割,以至于不可割,则与圆周合体而无所失矣。"这就是数学史上著名的"割圆术",利用圆内接正多边形的面积去无限逼近圆面积,就渗透着极限的思想。刘徽"割圆术"中的极限思想和无穷小方法,是世界古代极限思想的深刻体现,在数学史上占据十分重要的地位,成为人类文明史中不朽的篇章。

以上古代数学家的智慧是我们中华民族的骄傲!更增加了我们的文化自信。

2. 邻域

满足不等式 $|x-x_0|<\delta$(其中 δ 为大于 0 的常数)的一切 x,称为点 x_0 的 δ—邻域,记作 $U(x_0,\delta)$,即

$$U(x_0,\delta) = \{x \mid |x-x_0|<\delta\} = (x_0-\delta, x_0+\delta).$$

满足不等式 $0<|x-x_0|<\delta$ 的一切 x,称为点 x_0 的 δ—空心邻域,记作 $\mathring{U}(x_0,\delta)$,即

$$\mathring{U}(x_0,\delta) = \{x \mid 0<|x-x_0|<\delta\} = (x_0-\delta, x_0) \cup (x_0, x_0+\delta).$$

二、函数的极限

函数极限的概念是与求一些量的精确值有关的,它研究在自变量的某一变化过程中函数的变化趋势。下面将分别就函数在两种不同变化过程中的变化趋势加以讨论:

(1) 当自变量 x 的绝对值 $|x|$ 无限增大(记为 $x \to \infty$)时,函数 $f(x)$ 的极限;

(2) 当自变量 x 无限接近于有限值 x_0,即趋向于 x_0(记为 $x \to x_0$)时,函数 $f(x)$ 的极限。

1. 当 $x \to \infty$ 时函数 $f(x)$ 的极限

函数的自变量 $x \to \infty$ 是指 x 的绝对值无限增大,它包含以下两种情况:

(1) x 取正值,无限增大,记作 $x \to +\infty$;

(2) x 取负值,它的绝对值无限增大(即 x 无限减小),记作 $x \to -\infty$.

若要 $|x|$ 无限增大,则写成 $x \to \infty$.

定义 1 如果当 $x \to +\infty$(或 $x \to -\infty$)时,函数 $f(x)$ 无限地趋近于一个确定的常数 A,那么就称数 A 为当 $x \to +\infty$(或 $x \to -\infty$)时函数 $f(x)$ 的极限,记作

$$\lim_{x \to +\infty} f(x) = A \quad (\text{或} \lim_{x \to -\infty} f(x) = A).$$

对函数 $f(x)$ 与常数 A 无限接近的这一过程准确描述如下:

$\lim\limits_{x \to +\infty} f(x) = A \Leftrightarrow$ 对于 $\forall \varepsilon > 0$, $\exists$ 充分大的 $X > 0$,使得当 $x > X$ 时,恒有 $|f(x) - A| < \varepsilon$.

$\lim\limits_{x \to -\infty} f(x) = A \Leftrightarrow$ 对于 $\forall \varepsilon > 0$, $\exists$ 充分大的 $X > 0$,使得当 $x < -X$ 时,恒有 $|f(x) - A| < \varepsilon$.

定义 2 如果当 $|x|$ 无限增大(即 $x \to \infty$)时,函数 $f(x)$ 无限地趋近于一个确定的常数 A,那么就称数 A 为当 $x \to \infty$ 时函数 $f(x)$ 的极限,记作

$$\lim_{x \to \infty} f(x) = A.$$

即

$\lim\limits_{x \to \infty} f(x) = A \Leftrightarrow$ 对于 $\forall \varepsilon > 0$, $\exists$ 充分大的 $X > 0$,使得当 $|x| > X$ 时,恒有 $|f(x) - A| < \varepsilon$.

$\lim\limits_{x \to \infty} f(x)$ 存在的充分必要条件是 $\lim\limits_{x \to -\infty} f(x)$ 和 $\lim\limits_{x \to +\infty} f(x)$ 存在并且相等. 即

$$\lim_{x \to \infty} f(x) = A \Leftrightarrow \lim_{x \to -\infty} f(x) = \lim_{x \to +\infty} f(x) = A.$$

例 1 证明 $\lim\limits_{x \to \infty} \dfrac{1}{x} = 0$.

分析: $|f(x) - A| = \left| \dfrac{1}{x} - 0 \right| = \dfrac{1}{|x|}$. 对 $\forall \varepsilon > 0$,要使 $|f(x) - A| < \varepsilon$,只要 $|x| > \dfrac{1}{\varepsilon}$.

证明 因为对 $\forall \varepsilon > 0$, $\exists X = \dfrac{1}{\varepsilon} > 0$,当 $|x| > X$ 时,有

$$|f(x) - A| = \left| \dfrac{1}{x} - 0 \right| = \dfrac{1}{|x|} < \varepsilon,$$

所以 $\lim\limits_{x \to \infty} \dfrac{1}{x} = 0$.

例 2 观察并写出下列各极限:

(1) $\lim\limits_{x \to +\infty} \arctan x$; (2) $\lim\limits_{x \to -\infty} \arctan x$;

(3) $\lim\limits_{x \to +\infty} e^{-x}$; (4) $\lim\limits_{x \to -\infty} e^{x}$.

解 通过观察并结合函数的图像(图 1-2,图 1-3,图 1-4)可知:

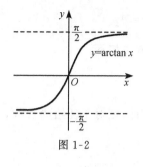
图 1-2

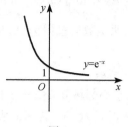
图 1-3

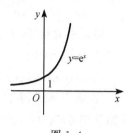
图 1-4

(1) $\lim\limits_{x\to+\infty}\arctan x=\dfrac{\pi}{2}$;　　(2) $\lim\limits_{x\to-\infty}\arctan x=-\dfrac{\pi}{2}$;

(3) $\lim\limits_{x\to+\infty}e^{-x}=0$;　　(4) $\lim\limits_{x\to-\infty}e^{x}=0$.

例 3 讨论当 $x\to\infty$ 时,函数 $f(x)=\operatorname{arccot} x$ 的极限.

解 因为 $\lim\limits_{x\to+\infty}\operatorname{arccot} x=0$,$\lim\limits_{x\to-\infty}\operatorname{arccot} x=\pi$,所以 $\lim\limits_{x\to\infty}\operatorname{arccot} x$ 不存在(如图 1-5 所示).

2. 当 $x\to x_0$ 时函数 $f(x)$ 的极限

与 $x\to\infty$ 的情形类似,记号 $x\to x_0$ 表示 x 无限趋近于 x_0,包含 x 从大于 x_0 和 x 从小于 x_0 的方向趋近于 x_0 两种情况:

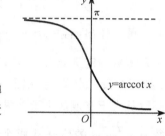
图 1-5

(1) $x\to x_0^+$ 表示 x 从大于 x_0 的方向趋近于 x_0;

(2) $x\to x_0^-$ 表示 x 从小于 x_0 的方向趋近于 x_0.

定义 3 如果当 x 从右边趋于 x_0(记为 $x\to x_0^+$)时,函数 $f(x)$ 无限接近于一个确定的常数 A,那么称 A 为函数 $f(x)$ 当 $x\to x_0$ 时的右极限.记为

$$\lim\limits_{x\to x_0^+}f(x)=A \quad \text{或} \quad f(x_0+0)=A.$$

如果当 x 从左边趋于 x_0(记为 $x\to x_0^-$)时,函数 $f(x)$ 无限接近于一个确定的常数 A,那么称 A 为函数 $f(x)$ 当 $x\to x_0$ 时的左极限.记为

$$\lim\limits_{x\to x_0^-}f(x)=A \quad \text{或} \quad f(x_0-0)=A.$$

定义 4 如果当 $x\to x_0$ 时,函数 $f(x)$ 无限地趋近于一个确定的常数 A,那么就称数 A 为当 $x\to x_0$ 时的函数 $f(x)$ 的极限,记作

$$\lim\limits_{x\to x_0}f(x)=A.$$

即

$$\lim\limits_{x\to x_0}f(x)=A \Leftrightarrow 对于 \forall \varepsilon>0, \exists 充分小的 \delta>0, 使得当 x\in \mathring{U}(x_0,\delta) 时,恒有$$
$|f(x)-A|<\varepsilon$.

$\lim\limits_{x\to x_0}f(x)$ 存在的充分必要条件是 $\lim\limits_{x\to x_0^-}f(x)$ 和 $\lim\limits_{x\to x_0^+}f(x)$ 存在并且相等.即

$$\lim_{x\to x_0}f(x)=A \Leftrightarrow \lim_{x\to x_0^-}f(x)=\lim_{x\to x_0^+}f(x)=A.$$

可以用此极限的定义来证明函数的极限为 A,其证明方法如下:

① 任取 $\varepsilon>0$;

② 写出不等式 $|f(x)-A|<\varepsilon$;

③ 解不等式,看能否得出空心邻域 $0<|x-x_0|<\delta$;若能,则对于任给的 $\varepsilon>0$,总能找出 δ,当 $0<|x-x_0|<\delta$ 时,$|f(x)-A|<\varepsilon$ 成立.

因此 $\lim_{x\to x_0}f(x)=A$.

由定义易证得:

$\lim_{x\to x_0}C=C$; $\lim_{x\to x_0}x=x_0$.

$\lim_{x\to 0}\sin x=0$; $\lim_{x\to 0}\cos x=1$.

例 4 考察极限 $\lim_{x\to 1}\dfrac{x^2-1}{x-1}$.

解 作出函数 $y=\dfrac{x^2-1}{x-1}$ 的图形(如图 1-6 所示). 函数的定义域为 $(-\infty,1)\cup(1,+\infty)$,在 $x=1$ 处函数没有定义. 但从图 1-6 可以看出,自变量 x 不论从大于 1 或从小于 1 两个方向趋近于 1 时,函数 $y=\dfrac{x^2-1}{x-1}$ 的值是从两个不同的方向趋近于 2 的. 所以 $\lim_{x\to 1}\dfrac{x^2-1}{x-1}=2$.

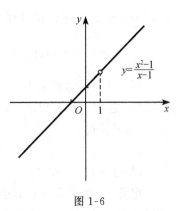

图 1-6

此例表明,$\lim_{x\to x_0}f(x)$ 是否存在与 $f(x)$ 在点 x_0 处是否有定义无关.

下面给出 $\lim_{x\to 1}\dfrac{x^2-1}{x-1}=2$ 的证明过程:

分析:注意函数在 $x=1$ 处是没有定义的,但这与函数在该点是否有极限并无关系. 当 $x\neq 1$ 时,$|f(x)-A|=\left|\dfrac{x^2-1}{x-1}-2\right|=|x-1|$. 对 $\forall \varepsilon>0$,要使 $|f(x)-A|<\varepsilon$,只要 $|x-1|<\varepsilon$.

证明 因为 $\forall \varepsilon>0$,$\exists \delta=\varepsilon$,当 $0<|x-1|<\delta$ 时,

有 $|f(x)-A|=\left|\dfrac{x^2-1}{x-1}-2\right|=|x-1|<\varepsilon$,所以 $\lim_{x\to 1}\dfrac{x^2-1}{x-1}=2$.

例 5 讨论函数 $f(x)=\begin{cases}x+1, & x\geqslant 0,\\ x-1, & x<0\end{cases}$ 当 $x\to 0$ 时的极限.

解 观察图 1-7 可知:

$$f(0-0)=\lim_{x\to 0^-}f(x)=\lim_{x\to 0^-}(x-1)=-1,$$

$$f(0+0) = \lim_{x \to 0^+} f(x) = \lim_{x \to 0^+}(x+1) = 1,$$

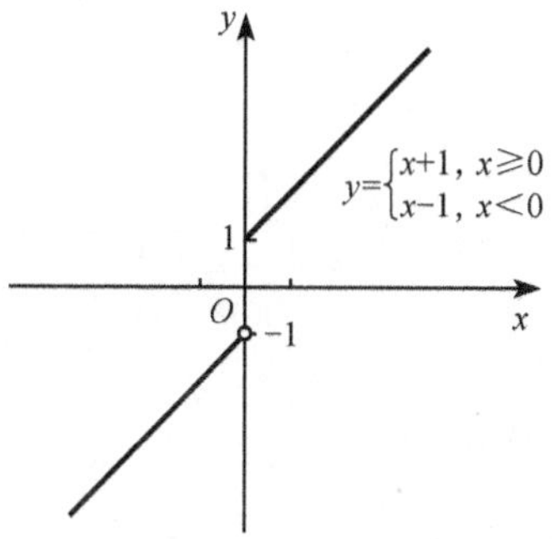

因此,当 $x \to 0$ 时,函数 $f(x)$ 的左、右极限存在,但不相等,所以极限 $\lim_{x \to 0} f(x)$ 不存在.

此例表明,求分段函数在分段点处的极限通常要分别考察其左、右极限.

图 1-7

三、数列的极限

由函数的定义和数列的定义可知,数列 $\{u_n\}$ 可以视为自变量 n 取全体自然数时的函数:
$$f(n) = u_n \quad (n = 1, 2, \cdots).$$

本节开头的实例中的 $\left\{6 \cdot 2^{n-1} \cdot \dfrac{1}{2} R^2 \cdot \sin \dfrac{2\pi}{6 \cdot 2^{n-1}}\right\}$ 就是一个数列.

既然数列是一个函数,它也会遇到极限的问题. 对此,我们给出如下定义.

定义 5 如果当 n 无限增大时,数列 $\{u_n\}$ 无限地趋近于一个确定的常数 A,那么就称 A 为数列 $\{u_n\}$ 的极限,或称数列 $\{u_n\}$ 收敛于 A,记为
$$\lim_{n \to \infty} u_n = A.$$

即

$\lim\limits_{n \to \infty} u_n = A \Leftrightarrow$ 对于任意 $\varepsilon > 0$,存在充分大的自然数 $N > 0$,使得当 $n > N$ 时,恒有 $|u_n - A| < \varepsilon$.

极限存在的数列称为**收敛数列**,极限不存在的数列称为**发散数列**.

例如,数列:

(1) $\left\{\dfrac{n}{n+1}\right\}: \dfrac{1}{2}, \dfrac{2}{3}, \dfrac{3}{4}, \cdots, \dfrac{n}{n+1}, \cdots$;

(2) $\{2^n\}: 2, 4, 8, \cdots, 2^n, \cdots$;

(3) $\left\{\dfrac{1}{2^n}\right\}: \dfrac{1}{2}, \dfrac{1}{4}, \dfrac{1}{8}, \cdots, \dfrac{1}{2^n}, \cdots$;

(4) $\left\{\dfrac{n+(-1)^{n-1}}{n}\right\}: 2, \dfrac{1}{2}, \dfrac{4}{3}, \cdots, \dfrac{n+(-1)^{n-1}}{n}, \cdots$.

它们的一般项依次为 $\dfrac{n}{n+1}, 2^n, \dfrac{1}{2^n}, \dfrac{n+(-1)^{n-1}}{n}$.

由于 $\lim\limits_{n \to \infty} \dfrac{n}{n+1} = 1, \lim\limits_{n \to \infty} \dfrac{1}{2^n} = 0, \lim\limits_{n \to \infty} \dfrac{n+(-1)^{n-1}}{n} = 1$,

因此数列: $\left\{\dfrac{n}{n+1}\right\}, \left\{\dfrac{1}{2^n}\right\}, \left\{\dfrac{n+(-1)^{n-1}}{n}\right\}$ 收敛,而 $\{2^n\}$ 是发散的.

特别指出,本教材中凡不标明自变量变化过程的极限号 lim,均表示变化过程适用于 $x \to x_0, x \to \infty$ 等所有情形.

习 题 1.2

1. 观察并写出下列各极限：

(1) $\lim\limits_{x\to\infty}\dfrac{1}{x^2}$；

(2) $\lim\limits_{x\to-\infty}3^x$；

(3) $\lim\limits_{x\to+\infty}\left(\dfrac{1}{2}\right)^x$；

(4) $\lim\limits_{x\to0}(3x-5)$；

(5) $\lim\limits_{x\to1}\ln x$；

(6) $\lim\limits_{x\to\frac{\pi}{4}}\tan x$.

2. 观察一般项为 x_n 的如下数列 $\{x_n\}$ 的变化趋势，写出它们的极限：

(1) $x_n=(-1)^n\dfrac{3}{n}$；

(2) $x_n=2+\dfrac{1}{n^3}$；

(3) $x_n=n(-1)^n$；

(4) $x_n=\dfrac{n-1}{n+1}$.

3. 设函数 $f(x)=\dfrac{|x|}{x}$，画出它的图像，求当 $x\to0$ 时，函数的左、右极限，从而说明在 $x\to0$ 时，$f(x)$ 的极限是否存在.

§1.3 极限的运算

一、极限的四则运算法则

定理 1（极限的四则运算法则） 设 $\lim f(x)$ 和 $\lim g(x)$ 都存在，则

(1) $\lim[f(x)\pm g(x)]=\lim f(x)\pm\lim g(x)$；

(2) $\lim f(x)g(x)=\lim f(x)\lim g(x)$；

(3) 当 $\lim g(x)\neq 0$ 时，有 $\lim\dfrac{f(x)}{g(x)}=\dfrac{\lim f(x)}{\lim g(x)}$.

推论 1 若 $\lim f(x)$ 存在，c 为常数，则
$$\lim cf(x)=c\lim f(x).$$

推论 2 若 $\lim f(x)=A$，n 为自然数，则
$$\lim[f(x)]^n=[\lim f(x)]^n=A^n.$$

推论 3 设多项式 $P_n(x)=a_0x^n+a_1x^{n-1}+\cdots+a_{n-1}x+a_n$，则
$$\lim_{x\to a}P_n(x)=P_n(a)\quad(a\text{ 为常数}).$$

推论 4 设 $P_n(x)$ 和 $Q_m(x)$ 分别是 x 的 n 次多项式和 m 次多项式，且 $Q_m(a)\neq 0$，则
$$\lim_{x\to a}\dfrac{P_n(x)}{Q_m(x)}=\dfrac{P_n(a)}{Q_m(a)}.$$

说明：以上极限式中没有注明自变量 x 的变化趋势的，是指对 x 的任何一种变化都适应.

例 1 求 $\lim\limits_{x\to1}\dfrac{3x+1}{x^2-2x+3}$.

解 由推论 4，得
$$\lim_{x\to 1}\frac{3x+1}{x^2-2x+3}=\frac{3\times 1+1}{1^2-2\times 1+3}=2.$$

例 2 求 $\lim\limits_{x\to 2}\dfrac{x+3}{x^2-x-2}$.

解 因 $\lim\limits_{x\to 2}(x^2-x-2)=0$，所以不能用商的极限法则，我们先求倒数的极限.
$$\lim_{x\to 2}\frac{1}{\dfrac{x+3}{x^2-x-2}}=\lim_{x\to 2}\frac{x^2-x-2}{x+3}=\frac{0}{5}=0.$$

因此 $\lim\limits_{x\to 2}\dfrac{x+3}{x^2-x-2}=\infty$.

例 3 求 $\lim\limits_{x\to 3}\dfrac{x^2-4x+3}{x^2-x-6}$.

解 因分子、分母的极限都是 0，故上述极限式称为 $\dfrac{0}{0}$ 型未定式，不能直接用极限运算法则，但可以应用恒等变形消去"未定性"，再使用运算法则.
$$\lim_{x\to 3}\frac{x^2-4x+3}{x^2-x-6}=\lim_{x\to 3}\frac{(x-1)(x-3)}{(x+2)(x-3)}=\lim_{x\to 3}\frac{x-1}{x+2}=\frac{2}{5}.$$

例 4 求 $\lim\limits_{x\to\infty}\dfrac{x^3-3x+1}{3x^3+x+2}$.

解 因分子、分母的极限都是 ∞，故上述极限式称为 $\dfrac{\infty}{\infty}$ 型未定式，应用恒等变形，将分子、分母都除以 x^3，得
$$\lim_{x\to\infty}\frac{x^3-3x+1}{3x^3+x+2}=\lim_{x\to\infty}\frac{1-\dfrac{3}{x^2}+\dfrac{1}{x^3}}{3+\dfrac{1}{x^2}+\dfrac{2}{x^3}}=\frac{1-0+0}{3+0+0}=\frac{1}{3}.$$

例 5 求 $\lim\limits_{x\to -1}\left(\dfrac{1}{x+1}-\dfrac{3}{x^3+1}\right)$.

解 当 $x\to -1$ 时，$\dfrac{1}{x+1}$ 和 $\dfrac{3}{x^3+1}$ 没有极限，故不能直接用极限运算法则，但当 $x\neq -1$ 时，
$$\frac{1}{x+1}-\frac{3}{x^3+1}=\frac{(x+1)(x-2)}{(x+1)(x^2-x+1)}=\frac{x-2}{x^2-x+1},$$

所以
$$\lim_{x\to -1}\left(\frac{1}{x+1}-\frac{3}{x^3+1}\right)=\lim_{x\to -1}\frac{x-2}{x^2-x+1}=\frac{-1-2}{(-1)^2-(-1)+1}=-1.$$

例 6 求 $\lim\limits_{n\to\infty}\left(\dfrac{1}{n^2}+\dfrac{2}{n^2}+\cdots+\dfrac{n}{n^2}\right)$.

解 当 $n\to\infty$ 时，这是无穷多项相加，故不能用定理 1，先变形：

原式 $= \lim_{n\to\infty} \frac{1}{n^2}(1+2+\cdots+n) = \lim_{n\to\infty} \frac{1}{n^2} \cdot \frac{n(n+1)}{2} = \lim_{n\to\infty} \frac{n+1}{2n} = \frac{1}{2}$.

二、两个重要极限

1. 极限 $\lim\limits_{x\to 0} \frac{\sin x}{x} = 1$

我们先来叙述一个定理.

定理 2(函数极限的夹逼定理) 如果对于任意 $x \in \overset{\circ}{U}(x_0, \delta)$ 或 $|x| > X(X > 0)$,有 $g(x) \leqslant f(x) \leqslant h(x)$ 成立,并且 $\lim g(x) = \lim h(x) = A$,那么 $\lim f(x) = A$.

下面证明重要极限: $\lim\limits_{x\to 0} \frac{\sin x}{x} = 1$.

证明 首先注意到,函数 $\frac{\sin x}{x}$ 对于一切 $x \neq 0$ 都有定义. 如图 1-8 所示,图中的圆为单位圆,$BC \perp OA, DA \perp OA$. 圆心角 $\angle AOB = x \left(0 < x < \frac{\pi}{2}\right)$. 显然 $\sin x = CB, x = \overset{\frown}{AB}, \tan x = AD$.

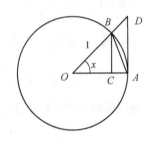

图 1-8

因为 $S_{\triangle AOB} < S_{\text{扇形}AOB} < S_{\triangle AOD}$,

所以 $$\frac{1}{2}\sin x < \frac{1}{2}x < \frac{1}{2}\tan x,$$

即 $$\sin x < x < \tan x.$$

不等号各边都除以 $\sin x$,就有

$$1 < \frac{x}{\sin x} < \frac{1}{\cos x}$$

或 $$\cos x < \frac{\sin x}{x} < 1.$$

注意此不等式当 $-\frac{\pi}{2} < x < 0$ 时也成立. 而 $\lim\limits_{x\to 0}\cos x = 1$,根据定理 2,$\lim\limits_{x\to 0}\frac{\sin x}{x} = 1$.

如果 $\lim \varphi(x) = 0$,那么得到 $\lim\limits_{x\to 0}\frac{\sin x}{x} = 1$ 推广的结果:

$$\lim \frac{\sin[\varphi(x)]}{\varphi(x)} = \lim_{\varphi(x)\to 0} \frac{\sin[\varphi(x)]}{\varphi(x)} = 1.$$

重要极限本身及上述推广的结果,在极限计算及理论推导中有着广泛的应用.

例 7 $\lim\limits_{x\to 0}\frac{\sin 2x}{x}$.

解 $\lim\limits_{x\to 0}\frac{\sin 2x}{x} = \lim\limits_{x\to 0}\left(\frac{\sin 2x}{2x} \times 2\right) = 2\lim\limits_{x\to 0}\frac{\sin 2x}{2x}$.

令 $t = 2x$,则当 $x \to 0$ 时,$t \to 0$,

所以 $$\lim_{x\to 0}\frac{\sin 2x}{x} = 2\lim_{t\to 0}\frac{\sin t}{t} = 2.$$

例8 求 $\lim\limits_{x\to 0}\dfrac{\tan x}{x}$.

解 $\lim\limits_{x\to 0}\dfrac{\tan x}{x}=\lim\limits_{x\to 0}\dfrac{\sin x}{x}\cdot\dfrac{1}{\cos x}=\lim\limits_{x\to 0}\dfrac{\sin x}{x}\cdot\lim\limits_{x\to 0}\dfrac{1}{\cos x}=1.$

例9 求 $\lim\limits_{x\to 0}\dfrac{1-\cos x}{x^2}$.

解 $\lim\limits_{x\to 0}\dfrac{1-\cos x}{x^2}=\lim\limits_{x\to 0}\dfrac{2\sin^2\dfrac{x}{2}}{x^2}=\dfrac{1}{2}\lim\limits_{x\to 0}\dfrac{\sin^2\dfrac{x}{2}}{\left(\dfrac{x}{2}\right)^2}$

$=\dfrac{1}{2}\lim\limits_{x\to 0}\left(\dfrac{\sin\dfrac{x}{2}}{\dfrac{x}{2}}\right)^2=\dfrac{1}{2}\times 1^2=\dfrac{1}{2}.$

2. 极限 $\lim\limits_{x\to\infty}\left(1+\dfrac{1}{x}\right)^x=\mathrm{e}$

这个极限是一种新的类型，极限的四则运算对它似乎无效，列出表1-4以探求当 $x\to+\infty$ 时此极限的情况. 从表中可以看出，当 $x\to+\infty$ 及 $x\to-\infty$ 时，函数 $\left(1+\dfrac{1}{x}\right)^x$ 的对应值无限地趋近于一个确定的数 $2.71828\cdots$.

表 1-4

x	1	2	10	1 000	10 000	100 000	1 000 000	⋯
$\left(1+\dfrac{1}{x}\right)^x$	2	2.25	2.594	2.717	2.718 1	2.718 2	2.718 28	⋯

可以证明，当 $x\to+\infty$ 及 $x\to-\infty$ 时，函数 $\left(1+\dfrac{1}{x}\right)^x$ 的极限存在而且相等. 我们用 e 表示这个极限值，即

$$\lim\limits_{x\to\infty}\left(1+\dfrac{1}{x}\right)^x=\mathrm{e}.$$

这个重要极限在形式上具有特点：如果在形式上分别对底和幂求极限，得到的是不确定的结果 1^∞，因此通常称之为 1^∞ 不定型.

这个重要极限也可以变形和推广.

(1) 极限的变形形式：

$$\lim\limits_{t\to 0}(1+t)^{\frac{1}{t}}=\mathrm{e};$$

(2) 若 $\lim\varphi(x)=\infty$，则

$$\lim\left[1+\dfrac{1}{\varphi(x)}\right]^{\varphi(x)}=\lim\limits_{\varphi(x)\to\infty}\left[1+\dfrac{1}{\varphi(x)}\right]^{\varphi(x)}=\mathrm{e},$$

或若 $\lim\varphi(x)=0$，则

$$\lim[1+\varphi(x)]^{\frac{1}{\varphi(x)}} = \lim_{\varphi(x)\to 0}[1+\varphi(x)]^{\frac{1}{\varphi(x)}} = e.$$

这个重要极限及其变形和推广,在 1^∞ 不定型极限运算及理论推导中都有着重要的应用.

(3)高等数学中的数学美需要我们去悉心挖掘:极限的定义(ε 语言)深刻准确地表达出极限的内涵,让我们看到了高等数学的简洁美、符号美;$\lim\limits_{x\to\infty}\left(1+\dfrac{1}{x}\right)^x = e$ 这一重要极限中的变量 x 换为函数 $f(x)$ 结论仍然成立,让我们看到了高等数学的统一美、应用美;后面第四章中曲边梯形的面积抽象出定积分的概念,让我们看到了高等数学的严谨美、抽象美等等. 我们要善于去发现数学中渗透的各种美:数学问题的普遍性和方法论都属于哲学的范畴,数学充满了辩证美;数学概念的精确美;数学公式的简练、齐整美;数学定理的概括、典型美;数学图形的和谐、对称美;数学曲线的奇异美;数学结构系统的协调、完备美;数学方法的奇妙、多样美;还有数字组合的美、简洁的美、神秘的美……,将杂乱无章整理为有序,使经验升华为规律,寻找各种物质运动的简洁、统一的数学表达等,都是数学美的体现,也是人类对美感追求的目标.

例 10 求 $\lim\limits_{x\to\infty}\left(1+\dfrac{2}{x}\right)^x$.

解 令 $t = \dfrac{x}{2}$,由于当 $x\to\infty$ 时,$t\to\infty$,从而

$$\lim_{x\to\infty}\left(1+\frac{2}{x}\right)^x = \lim_{t\to\infty}\left[\left(1+\frac{1}{t}\right)^t\right]^2 = \left[\lim_{t\to\infty}\left(1+\frac{1}{t}\right)^t\right]^2 = e^2.$$

例 11 求 $\lim\limits_{x\to\infty}\left(1-\dfrac{1}{x}\right)^x$.

解法 1 令 $t = -x$,则 $x = -t$,由于当 $x\to\infty$ 时,$t\to\infty$,从而

$$\lim_{x\to\infty}\left(1-\frac{1}{x}\right)^x = \lim_{t\to\infty}\left(1+\frac{1}{t}\right)^{-t} = \lim_{t\to\infty}\left[\left(1+\frac{1}{t}\right)^t\right]^{-1}$$

$$= \lim_{t\to\infty}\frac{1}{\left(1+\dfrac{1}{t}\right)^t}$$

$$= \frac{1}{\lim\limits_{t\to\infty}\left(1+\dfrac{1}{t}\right)^t} = \frac{1}{e}.$$

解法 2 $\lim\limits_{x\to\infty}\left(1-\dfrac{1}{x}\right)^x = \lim\limits_{x\to\infty}\left(1+\dfrac{1}{-x}\right)^{-x(-1)} = \left[\lim\limits_{x\to\infty}\left(1+\dfrac{1}{-x}\right)^{-x}\right]^{-1} = e^{-1}$.

例 12 求 $\lim\limits_{x\to\infty}\left(\dfrac{3-x}{2-x}\right)^x$.

解 令 $\dfrac{3-x}{2-x} = 1+u$,则 $x = 2-\dfrac{1}{u}$,且 $x\to\infty$ 时,$u\to 0$. 所以

$$\lim_{x\to\infty}\left(\frac{3-x}{2-x}\right)^x = \lim_{u\to 0}(1+u)^{2-\frac{1}{u}} = \lim_{u\to 0}[(1+u)^{-\frac{1}{u}}\cdot(1+u)^2]$$
$$= \left[\lim_{u\to 0}(1+u)^{\frac{1}{u}}\right]^{-1}\cdot\lim_{u\to 0}(1+u)^2 = e^{-1}.$$

习 题 1.3

1. 计算下列极限：

(1) $\lim\limits_{x\to 2}\dfrac{x^2-4x+4}{x^2-4}$；

(2) $\lim\limits_{x\to 0}\dfrac{3x^3-5x^2+2x}{4x^2+3x}$；

(3) $\lim\limits_{a\to 0}\dfrac{(x+a)^2-x^2}{a}$；

(4) $\lim\limits_{x\to\infty}\left(3+\dfrac{1}{x}-\dfrac{1}{x^2}\right)$；

(5) $\lim\limits_{x\to\infty}\dfrac{x^3-1}{3x^3-x^2-1}$；

(6) $\lim\limits_{x\to\infty}\dfrac{x^3+x}{x^4-2x^2+3}$；

(7) $\lim\limits_{n\to\infty}\left(1+\dfrac{1}{3}+\dfrac{1}{9}+\cdots+\dfrac{1}{3^n}\right)$；

(8) $\lim\limits_{n\to\infty}\dfrac{1+2+3+\cdots+(n-1)}{n^2}$.

2. 计算下列极限：

(1) $\lim\limits_{x\to 0}\dfrac{\tan 5x}{x}$；

(2) $\lim\limits_{n\to\infty}3^n\sin\dfrac{x}{3^n}$（$x$ 为不等于零的常数）；

(3) $\lim\limits_{x\to 0}\dfrac{\sin 3x}{\tan 7x}$；

(4) $\lim\limits_{x\to 0}x\cot x$.

3. 计算下列极限：

(1) $\lim\limits_{x\to 0}(1-2x)^{\frac{1}{x}}$；

(2) $\lim\limits_{x\to 0}(1+3x)^{\frac{1}{x}}$；

(3) $\lim\limits_{x\to\infty}\left(\dfrac{1+x}{x}\right)^{3x}$；

(4) $\lim\limits_{x\to\infty}\left(\dfrac{2x+3}{2x+1}\right)^{x+1}$.

§1.4 无穷小量与无穷大量

一、无穷小

1. 无穷小的定义

定义 1 若 $\lim\limits_{x\to x_0}f(x)=0$，称 $f(x)$ 为 $x\to x_0$（或 $x\to\infty$）时的无穷小量，简称无穷小.

例如：

因为 $\lim\limits_{x\to\infty}\dfrac{1}{x}=0$，所以函数 $\dfrac{1}{x}$ 为当 $x\to\infty$ 时的无穷小；

因为 $\lim\limits_{x\to 1}(x-1)=0$，所以函数 $x-1$ 为当 $x\to 1$ 时的无穷小；

因为 $\lim\limits_{n\to\infty}\dfrac{1}{n+1}=0$，所以数列 $\left\{\dfrac{1}{n+1}\right\}$ 为当 $n\to\infty$ 时的无穷小.

注意：无穷小是一个绝对值无限变小的变量，而不是绝对值很小的数.

2. 无穷小的性质

(1) 有限个无穷小的代数和仍是无穷小；

(2) 有限个无穷小的积仍是无穷小；

(3) 同一变化过程中的有界变量与无穷小的积仍是无穷小.

例 1 求 $\lim\limits_{x \to \infty} \dfrac{\sin x}{x}$.

解 当 $x \to \infty$ 时，分子及分母的极限都不存在，故关于商的极限的运算法则不能应用.

因为 $\dfrac{\sin x}{x} = \dfrac{1}{x} \cdot \sin x$，是无穷小与有界函数的乘积，

即
$$|\sin x| \leqslant 1, \quad \dfrac{1}{x} \to 0 (x \to \infty),$$

所以
$$\lim\limits_{x \to \infty} \dfrac{\sin x}{x} = 0.$$

3. 函数极限与无穷小的关系

定理 1 $\lim f(x) = A \Leftrightarrow f(x) = A + \alpha(x)$，其中 $\alpha(x)$ 是同一极限过程中的无穷小.

证明 以 $x \to x_0$ 为例.

先证必要性：

设 $\lim\limits_{x \to x_0} f(x) = A$，令 $f(x) - A = \alpha(x)$，

那么 $\lim\limits_{x \to x_0} \alpha(x) = \lim\limits_{x \to x_0} [f(x) - A] = \lim\limits_{x \to x_0} f(x) - \lim\limits_{x \to x_0} A = A - A = 0$,

因此 $f(x) = A + \alpha(x)$，而 $\alpha(x)$ 在 $x \to x_0$ 时为无穷小.

再证充分性：

设 $f(x) = A + \alpha(x)$，而 $\lim\limits_{x \to x_0} \alpha(x) = 0$,

那么 $\lim\limits_{x \to x_0} f(x) = \lim\limits_{x \to x_0} [A + \alpha(x)] = \lim\limits_{x \to x_0} A + \lim\limits_{x \to x_0} \alpha(x) = A.$

类似可以证明 $x \to \infty$ 时的情形.

二、无穷大

1. 无穷大的定义

定义 2 如果当 $x \to x_0$ (或 $x \to \infty$) 时，函数 $f(x)$ 的绝对值无限增大，那么函数 $f(x)$ 叫作当 $x \to x_0$ (或 $x \to \infty$) 时的无穷大量，简称无穷大，记为
$$\lim\limits_{x \to x_0} f(x) = \infty \; (\lim\limits_{x \to \infty} f(x) = \infty).$$

应注意的问题：$x \to x_0$ (或 $x \to \infty$) 时为无穷大的函数 $f(x)$，按函数极限定义来

说,极限是不存在的.但为了便于叙述函数的这一性态,我们也说"函数的极限是无穷大",并记作 $\lim\limits_{x \to x_0} f(x) = \infty$.

例如,因 $\lim\limits_{x \to 0} \dfrac{1}{x} = \infty$,故说 $\dfrac{1}{x}$ 是 $x \to 0$ 时的无穷大.

又因 $\lim\limits_{x \to 1} \dfrac{1}{x-1} = \infty$,故说 $\dfrac{1}{x-1}$ 是 $x \to 1$ 时的无穷大.

如果 $\lim\limits_{x \to x_0} f(x) = \infty$,则称直线 $x = x_0$ 是函数 $f(x)$ 的图形的垂直渐近线.

例如,直线 $x = 1$ 是函数 $y = \dfrac{1}{x-1}$ 的图形的垂直渐近线,如图 1-9 所示.

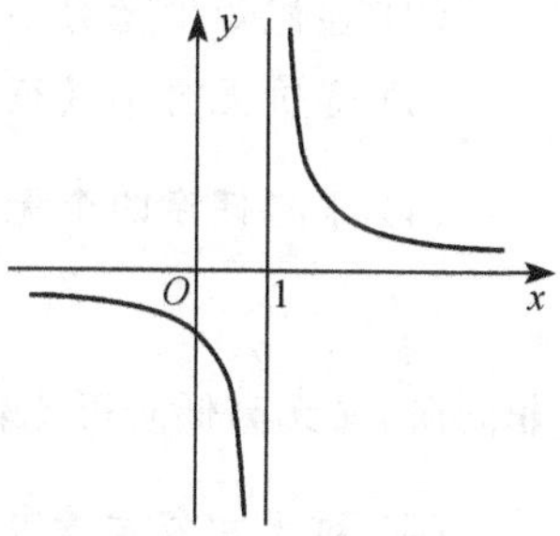

图 1-9

2. 无穷小与无穷大的关系

定理 2 在自变量的同一变化过程中,如果 $f(x)$ 为无穷大,则 $\dfrac{1}{f(x)}$ 为无穷小;反之,如果 $f(x)$ 为无穷小,且 $f(x) \neq 0$,则 $\dfrac{1}{f(x)}$ 为无穷大.

三、无穷小的比较

我们知道两个无穷小的代数和及乘积仍然是无穷小,但是两个无穷小的商却会出现不同的情况.例如,当 $x \to 0$ 时,$x, 3x, x^2$ 都是无穷小,而

$$\lim_{x \to 0} \dfrac{x^2}{3x} = 0, \quad \lim_{x \to 0} \dfrac{3x}{x^2} = \infty, \quad \lim_{x \to 0} \dfrac{3x}{x} = 3.$$

两个无穷小之比的极限的各种不同情况,反映了不同的无穷小趋向零的"快慢"程度.

下面就以两个无穷小之商的极限所出现的各种情况,来说明两个无穷小之间的比较.

定义 3 设 α 与 β 为 x 在同一变化过程中的两个无穷小:

若 $\lim \dfrac{\beta}{\alpha} = 0$,就说 β 是比 α 高阶的无穷小,记为 $\beta = o(\alpha)$;

若 $\lim \dfrac{\beta}{\alpha} = \infty$,就说 β 是比 α 低阶的无穷小;

若 $\lim \dfrac{\beta}{\alpha} = C \neq 0$,就说 β 是与 α 同阶的无穷小;

若 $\lim \dfrac{\beta}{\alpha} = 1$,就说 β 与 α 是等价无穷小,记为 $\alpha \sim \beta$.

根据以上定义可知,当 $x \to 0$ 时,x^2 是 x 的高阶无穷小,即 $x^2 = o(x)$;反之 x 是

x^2 的低阶无穷小；x^2 与 $1-\cos x$ 是同阶无穷小；x 与 $\sin x$ 是等价无穷小，即 $x \sim \sin x$.

关于定义的说明：

(1) 高阶无穷小不具有等价代换性，即 $x^2 = o(x)$，$x^2 = o(\sqrt{x})$，但 $o(x) \neq o(\sqrt{x})$，因为 $o(\cdot)$ 不是一个量，而是高阶无穷小的记号.

(2) 显然等价无穷小是同阶无穷小的特例.

(3) 等价无穷小具有传递性，即 $\alpha \sim \beta, \beta \sim \gamma \Rightarrow \alpha \sim \gamma$.

(4) 未必任意两个无穷小量都可进行比较，例如，当 $x \to 0$ 时，$x \sin \frac{1}{x}$ 与 x^2 既非同阶，又无高低阶可比较，因为 $\lim\limits_{x \to 0} \dfrac{x \sin \dfrac{1}{x}}{x^2}$ 不存在.

(5) 对于无穷大量也可作类似的比较、分类.

例 2 比较当 $x \to 0$ 时，无穷小 $\dfrac{1}{1-x} - 1 - x$ 与 x^2 阶数的高低.

解 因为 $\lim\limits_{x \to 0} \dfrac{\dfrac{1}{1-x} - 1 - x}{x^2} = \lim\limits_{x \to 0} \dfrac{1 - (1+x)(1-x)}{x^2(1-x)}$

$$= \lim\limits_{x \to 0} \dfrac{x^2}{x^2(1-x)} = \lim\limits_{x \to 0} \dfrac{1}{1-x} = 1,$$

所以 $\dfrac{1}{1-x} - 1 - x \sim x^2$，

即 $\dfrac{1}{1-x} - 1 - x$ 是与 x^2 等价的无穷小.

四、等价无穷小代换

我们已经看到，等价无穷小不但趋向零的"快慢"相同，而且最后趋向相等，用等价无穷小可以简化极限的运算，下面的定理说明了这个问题.

定理 3 在同一极限过程中，如果无穷小量 $\alpha, \alpha_1, \beta, \beta_1$ 满足条件：$\alpha \sim \alpha_1, \beta \sim \beta_1$，则 $\lim \dfrac{\alpha_1}{\beta_1} = \lim \dfrac{\alpha}{\beta}$.

这个定理说明，在求某些 $\dfrac{0}{0}$ 型不定式的极限时，函数的分子或分母中无穷小因子用与其等价的无穷小来替代，函数的极限值不会改变.

例 3 求 $\lim\limits_{x \to 0} \dfrac{1 - \cos x}{\sin^2 x}$.

解 因为当 $x \to 0$ 时，$\sin x \sim x, 1 - \cos x \sim \dfrac{x^2}{2}$，

所以
$$\lim_{x\to 0}\frac{1-\cos x}{\sin^2 x}=\lim_{x\to 0}\frac{\frac{1}{2}x^2}{x^2}=\frac{1}{2}.$$

例 4 求 $\lim\limits_{x\to 0}\dfrac{\arcsin 2x}{x^2+2x}$.

解 因为当 $x\to 0$ 时,$\arcsin 2x \sim 2x$,

所以
$$\lim_{x\to 0}\frac{\arcsin 2x}{x^2+2x}=\lim_{x\to 0}\frac{2x}{x^2+2x}=\lim_{x\to 0}\frac{2}{x+2}=\frac{2}{2}=1.$$

几个重要的等价无穷小:

当 $x\to 0$ 时,$x\sim \sin x\sim \tan x$;$x\sim \arcsin x\sim \arctan x$;

$$x\sim \ln(1+x)\sim e^x-1;\quad 1-\cos x\sim \frac{x^2}{2}.$$

熟记这些等价无穷小,对今后计算极限是有帮助的.

例 5 求 $\lim\limits_{x\to 0}\dfrac{\sin 2x}{\tan 5x}$.

解 由于当 $x\to 0$ 时,$\sin 2x\sim 2x$,$\tan 5x\sim 5x$,

因此
$$\lim_{x\to 0}\frac{\sin 2x}{\tan 5x}=\lim_{x\to 0}\frac{2x}{5x}=\frac{2}{5}.$$

例 6 求 $\lim\limits_{x\to 0}\dfrac{1-\cos x^2}{x^3}$.

解 由于 $x\to 0$ 时,$1-\cos x^2\sim \dfrac{(x^2)^2}{2}$,

因此
$$\lim_{x\to 0}\frac{1-\cos x^2}{x^3}=\lim_{x\to 0}\frac{\frac{1}{2}x^4}{x^3}=\lim_{x\to 0}\frac{x}{2}=0.$$

必须指出,在极限运算中,恰当地使用等价无穷小量的代换,能起到简化运算的作用,但在除法中使用时应特别注意,只能是对分子或分母的乘积因子整体代换.

例 7 用等价无穷小量的代换,求 $\lim\limits_{x\to 0}\dfrac{\tan x-\sin x}{x^3}$.

解 因为 $\tan x-\sin x=\tan x\cdot (1-\cos x)$,

而
$$\tan x\sim x,\quad 1-\cos x\sim \frac{x^2}{2},$$

所以
$$\lim_{x\to 0}\frac{\tan x-\sin x}{x^3}=\lim_{x\to 0}\frac{x\cdot \frac{1}{2}x^2}{x^3}=\frac{1}{2}.$$

若以 $\tan x\sim x$,$\sin x\sim x$ 代入分子,得到

$$\lim_{x\to 0}\frac{\tan x-\sin x}{x^3}=\lim_{x\to 0}\frac{x-x}{x^3}.$$

这个结果是错误的(这样的代换是不可行的,分子 $\tan x-\sin x$ 与 $x-x$ 不是

等价无穷小量).

习 题 1.4

1. 证明:当 $x \to -3$ 时,x^2+6x+9 是比 $x+3$ 高阶的无穷小.

2. 当 $x \to 1$ 时,无穷小 $1-x$ 和 $\frac{1}{2}(1-x^2)$ 是否同阶？是否等价？

3. 当 $x \to 1$ 时,$1-x$ 与 $1-\sqrt[3]{x}$ 是否同阶？是否等价？

4. 求下列极限:

(1) $\lim\limits_{x \to 0} x^3 \sin \dfrac{2}{x}$;

(2) $\lim\limits_{x \to \infty} \dfrac{\arctan x}{x}$;

(3) $\lim\limits_{x \to 0} \dfrac{\tan 2x}{3x}$;

(4) $\lim\limits_{x \to 0} \dfrac{\sin(x^m)}{(\sin x)^n}$ (n,m 为正整数);

(5) $\lim\limits_{x \to 0} \dfrac{\tan x - \sin x}{\sin^3 x}$.

§1.5 函数的连续性

一、函数连续的概念

许多现象,如生物的生长、气温的变化、钢材受热膨胀等,都是随着时间而连续变化的,描述这种现象的变量具有连续性.本节就来讨论函数的连续性.

为研究函数的连续性,我们先引入函数增量的概念.

1. 函数增量

若自变量由 x_0 变到 x 时,函数 y 相应地从 $f(x_0)$ 变到 $f(x)$,则 $\Delta y = f(x) - f(x_0)$ 为函数 $y = f(x)$ 在点 x_0 处的增量,称 $\Delta x = x - x_0$ 为自变量 x 的增量.由 $\Delta x = x - x_0$ 知,$x = x_0 + \Delta x$,于是 Δy 又可表示为 $\Delta y = f(x_0 + \Delta x) - f(x_0)$.上述关系式的几何解释如图 1-10 所示.

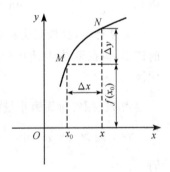

图 1-10

2. 函数连续的定义

观察图 1-11 和图 1-12 中函数 $y = g(x)$ 和 $y = f(x)$ 表示的曲线在横坐标为 x_0 的点 M 处的连续性,确定当 $\Delta x \to 0$ 时,两个函数在点 x_0 处的增量 Δy 是否不同;若你发现了它们的不同,你就不难理解如下函数连续性的定义了.

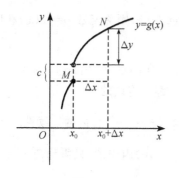
图 1-11

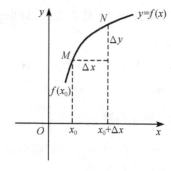
图 1-12

定义 1 设函数 $y=f(x)$ 在 x_0 的某个邻域内有定义,若
$$\lim_{\Delta x\to 0}\Delta y = \lim_{\Delta x\to 0}[f(x_0+\Delta x)-f(x_0)]=0, \qquad ①$$
则称函数 $y=f(x)$ 在点 x_0 处连续.

式①等价于 $\lim_{x\to x_0}f(x)=f(x_0)$,所以等价地有如下定义.

定义 2 设函数 $y=f(x)$ 在 x_0 的某个邻域内有定义,若 $\lim_{x\to x_0}f(x)=f(x_0)$,则称函数 $y=f(x)$ 在 x_0 处连续.

这个定义指出了函数 $y=f(x)$ 在 x_0 处连续应满足的以下三个条件:

(1) 函数 $f(x)$ 在 x_0 及其近旁有定义;

(2) $\lim_{x\to x_0}f(x)$ 存在;

(3) $\lim_{x\to x_0}f(x)=f(x_0)$.

例 1 证明:函数 $f(x)=3x^2-1$ 在点 $x=1$ 处连续.

证明 (1) 函数 $f(x)=3x^2-1$ 的定义域为 $(-\infty,+\infty)$,故函数在点 $x=1$ 及其近旁有定义,且 $f(1)=2$;

(2) $\lim_{x\to 1}f(x)=\lim_{x\to 1}(3x^2-1)=2$;

(3) $\lim_{x\to 1}f(x)=2=f(1)$,

因此,根据定义 2 可知,函数 $f(x)=3x^2-1$ 在点 $x=1$ 处连续.

3. 函数 $y=f(x)$ 在区间内的连续性

(1) 函数 $y=f(x)$ 在开区间 (a,b) 内的连续性.

若函数 $y=f(x)$ 在区间 (a,b) 内的每一点处都连续,则称函数 $y=f(x)$ 在区间 (a,b) 内连续.

例如,因为 $\lim_{x\to a}\sin x=\sin a$,$\lim_{x\to a}\cos x=\cos a$,所以 $y=\sin x$ 和 $y=\cos x$ 在整个 $(-\infty,+\infty)$ 内都是连续的,它们的图像都是连续不断的曲线.

(2) 函数 $y=f(x)$ 在闭区间 $[a,b]$ 上的连续性.

若 $y=f(x)$ 在开区间 (a,b) 内连续,在左端点 $x=a$ 处右连续,即 $\lim_{x\to a^+}f(x)=$

$f(a)$,在右端点 $x=b$ 处左连续,即 $\lim\limits_{x\to b^-}f(x)=f(b)$,则称函数 $y=f(x)$ 在闭区间 $[a,b]$ 上连续.

例如,从正弦函数图像上可看出,$y=\sin x$ 在闭区间 $[0,2\pi]$ 上连续,实际上 $y=\sin x$ 在 $(-\infty,+\infty)$ 的任意闭区间 $[a,b]$ 上都是连续的.

例 2 讨论函数 $f(x)=\begin{cases}\cos x, & x>0,\\ 1, & x\leqslant 0\end{cases}$ 在 $(-\infty,+\infty)$ 内的连续性.

解 $\cos x$ 在 $(0,+\infty)$ 内连续;$y=1$ 在 $(-\infty,0)$ 内连续;只需确定 $y=f(x)$ 在 $x=0$ 处是否连续即可.

因为
$$\lim_{x\to 0^+}f(x)=\lim_{x\to 0^+}\cos x=1=f(0),$$
$$\lim_{x\to 0^-}f(x)=\lim_{x\to 0^-}1=1=f(0),$$

所以 $f(x)$ 在 $x=0$ 处左、右连续,所以说这个分段函数在点 $x=0$ 处连续.从而,$f(x)$ 在 $(-\infty,+\infty)$ 内连续.

二、函数的间断点

1. 函数的间断点

如果函数 $f(x)$ 在 x_0 处不连续,我们就称 x_0 是 $f(x)$ 的间断点.函数 $f(x)$ 在 x_0 处不连续的原因不外乎下面三种情形之一:

(1) 在点 x_0 处 $f(x)$ 没有定义.

(2) $\lim\limits_{x\to x_0}f(x)$ 不存在.

(3) 虽然 $f(x_0)$ 有意义,且 $\lim\limits_{x\to x_0}f(x)$ 也存在,但 $\lim\limits_{x\to x_0}f(x)\neq f(x_0)$.

例 3 正切函数 $y=\tan x$ 在 $x=\dfrac{\pi}{2}$ 处没有定义,所以点 $x=\dfrac{\pi}{2}$ 是函数 $y=\tan x$ 的间断点.因为 $\lim\limits_{x\to\frac{\pi}{2}}\tan x=\infty$,故称 $x=\dfrac{\pi}{2}$ 为函数 $y=\tan x$ 的无穷间断点,如图 1-13(a)所示.

例 4 函数 $y=\sin\dfrac{1}{x}$ 在点 $x=0$ 没有定义,所以点 $x=0$ 是函数 $\sin\dfrac{1}{x}$ 的间断点.

当 $x\to 0$ 时,函数值在 -1 与 1 之间变动无限多次,所以点 $x=0$ 称为函数 $\sin\dfrac{1}{x}$ 的振荡间断点,如图 1-13(b)所示.

例 5 考虑函数 $f(x)=\begin{cases}x-1, & x<0,\\ 0, & x=0,\\ x+1, & x>0\end{cases}$ 的间断点.

因为 $\lim\limits_{x\to 0^-}f(x)=\lim\limits_{x\to 0^-}(x-1)=-1$,$\lim\limits_{x\to 0^+}f(x)=\lim\limits_{x\to 0^+}(x+1)=1$,$\lim\limits_{x\to 0^-}f(x)\neq$

$\lim\limits_{x\to 0^+}f(x)$,所以极限$\lim\limits_{x\to 0}f(x)$不存在,$x=0$是函数$f(x)$的间断点.因函数$f(x)$的图形在$x=0$处产生跳跃现象,故称$x=0$为函数$f(x)$的跳跃间断点,如图1-13(c)所示.

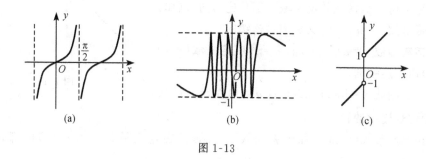

图 1-13

2. 间断点的分类

我们通常把间断点分成两类:如果x_0是函数$f(x)$的间断点,且其左、右极限都存在,则x_0称为函数$f(x)$的第一类间断点;不是第一类间断点的任何间断点,称为第二类间断点.在第一类间断点中,左、右极限相等者称为可去间断点,不相等者称为跳跃间断点.无穷间断点和振荡间断点显然是第二类间断点.

若x_0是函数$f(x)$的间断点,但极限$\lim\limits_{x\to x_0}f(x)$存在,那么$x_0$是函数$f(x)$的第一类间断点.此时函数不连续的原因是:$f(x_0)$不存在或者是存在但$\lim\limits_{x\to x_0}f(x)\neq f(x_0)$.令$f(x_0)=\lim\limits_{x\to 0}f(x)$,则可使函数$f(x)$在点$x_0$处连续,这种间断点$x_0$称为**可去间断点**.

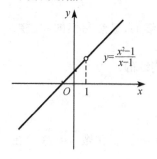

图 1-14

例6 函数$y=\dfrac{x^2-1}{x-1}$在$x=1$处没有定义,所以点$x=1$是函数的间断点,如图1-14所示.

因为$\lim\limits_{x\to 1}\dfrac{x^2-1}{x-1}=\lim\limits_{x\to 1}(x+1)=2$,如果补充定义:令$x=1$时$y=2$,则所给函数在$x=1$处连续.所以$x=1$称为该函数的可去间断点.

例7 $f(x)=\begin{cases}x+1, & x\neq 1,\\ 0, & x=1\end{cases}$ 虽在$x=1$处有定义,且$\lim\limits_{x\to 1}f(x)=2$存在,但$\lim\limits_{x\to 1}f(x)\neq f(1)$,故$f(x)$在$x=1$处不连续(如图1-15所示).如果改变函数$f(x)$在$x=1$处的定义:令$f(1)=2$,则函数$f(x)$在$x=1$处连续,所以$x=1$也称为该函数的可去间断点.

三、初等函数的连续性

1. 基本初等函数的连续性

基本初等函数在其定义域内都是连续的. 例如:

幂函数 $y=x^a$ 在定义域内是连续的;

指数函数 $y=a^x(a>0$ 且 $a\neq1)$ 在定义域 $(-\infty,+\infty)$ 内是连续的;

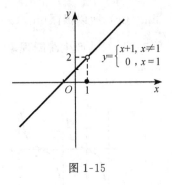

图 1-15

对数函数 $y=\log_a x(a>0$ 且 $a\neq1)$ 在定义域 $(0,+\infty)$ 内是连续的;

正弦函数 $y=\sin x$ 和余弦函数 $y=\cos x$ 在定义域 $(-\infty,+\infty)$ 内都是连续的;

反正弦函数 $y=\arcsin x$ 在定义域 $[-1,1]$ 上是连续的,反正切函数 $y=\arctan x$ 在定义域 $(-\infty,+\infty)$ 内是连续的.

2. 函数的和、差、积、商的连续性

定理 1　如果函数 $f(x)$ 和 $g(x)$ 都在点 x_0 处连续,那么它们的和、差、积、商(分母不为零)也都在点 x_0 处连续,即

(1) $\lim\limits_{x\to x_0}[f(x)\pm g(x)]=f(x_0)\pm g(x_0)$;

(2) $\lim\limits_{x\to x_0}[f(x)g(x)]=f(x_0)g(x_0)$;

(3) $\lim\limits_{x\to x_0}\dfrac{f(x)}{g(x)}=\dfrac{f(x_0)}{g(x_0)}(g(x_0)\neq 0)$.

例如,函数 $y=\sin x$ 和 $y=\cos x$ 在点 $x=\dfrac{\pi}{4}$ 处是连续的,显然它们的和、差、积、商 $\sin x\pm\cos x$, $\sin x\cos x$, $\dfrac{\sin x}{\cos x}$ 在点 $x=\dfrac{\pi}{4}$ 处也是连续的.

3. 复合函数的连续性

定理 2　如果函数 $u=\varphi(x)$ 在点 x_0 处连续,且 $\varphi(x_0)=u_0$,而函数 $y=f(u)$ 在点 u_0 处连续,那么复合函数 $y=f[\varphi(x)]$ 在点 x_0 处也是连续的.

例如,函数 $u=2x$ 在点 $x=\dfrac{\pi}{4}$ 处连续,当 $x=\dfrac{\pi}{4}$ 时,$u=\dfrac{\pi}{2}$;函数 $y=\sin u$ 在点 $u=\dfrac{\pi}{2}$ 处连续,显然复合函数 $y=\sin 2x$ 在点 $x=\dfrac{\pi}{4}$ 处也是连续的.

定理 2 也说明求复合函数 $y=f[\varphi(x)]$ 的极限时,函数符号 f 与极限号 $\lim\limits_{x\to x_0}$ 可以交换次序. 即

$$\lim_{x \to x_0} f[\varphi(x)] = f[\lim_{x \to x_0} \varphi(x)].$$

4. 初等函数的连续性

由基本初等函数的连续性及连续函数和、差、积、商的连续性及复合函数的连续性可知：一切初等函数在其定义域内都是连续的.

在确定分段函数的连续性时，要重点讨论分界点的连续性.

根据函数 $f(x)$ 在点 x_0 处连续的定义知，如果 $f(x)$ 是初等函数，且 x_0 是 $f(x)$ 定义域内的点，那么求 $f(x)$ 当 $x \to x_0$ 时的极限，只要求 $f(x)$ 在点 x_0 的函数值即可：

$$\lim_{x \to x_0} f(x) = f(x_0).$$

例 8 计算 $\lim\limits_{x \to e} \arcsin(\ln x)$.

解 因为 $\arcsin(\ln x)$ 是初等函数，且 $x = e$ 是它的定义域内的一点，故有

$$\lim_{x \to e} \arcsin(\ln x) = \arcsin(\ln e) = \arcsin 1 = \frac{\pi}{2}.$$

例 9 计算 $\lim\limits_{x \to 0} \dfrac{\sqrt{1+x}-1}{x}$.

解 所给函数是初等函数，但它在 $x = 0$ 处无定义，故不能直接应用定理 2. 易判断这是一个 $\dfrac{0}{0}$ 型的极限问题. 经过分子有理化，可得到一个在 $x = 0$ 处的连续函数，再计算极限，即

$$\lim_{x \to 0} \frac{\sqrt{1+x}-1}{x} = \lim_{x \to 0} \frac{x}{x(\sqrt{1+x}+1)} = \lim_{x \to 0} \frac{1}{\sqrt{1+x}+1} = \frac{1}{\sqrt{1+0}+1} = \frac{1}{2}.$$

例 10 讨论函数 $f(x) = \dfrac{x^2-1}{x(x+1)}$ 的连续性.

解 $f(x)$ 是初等函数，在其定义域内连续，因此只要找出 $f(x)$ 没有定义的那些点即可. 显然，$f(x)$ 在点 $x = 0, x = -1$ 处没有定义，故 $f(x)$ 在区间 $(-\infty, -1) \cup (-1, 0) \cup (0, +\infty)$ 内连续，在点 $x = 0, x = -1$ 处间断.

在点 $x = 0$ 处，因为

$$\lim_{x \to 0} f(x) = \lim_{x \to 0} \frac{x^2-1}{x(x+1)} = \infty,$$

所以 $x = 0$ 是 $f(x)$ 的第二类间断点；

在点 $x = -1$ 处，因为

$$\lim_{x \to -1} f(x) = \lim_{x \to -1} \frac{x^2-1}{x(x+1)} = \lim_{x \to -1} \frac{x-1}{x} = 2,$$

所以 $x = -1$ 是 $f(x)$ 的第一类间断点.

四、闭区间上连续函数的性质

定理 3(最大值与最小值的性质) 如果 $f(x)$ 在闭区间 $[a,b]$ 上连续,则 $f(x)$ 在 $[a,b]$ 上必有最大值和最小值(如图 1-16 所示).

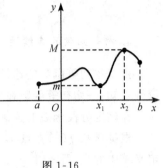

图 1-16

例如,函数 $y=\sin x$ 在闭区间 $[0,\pi]$ 上连续,它在该区间上有最大值 $1\left(x=\dfrac{\pi}{2}\right)$ 和最小值 $0(x=0$ 或 $x=\pi)$.

注意:如果函数 $f(x)$ 在闭区间 $[a,b]$ 上不连续,或只在开区间 (a,b) 内连续,则函数 $f(x)$ 在该区间上不一定有最大值或最小值.

定理 4(介值性质) 如果函数 $f(x)$ 在闭区间 $[a,b]$ 上连续,且在该区间的端点处取不同的函数值 $f(a)=A, f(b)=B$,则不论 C 是 A 与 B 之间怎样的一个数,在开区间 (a,b) 内至少有一点 ξ,使得 $f(\xi)=C(a<\xi<b)$.

定理 4 的几何解释如图 1-17 所示.

定理 5(根的存在性质) 如果函数 $f(x)$ 在闭区间 $[a,b]$ 上连续,且 $f(a)$ 与 $f(b)$ 异号,则方程 $f(x)=0$ 在 (a,b) 内至少有一个根(如图 1-18 所示).

例 11 证明:方程 $x^2+3x-1=0$ 在区间 $(0,1)$ 内至少有一根.

证明 设 $f(x)=x^2+3x-1$. 因为 $f(x)$ 是初等函数,且在 $[0,1]$ 上有定义,所以在闭区间 $[0,1]$ 上连续. 又因为
$$f(0)=-1<0,\quad f(1)=3>0,$$
所以,根据根的存在性质知,$x^2+3x-1=0$ 在区间 $(0,1)$ 内至少有一个根.

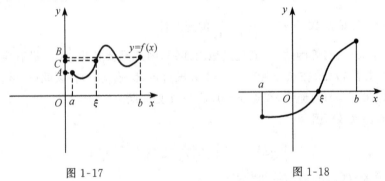

图 1-17   图 1-18

习 题 1.5

1. 研究下列函数的连续性,并画出函数的图形:

(1) $f(x)=\begin{cases} x^2, & 0\leqslant x\leqslant 1, \\ 2-x, & 1<x\leqslant 2. \end{cases}$ (2) $f(x)=\begin{cases} x, & -1\leqslant x\leqslant 1, \\ 1, & x<-1 \text{ 或 } x>1. \end{cases}$

2. 下列函数在指出的点处间断,说明这些间断点属于哪一类. 如果是可去间断点,则补充或

改变函数的定义使它连续：

(1) $y=\dfrac{x^2-1}{x^2-3x+2}, x=1, x=2$；

(2) $y=\cos^2\dfrac{1}{x}, x=0$；

(3) $y=\begin{cases} x-1, x\leqslant 1, \\ 3-x, x>1, \end{cases} x=1.$

3. 求下列极限：

(1) $\lim\limits_{x\to 0}\sqrt{x^2-3x+4}$；

(2) $\lim\limits_{x\to\frac{\pi}{6}}\ln(2\cos 2x)$；

(3) $\lim\limits_{x\to 0}\dfrac{\sqrt{x+4}-2}{x}$；

(4) $\lim\limits_{x\to 1}\dfrac{\sqrt{5x-4}-\sqrt{x}}{x-1}$.

4. 证明方程 $x^4-4x+2=0$ 在区间 $(1,2)$ 内至少有一个实根.

本章知识精粹

本章是为后面的学习做准备的．我们首先应在掌握基本初等函数的图像和性质的基础上，理解复合函数和初等函数的概念，掌握初等函数分解的方法．

极限是描述函数的变化趋势的重要概念，是从近似认识精确、从有限认识无限、从量变认识质变的一种数学方法，它也是微积分的基本思想和方法．

连续是函数的一种特性．函数在点 x_0 处存在极限与在 x_0 处连续是有区别的，前者是描述函数在点 x_0 邻近的变化趋势，不考虑在 x_0 处有无定义；而后者则不仅要求函数在点 x_0 处极限存在，而且要求极限值等于函数在点 x_0 处的函数值．一切初等函数在其定义域内都是连续的．

1. 几个重要概念

(1) $\lim\limits_{x\to\infty}f(x)=A \Leftrightarrow \lim\limits_{x\to-\infty}f(x)=\lim\limits_{x\to+\infty}f(x)=A.$

(2) $\lim\limits_{x\to x_0}f(x)=A \Leftrightarrow \lim\limits_{x\to x_0^-}f(x)=\lim\limits_{x\to x_0^+}f(x)=A.$

(3) 无穷大和无穷小：无穷大和无穷小(除常数 0 外)都不是一个数，而是两类具有特定变化趋势的函数，因此不指出自变量的变化过程，笼统地说某个函数是无穷大或无穷小是没有意义的．以下是几个十分重要的结论(a 可以是 x_0 或 ∞).

$\lim\limits_{x\to a}f(x)=A \Leftrightarrow f(x)=A+\alpha, \lim\limits_{x\to a}\alpha=0.$

$\lim\limits_{x\to a}f(x)=\infty \Rightarrow \lim\limits_{x\to a}\dfrac{1}{f(x)}=0; \quad \lim\limits_{x\to a}f(x)=0, f(x)\neq 0 \Rightarrow \lim\limits_{x\to a}\dfrac{1}{f(x)}=\infty.$

$\lim\limits_{x\to a}f(x)=0, |g(x)|\leqslant M, M>0 \Rightarrow \lim\limits_{x\to a}f(x)\cdot g(x)=0.$

(4) 极限与连续的关系：

$f(x)$ 在点 x_0 处连续 $\Leftrightarrow \lim\limits_{x\to x_0}f(x)=f(x_0)$；

$\lim\limits_{x\to x_0} f(x)$ 存在, $f(x)$ 在点 x_0 不一定连续.

(5) 无穷小量的比较(a 可以是 x_0 或 ∞):

设 α, β 是 $x \to a$ 时的无穷小量, 则

$$\lim_{x\to a}\frac{\alpha}{\beta}=0 \Leftrightarrow \alpha=o(\beta); \quad \lim_{x\to a}\frac{\alpha}{\beta}=\infty \Leftrightarrow \beta=o(\alpha);$$

$$\lim_{x\to a}\frac{\beta}{\alpha}=C\neq 0 \Leftrightarrow \alpha \text{ 与 } \beta \text{ 是同阶无穷小};$$

$$\lim_{x\to a}\frac{\alpha}{\beta}=1 \Leftrightarrow \alpha\sim\beta.$$

2. 计算极限的基本方法

极限分为两大类:确定型和不定型.

(1) 确定型极限可直接利用极限的运算法则、无穷小的性质或函数的连续性等求得. 利用极限的四则运算法则、无穷小的性质求极限时,注意需要满足的条件. 利用初等函数的连续性求极限(a 可以是 x_0 或 ∞):

若 $f(x)$ 在点 x_0 处连续, 则

$$\lim_{x\to x_0} f(x) = f(x_0);$$

若 $y=f(u)$ 在点 u_0 处连续, 且 $\lim\limits_{x\to a}\varphi(x)=u_0$, 则

$$\lim_{x\to a} f[\varphi(x)] = f[\lim_{x\to a}\varphi(x)] = f(u_0).$$

(2) 不定型包括 "$\frac{0}{0}$" "$\frac{\infty}{\infty}$" "1^∞" "$\infty-\infty$" "$0\cdot\infty$" "∞^0" "0^0" 等几种. 其中后面五种都能转化为前两种,因此前两种是基本的. 计算不定型极限的基本思想是通过恒等变形将不定型极限化为确定型的极限,或应用两个重要极限、等价无穷小代换等进行计算. 利用两个重要极限可求两类特殊的 "$\frac{0}{0}$" "1^∞" 型未定型的极限:

$$\lim_{x\to 0}\frac{\sin x}{x}=1; \quad \lim_{x\to\infty}\left(1+\frac{1}{x}\right)^x=e.$$

3. 函数的连续性

连续函数是高等数学的主要研究对象. 要在弄清在一点处连续与极限存在区别的基础上,了解初等函数在其定义域内连续的基本结论,掌握讨论初等函数与分段函数连续性的方法,并会用根存在定理讨论某些方程根的存在问题.

(1) 讨论初等函数与分段函数连续性的方法:若 $f(x)$ 是初等函数,则由"初等函数在其定义域内连续"的基本结论,只要找出 $f(x)$ 没有定义的点,这些点就是 $f(x)$ 的间断点.

若 $f(x)$ 是分段表示的非初等函数，则在分段点处往往要从左、右极限入手讨论极限、函数值等，根据函数点连续性的定义判断；在非分段点处，根据该点所在的子区间上函数的表达式，按初等函数进行讨论.

(2) 利用根存在定理讨论方程 $f(x)=0$ 根的存在性，关键是要确定一个闭区间，使 $f(x)$ 在此闭区间上连续，在此闭区间端点处的函数值异号.

第一章习题

1. 填空题：

(1) $\lim\limits_{x \to x_0} f(x)$ 存在的充分必要条件是 $\lim\limits_{x \to x_0^-} f(x)$ 和 $\lim\limits_{x \to x_0^+} f(x)$ _____；

(2) 设 $f(x)=e^x+3^x-2$，当 $x \to 0$ 时，$f(x)$ 与 x 是 _____ 无穷小；

(3) 函数 $f(x)=\log_2(4-x^2)$ 在区间 _____ 是连续的；

(4) 函数 $y=\dfrac{2^x-1}{2^x+1}$ 的反函数为 _____，反函数的定义域为 _____.

2. 选择题：

(1) 函数 $f(x)=\sqrt{3-x}+\sin\sqrt{x}$ 的定义域是（　　）.

A. $[0,1]$　　　B. $(0,3)$　　　C. $(0,+\infty)$　　　D. $[0,3]$

(2) 已知函数 $y=-\sqrt{x-1}$，那么它的反函数是（　　）.

A. $y=x^2+1(x\in\mathbf{R})$　　　B. $y=x^2+1(x\leqslant 0)$

C. $y=x^2+1(x>0)$　　　D. 没有反函数

(3) 函数 $y=\sqrt[5]{\ln\sin^3 x}$ 的复合过程是（　　）.

A. $y=\sqrt[5]{u}, u=\ln v, v=\omega^3, \omega=\sin x$　　B. $y=\sqrt[5]{u^3}, u=\ln\sin x$

C. $y=\sqrt[5]{\ln u^3}, u=\sin x$　　D. $y=\sqrt[5]{u}, u=\ln v, v=\sin x$

(4) 若 $\lim\limits_{x \to x_0} f(x)=a$，则必有（　　）.

A. $f(x)$ 在 x_0 点连续

B. $f(x)$ 在 x_0 点有定义

C. $f(x)$ 在 x_0 的某去心邻域内有定义

D. $a=f(x_0)$

(5) 下列命题不正确的是（　　）.

A. 非零常数与无穷大之积是无穷大

B. 0 是无穷小

C. 无界函数是无穷大

D. 无穷大的倒数是无穷小

(6) 设 $\lim\limits_{x \to x_0^-} f(x)=a$，$\lim\limits_{x \to x_0^+} f(x)=b$，下列命题正确的是（　　）.

A. 若 $a=b$，则 $f(x)$ 一定连续　　　B. 若 $a=b$，则 $\lim\limits_{x \to x_0} f(x)=\dfrac{a+b}{2}$

C. 若 $a\neq b$，则 $\lim\limits_{x \to x_0} f(x)=\dfrac{a+b}{2}$　　　D. 若 $a\neq b$，则 $\lim\limits_{x \to x_0} f(x)=f(x_0)$

(7) 设 $f(x)=\begin{cases} x+\dfrac{\sin x}{x}, & x<0, \\ 0, & x=0, \\ x\cos\dfrac{1}{x}, & x>0, \end{cases}$ 则 $x=0$ 是 $f(x)$ 的( ).

A. 连续点　　　　B. 可去间断点　　C. 跳跃间断点　　D. 振荡间断点

(8) $\lim\limits_{x\to 0}e^{\frac{1}{x}}=($).

A. 0　　　　　　B. $+\infty$　　　　C. $-\infty$　　　　D. 不存在

(9) 已知 $\lim\limits_{x\to a}f(x)=\lim\limits_{x\to a}g(x)$, 则 $\lim\limits_{x\to a}\dfrac{f(x)}{g(x)}=($).

A. 1　　　　　　B. 0　　　　　　C. ∞　　　　D. 不能确定

3. 计算下列极限：

(1) $\lim\limits_{n\to\infty}\dfrac{(n+1)(n+2)(n+3)}{4n^3}$;

(2) $\lim\limits_{x\to 1}\left(\dfrac{1}{1-x}-\dfrac{3}{1-x^3}\right)$;

(3) $\lim\limits_{x\to 0}(1+3\tan^2 x)^{\cot^2 x}$;

(4) $\lim\limits_{x\to+\infty}x(\sqrt{x^2+1}-x)$;

(5) $\lim\limits_{x\to\infty}\left(\dfrac{2x-1}{2x+1}\right)^x$;

(6) $\lim\limits_{x\to 0}\dfrac{1-\cos 2x}{x\tan x}$;

(7) $\lim\limits_{x\to+\infty}(\sqrt{x^2+x}-\sqrt{x^2-x})$.

4. 设函数

$$f(x)=\begin{cases} e^x, & x<0, \\ a+x, & x\geqslant 0. \end{cases}$$

应当怎样选择数 a, 使 $f(x)$ 成为在 $(-\infty,+\infty)$ 内连续的函数？

5. 设函数

$$f(x)=\begin{cases} x+1, & x>1, \\ 2, & |x|\leqslant 1, \\ 1-x, & x<-1. \end{cases}$$

(1) 作出函数的图像；

(2) 讨论函数在 $x=\pm 1$ 处的连续性；

(3) 指出函数的连续区间.

6. 设函数 $f(x)=\sin x, g(x)=\cos x$, 证明：至少存在一点 $\xi\in(0,5\pi)$, 使 $f(\xi)=g(\xi)$.

习题参考答案

习题 1.1

1. (1) $[1,3]$;　(2) $(-\infty,0)\cup(0,5]$;　(3) $(-2,+\infty)$;　(4) $x\neq 0$.

2. (1) 不同,定义域不同；　(2) 不同,值域不同；　(3) 相同.

3. $1,0,6,f(1+a)=\begin{cases} 2+a, & a<0, \\ 2a+5, & a>0. \end{cases}$

4. (1) 奇函数；　(2) 偶函数；　(3) 奇函数.

5. (1) $y=-\sqrt{4-x^2}, x\in[0,2]$;　(2) $y=\dfrac{\lg x-3}{2}, x\in(0,+\infty)$.

6. (1) $y=10^{1+x^2}, x\in(-\infty,+\infty)$； (2) $y=\sin^2(1+2x), x\in(-\infty,+\infty)$；

　　(3) $y=\sqrt{1-e^x}, x\in(-\infty,0]$.

习题 1.2

1. (1) 0； (2) 0； (3) 0； (4) ∞； (5) 0； (6) 1.

2. (1) 0； (2) 2； (3) ∞； (4) 1.

3. $-1, 1$, 不存在.

习题 1.3

1. (1) 0； (2) $\dfrac{2}{3}$； (3) $2x$； (4) 3； (5) $\dfrac{1}{3}$； (6) 0； (7) $\dfrac{3}{2}$； (8) $\dfrac{1}{2}$.

2. (1) 5； (2) x； (3) $\dfrac{3}{7}$； (4) 1.

3. (1) e^{-2}； (2) e^3； (3) e^3； (4) e.

习题 1.4

1. 略.

2. 是, 是.

3. 是, 不是.

4. (1) 0； (2) 0； (3) $\dfrac{2}{3}$； (4) $\begin{cases}\infty, & m<n, \\ 1, & m=n, \\ 0, & m>n;\end{cases}$ (5) $\dfrac{1}{2}$.

习题 1.5

1. (1) 在 $[0,2]$ 内连续. (2) $x=-1$ 处间断.

2. (1) $x=1$ 是可去间断点, 补充 $f(1)=-2$, $x=2$ 是无穷间断点；

　　(2) $x=0$ 是第二类间断点； (3) $x=1$ 是跳跃间断点.

3. (1) 2； (2) 0； (3) $\dfrac{1}{4}$； (4) 2.

4. 略.

第一章习题

1. (1) 存在且相等； (2) 同阶； (3) $(-2,2)$； (4) $\log_2\dfrac{1+x}{1-x}, (-1,1)$.

2. (1) D； (2) B； (3) A； (4) C； (5) C； (6) B； (7) C； (8) D； (9) D.

3. (1) $\dfrac{1}{4}$； (2) -1； (3) e^3； (4) $\dfrac{1}{2}$； (5) e^{-1}； (6) 2； (7) 1.

4. $a=1$.

5. (1) 略； (2) 函数在 $x=\pm1$ 点连续； (3) $(-\infty,+\infty)$.

6. 略.

第二章 导数与微分

导数与微分是微分学的两个基本概念.本章首先从寻找曲线的切线斜率、确定变速直线运动的速度入手,抽象概括出导数的概念,进而讨论函数的求导法则.再从分析函数增量的近似表达式入手,抽象概括出微分的概念,进而讨论微分的运算.

§2.1 导数的概念

一、两个实例

1. 变速直线运动的速度

我们知道,对于做匀速直线运动的物体,它在任意时刻的速度可用公式

$$\text{速度} = \frac{\text{路程}}{\text{时间}}$$

来表示.但实际上,大多数物体是做变速运动的,即它在任意时刻的速度总是在变化着.然而,物体做变速直线运动,是我们研究物体做变速运动问题中最简单的情形.怎样求"做变速直线运动的物体在任意时刻的速度",在牛顿—莱布尼茨创立微积分之前,是一个千年难题.现在,就让我们来看牛顿解决这一问题的思想和方法,从而领略导数概念的真谛.

如图 2-1 所示,设有一物体沿直线运动,其运动规律为 $s=f(t)$,其中 s 为物体在时刻 t 离开起点的路程.

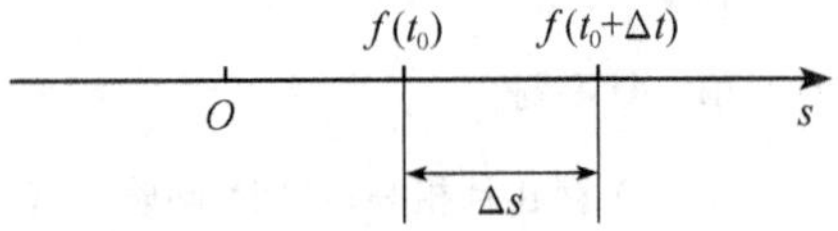

图 2-1

在从 $t=t_0$ 到 $t=t_0+\Delta t$ 的时间间隔内,路程的增量为

$$\Delta s = f(t_0 + \Delta t) - f(t_0),$$

在这段时间内物体运动的平均速度为

$$\bar{v} = \frac{\Delta s}{\Delta t} = \frac{f(t_0 + \Delta t) - f(t_0)}{\Delta t}.$$

显然,时间间隔 Δt 越短,平均速度 $\bar{v}$ 越接近于物体在时刻 t_0 的瞬时速度.当 Δt 无限接近于 0 时,$\bar{v}$ 就无限接近于物体在时刻 t_0 的瞬时速度 $v(t_0)$.因此,平均速度 $\bar{v}$ 当 $\Delta t \to 0$ 时的极限值就是物体在时刻 t_0 的瞬时速度,即

$$v(t_0) = \lim_{\Delta t \to 0} \frac{\Delta s}{\Delta t} = \lim_{\Delta t \to 0} \frac{f(t_0 + \Delta t) - f(t_0)}{\Delta t}.$$

实际上,牛顿是把任意时刻的速度看作在微小的时间范围里的速度的平均值,这就是一个微小的路程和时间间隔的比值,当这个微小的时间间隔缩小到无穷小的时候,就是这一点的准确值.这就是微分的思想和方法.

2. 曲线切线的斜率

切线的概念在中学已见过.从几何上看,在某点的切线就是一直线,它在该点和曲线相切.准确地说,曲线在其上某点 P 的切线是割线 PQ 当 Q 沿该曲线无限地接近于 P 点的极限位置.

如图 2-2 所示,设曲线 C 的方程为 $y=f(x)$,求曲线 C 上点 $P(a,f(a))$ 处切线的斜率.在曲线 C 上取与点 P 邻近的点 $Q(a+\Delta x,f(a+\Delta x))$,$\Delta x \neq 0$,割线 PQ 的斜率为

$$K_{PQ}=\frac{f(a+\Delta x)-f(a)}{\Delta x}.$$

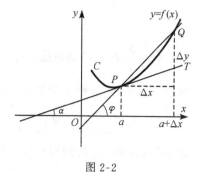

图 2-2

当点 Q 沿曲线 C 趋向于点 P,即 $\Delta x \to 0$ 时,割线 PQ 趋向于极限位置 PT. 我们把直线 PT 称为曲线 C 在点 P 处的切线,此时,切线的斜率为

$$K=\lim_{Q \to P} K_{PQ}=\lim_{\Delta x \to 0}\frac{\Delta y}{\Delta x}=\lim_{\Delta x \to 0}\frac{f(a+\Delta x)-f(a)}{\Delta x}.$$

以上两个问题,虽然实际含义不同,但从数学观点看,都可归结为计算函数增量与自变量增量之比的极限问题,我们把它抽象为导数.

二、导数的定义

定义 设函数 $y=f(x)$ 在点 x_0 的某一邻域内有定义,当自变量 x 在点 x_0 有增量 Δx(点 $x_0+\Delta x$ 仍在该邻域内)时,函数有相应的增量

$$\Delta y=f(x_0+\Delta x)-f(x_0),$$

如果当 $\Delta x \to 0$ 时,两个增量之比的极限

$$\lim_{\Delta x \to 0}\frac{\Delta y}{\Delta x}=\lim_{\Delta x \to 0}\frac{f(x_0+\Delta x)-f(x_0)}{\Delta x}$$

存在,则称这个极限为函数 $y=f(x)$ 在点 x_0 处的**导数**,记为

$$f'(x_0),\quad \text{或}\ y'\big|_{x=x_0},\quad \frac{\mathrm{d}y}{\mathrm{d}x}\bigg|_{x=x_0},\quad \frac{\mathrm{d}f(x)}{\mathrm{d}x}\bigg|_{x=x_0},$$

即

$$f'(x_0)=\lim_{\Delta x \to 0}\frac{\Delta y}{\Delta x}=\lim_{\Delta x \to 0}\frac{f(x_0+\Delta x)-f(x_0)}{\Delta x}.$$

如果上述极限存在,则称函数 $y=f(x)$ 在点 x_0 处可导,否则称函数 $y=f(x)$

在点 x_0 处不可导.

关于定义的说明：

(1) 导数的常见形式还有 $f'(x_0) = \lim\limits_{x \to x_0} \dfrac{f(x) - f(x_0)}{x - x_0}$；

$$f'(x_0) = \lim_{h \to 0} \dfrac{f(x_0 + h) - f(x_0)}{h};$$

$$f'(x_0) = \lim_{h \to 0} \dfrac{f(x_0) - f(x_0 - h)}{h};$$

(2) $\dfrac{\Delta y}{\Delta x}$ 反映的是曲线在 $[x_0, x]$ 上的平均变化率,而 $f'(x) = \dfrac{\mathrm{d}y}{\mathrm{d}x}\bigg|_{x=x_0}$ 是在点 x_0 处的变化率,它反映了函数 $y = f(x)$ 随 $x \to x_0$ 而变化的快慢程度；

(3) 这里 $\dfrac{\mathrm{d}y}{\mathrm{d}x}\bigg|_{x=x_0}$ 与 $\dfrac{\mathrm{d}f}{\mathrm{d}x}\bigg|_{x=x_0}$ 中的 $\dfrac{\mathrm{d}y}{\mathrm{d}x}$ 与 $\dfrac{\mathrm{d}f}{\mathrm{d}x}$ 是一个整体记号,而不能视为分子 $\mathrm{d}y$ 或 $\mathrm{d}f$ 与分母 $\mathrm{d}x$,待到后面再讨论；

(4) 若极限 $\lim\limits_{\Delta x \to 0} \dfrac{\Delta y}{\Delta x}$ 即 $\lim\limits_{x \to x_0} \dfrac{f(x) - f(x_0)}{x - x_0}$ 不存在,就称 $y = f(x)$ 在 $x = x_0$ 点不可导；特别地,若 $\lim\limits_{\Delta x \to 0} \dfrac{\Delta y}{\Delta x} = \infty$,也可称 $y = f(x)$ 在 $x = x_0$ 的导数为 ∞,因为此时 $y = f(x)$ 在 x_0 点的切线存在,它是垂直于 x 轴的直线 $x = x_0$.

以上我们给出了函数在某点处可导的概念,如果函数 $y = f(x)$ 在区间 (a, b) 内每一点都可导,则称函数在区间 (a, b) 内可导.这时对任意给定的值 $x \in (a, b)$,都有一个唯一确定的导数值与之对应,因此就构成了 x 的一个新的函数,称之为**导函数**,记为

$$y',\ f'(x),\ \dfrac{\mathrm{d}y}{\mathrm{d}x}\ 或\ \dfrac{\mathrm{d}f(x)}{\mathrm{d}x},$$

即

$$f'(x) = \lim_{\Delta x \to 0} \dfrac{\Delta y}{\Delta x} = \lim_{\Delta x \to 0} \dfrac{f(x + \Delta x) - f(x)}{\Delta x}.$$

显然,函数 $y = f(x)$ 在点 x_0 处的导数,就是导函数 $f'(x)$ 在点 $x = x_0$ 的函数值,即 $f'(x_0) = f'(x)|_{x=x_0}$.

以后,在不会混淆的情况下,把导函数简称为**导数**.

例 1 求函数 $y = C$ (C 为常数) 的导数.

解 因为 $\Delta y = C - C = 0$,

所以 $y' = \lim\limits_{\Delta x \to 0} \dfrac{\Delta y}{\Delta x} = \lim\limits_{\Delta x \to 0} \dfrac{0}{\Delta x} = 0$,

即 $(C)' = 0.$

例 2　求函数 $y=x^3$ 的导数.

解
$$y' = \lim_{\Delta x \to 0} \frac{\Delta y}{\Delta x} = \lim_{\Delta x \to 0} \frac{(x+\Delta x)^3 - x^3}{\Delta x}$$
$$= \lim_{\Delta x \to 0} \frac{3x^2 \Delta x + 3x(\Delta x)^2 + (\Delta x)^3}{\Delta x}$$
$$= \lim_{\Delta x \to 0} [3x^2 + 3x\Delta x + (\Delta x)^2] = 3x^2,$$

即
$$(x^3)' = 3x^2.$$

更一般地, $f(x) = x^\mu$ (μ 为常数) 的导数为 $f'(x) = \mu x^{\mu-1}$. 利用这个公式可以很方便地求出幂函数的导数.

例如:
$$(\sqrt{x})' = (x^{\frac{1}{2}})' = \frac{1}{2} x^{\frac{1}{2}-1} = \frac{1}{2\sqrt{x}},$$
$$\left(\frac{1}{x}\right)' = (x^{-1})' = -x^{-1-1} = -\frac{1}{x^2}.$$

例 3　求正弦函数 $y = \sin x$ 的导数.

解
$$y' = \lim_{\Delta x \to 0} \frac{\Delta y}{\Delta x} = \lim_{\Delta x \to 0} \frac{\sin(x+\Delta x) - \sin x}{\Delta x}$$
$$= \lim_{\Delta x \to 0} \frac{2\cos\left(x+\frac{\Delta x}{2}\right)\sin\frac{\Delta x}{2}}{\Delta x}$$
$$= \lim_{\Delta x \to 0} \cos\left(x+\frac{\Delta x}{2}\right) \lim_{\Delta x \to 0} \frac{\sin\frac{\Delta x}{2}}{\frac{\Delta x}{2}} = \cos x,$$

即
$$(\sin x)' = \cos x.$$

类似可得
$$(\cos x)' = -\sin x.$$

例 4　求对数函数 $y = \log_a x$ ($a>0, a \neq 1$) 的导数.

解
$$y' = \lim_{\Delta x \to 0} \frac{\Delta y}{\Delta x} = \lim_{\Delta x \to 0} \frac{\log_a (x+\Delta x) - \log_a x}{\Delta x} = \lim_{\Delta x \to 0} \frac{\log_a \left(1+\frac{\Delta x}{x}\right)}{\Delta x}$$
$$= \lim_{\Delta x \to 0} \frac{\frac{x}{\Delta x} \log_a \left(1+\frac{\Delta x}{x}\right)}{x} = \lim_{\Delta x \to 0} \frac{\log_a \left(1+\frac{\Delta x}{x}\right)^{\frac{x}{\Delta x}}}{x} = \frac{\log_a e}{x} = \frac{1}{x \ln a}.$$

即
$$(\log_a x)' = \frac{1}{x \ln a}.$$

特别地, 当 $a = e$ 时, $(\ln x)' = \frac{1}{x}$.

例 5　求指数函数 $y = a^x$ ($a>0, a \neq 1$) 的导数.

解
$$y' = \lim_{\Delta x \to 0} \frac{\Delta y}{\Delta x} = \lim_{\Delta x \to 0} \frac{a^{x+\Delta x} - a^x}{\Delta x} = a^x \lim_{\Delta x \to 0} \frac{a^{\Delta x} - 1}{\Delta x},$$

令 $a^{\Delta x}-1=t$,则 $\Delta x=\log_a(t+1)$,且 $\Delta x\to 0$ 时 $t\to 0$,由此得

$$\lim_{\Delta x\to 0}\frac{a^{\Delta x}-1}{\Delta x}=\lim_{t\to 0}\frac{t}{\log_a(t+1)}=\lim_{t\to 0}\frac{1}{\log_a(t+1)^{\frac{1}{t}}}=\frac{1}{\log_a e}=\ln a,$$

所以

$$y'=\lim_{\Delta x\to 0}\frac{\Delta y}{\Delta x}=a^x\ln a.$$

即

$$(a^x)'=a^x\ln a.$$

特别地,当 $a=e$ 时,得 $(e^x)'=e^x$.

三、导数的几何意义

根据前面切线问题中斜率的求法及导数的定义,可得导数的几何意义为:函数 $y=f(x)$ 在 x_0 处的导数 $f'(x_0)$,就是曲线 $y=f(x)$ 在点 $M(x_0,f(x_0))$ 处切线的斜率.

因此,曲线 $y=f(x)$ 在点 $M(x_0,f(x_0))$ 处的切线方程为

$$y-f(x_0)=f'(x_0)(x-x_0).$$

过点 $M(x_0,f(x_0))$ 且与切线垂直的直线称为曲线 $y=f(x)$ 在点 $M(x_0,f(x_0))$ 处的法线. 如果 $f'(x_0)\neq 0$,则法线的斜率为 $-\dfrac{1}{f'(x_0)}$,从而法线方程为

$$y-f(x_0)=-\frac{1}{f'(x_0)}(x-x_0).$$

例 6 求抛物线 $y=x^2$ 在点 $(2,4)$ 处的切线方程和法线方程.

解 因为 $y'=(x^2)'=2x$,所以所求切线的斜率为

$$k_1=y'\Big|_{x=2}=2x\Big|_{x=2}=4,$$

于是,所求切线方程为 $y-4=4(x-2),$
即 $4x-y-4=0.$

又因为所求法线的斜率为 $k_2=-\dfrac{1}{k_1}=-\dfrac{1}{4},$

所以所求法线方程为 $y-4=-\dfrac{1}{4}(x-2),$
即 $x+4y-18=0.$

四、左、右导数

若 $\lim\limits_{x\to x_0^+}\dfrac{f(x)-f(x_0)}{x-x_0}$ 存在,就称其值为 $f(x)$ 在 $x=x_0$ 点的右导数,并记为 $f'_+(x_0)$,即 $f'_+(x_0)=\lim\limits_{h\to 0^+}\dfrac{f(x_0+h)-f(x_0)}{h}=\lim\limits_{x\to x_0^+}\dfrac{f(x)-f(x_0)}{x-x_0}.$

同理,左导数 $f'_-(x_0)=\lim\limits_{h\to 0^-}\dfrac{f(x_0+h)-f(x_0)}{h}=\lim\limits_{x\to x_0^-}\dfrac{f(x)-f(x_0)}{x-x_0}.$

定理 1 $f(x)$ 在 $x=x_0$ 点可导 $\Leftrightarrow f(x)$ 在 $x=x_0$ 点的左导数和右导数均存在,且相等,即 $f'_-(x_0)=f'_+(x_0)$.

例 7 讨论 $f(x)=|x|$ 在 $x=0$ 处的导数.

解 因为 $f(x)=\begin{cases} x, & x\geqslant 0, \\ -x, & x<0, \end{cases}$ 且 $f(0)=0$.

而 $f'_+(0)=\lim\limits_{x\to 0^+}\dfrac{f(x)-f(0)}{x-0}=\lim\limits_{x\to 0^+}\dfrac{x}{x}=1$;

$f'_-(0)=\lim\limits_{x\to 0^-}\dfrac{f(x)-f(0)}{x-0}=\lim\limits_{x\to 0^-}\dfrac{-x}{x}=-1$.

$f(x)$ 的左导数为 -1,右导数为 1,所以 $f(x)$ 在 $x=0$ 点不可导(如图 2-3 所示).

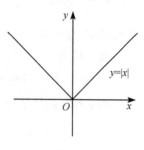

图 2-3

五、函数可导与连续的关系

设函数 $y=f(x)$ 在点 x 可导,即有
$$\lim_{\Delta x\to 0}\frac{\Delta y}{\Delta x}=f'(x),$$
则由有极限的函数与无穷小的关系,得
$$\frac{\Delta y}{\Delta x}=f'(x)+\alpha,$$
其中 α 是当 $\Delta x\to 0$ 时的无穷小,上式两端同乘以 Δx,得
$$\Delta y=f'(x)\Delta x+\alpha\Delta x.$$

显然,当 $\Delta x\to 0$ 时,$\Delta y\to 0$. 由函数的连续性定义可知,函数 $y=f(x)$ 在点 x 处连续. 因此,我们有如下定理.

定理 2 如果函数 $y=f(x)$ 在点 x 处可导,则函数 $y=f(x)$ 在点 x 处必连续.

注意:上述定理的逆定理是不成立的. 即函数 $y=f(x)$ 在点 x 处连续,但在该点不一定可导.

如例 7 中函数 $y=|x|=\begin{cases} x, & x\geqslant 0, \\ -x, & x<0 \end{cases}$ 在 $x=0$ 处连续但不可导.

例 8 函数 $f(x)=\sqrt[3]{x}$ 在区间 $(-\infty,+\infty)$ 内连续,但在点 $x=0$ 处不可导. 这是因为函数在点 $x=0$ 处的导数为无穷大(如图 2-4 所示),即

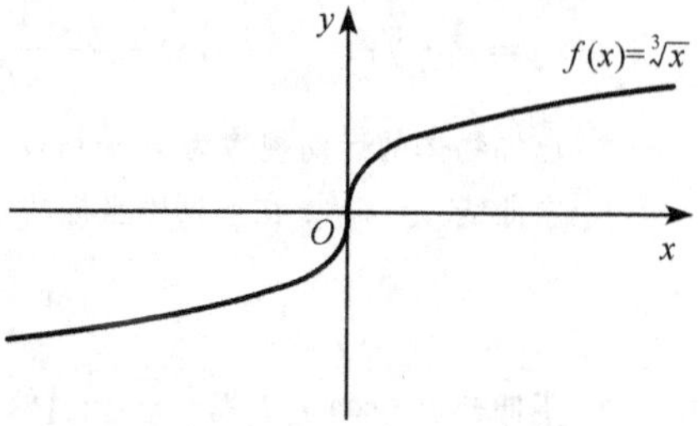

$$\lim_{h\to 0}\frac{f(0+h)-f(0)}{h}=\lim_{h\to 0}\frac{\sqrt[3]{h}-0}{h}=+\infty.$$

图 2-4

想一想:曲线 $y=\sqrt[3]{x}$ 在 $x=0$ 处是否有切线?如有切线,切线有何特点?

综上讨论可知,函数在某点连续,是函数在该点可导的必要条件,而不是可导的充分条件.

例9 设函数 $f(x)=\begin{cases} e^x, & x<0, \\ a+bx, & x\geq 0. \end{cases}$

为使函数 $f(x)$ 在点 $x=0$ 处连续且可导,a,b 应取何值?

解 因为

$$f(0)=a, \quad \lim_{x\to 0^+}f(x)=\lim_{x\to 0^+}(a+bx)=a, \quad \lim_{x\to 0^-}f(x)=\lim_{x\to 0^-}e^x=1,$$

所以取 $a=1$,函数 $f(x)$ 在 $x=0$ 处连续.又

$$f'_+(0)=\lim_{x\to 0^+}\frac{f(x)-f(0)}{x}=\lim_{x\to 0^+}\frac{1+bx-1}{x}=b,$$

$$f'_-(0)=\lim_{x\to 0^-}\frac{f(x)-f(0)}{x}=\lim_{x\to 0^-}\frac{e^x-1}{x}=1,$$

所以当 $a=1, b=1$ 时,函数 $f(x)$ 在 $x=0$ 处连续且可导.

习 题 2.1

1. 设 $f(x)=6x^2$,试按定义求 $f'(-1)$.

2. 证明 $(\cos x)'=-\sin x$.

3. 下列各题中均假定 $f'(x_0)$ 存在,按导数的定义观察下列极限,并指出 a 表示什么:

(1) $\lim\limits_{\Delta x\to 0}\dfrac{f(x_0-\Delta x)-f(x_0)}{\Delta x}=a$;

(2) $\lim\limits_{x\to 0}\dfrac{f(x)}{x}=a$,其中 $f(0)=0$,且 $f'(0)$ 存在.

4. 求下列函数的导数:

(1) $y=2x^5$; (2) $y=\sqrt[5]{x^3}$;

(3) $y=x^{2.4}$; (4) $y=\dfrac{1}{x^3}$;

(5) $y=x^5\cdot\sqrt[3]{x}$; (6) $y=\dfrac{x^2\cdot\sqrt[3]{x^2}}{\sqrt{x^5}}$.

5. 已知物体的运动规律为 $s=t^3$ (m),求这物体在 $t=2$ (s) 时的速度.

6. 求曲线 $y=\sin x$ 在下列横坐标的各点处切线的斜率:

$$x=\frac{2}{3}\pi; \quad x=\pi.$$

7. 求曲线 $y=\cos x$ 上点 $\left(\dfrac{\pi}{3},\dfrac{1}{2}\right)$ 处的切线方程和法线方程.

8. 求曲线 $y=x^3$ 在点 $(2,8)$ 处的切线斜率,并问在曲线上哪一点的切线平行于直线 $y=3x-1$.

9. 讨论下列函数在 $x=0$ 处的连续性与可导性:

(1) $y=|\sin x|$; (2) $y=\begin{cases} x\sin\dfrac{1}{x}, & x\neq 0, \\ 0, & x=0. \end{cases}$

§2.2 函数的求导法则

一、函数的和、差、积、商的求导法则

定理 1 设 $u=u(x)$ 和 $v=v(x)$ 在点 x 处都可导,则

$$u(x)+v(x),\quad u(x)-v(x),\quad u(x)v(x),\quad \frac{u(x)}{v(x)}$$

在点 x 处也可导,且有下列法则:

(1) $(u\pm v)'=u'\pm v'$; (2) $(uv)'=u'v+uv'$;

(3) $(cu)'=cu'$ (c 为常数); (4) $\left(\dfrac{u}{v}\right)'=\dfrac{u'v-uv'}{v^2}$.

证明 这里只证(2).

给自变量 x 以增量 Δx,则函数 $u=u(x),v=v(x)$ 及 $y=u(x)v(x)$ 的相应增量分别为 $\Delta u=u(x+\Delta x)-u(x),\Delta v=v(x+\Delta x)-v(x)$,

$$\begin{aligned}\Delta y&=[u(x+\Delta x)v(x+\Delta x)]-[u(x)v(x)]\\&=(u+\Delta u)(v+\Delta v)-uv\\&=\Delta u\cdot v+u\cdot\Delta v+\Delta u\cdot\Delta v.\end{aligned}$$

于是 $\dfrac{\Delta y}{\Delta x}=\dfrac{\Delta u}{\Delta x}\cdot v+u\cdot\dfrac{\Delta v}{\Delta x}+\dfrac{\Delta v}{\Delta x}\cdot\Delta u=\dfrac{\Delta u}{\Delta x}\cdot v+u\cdot\dfrac{\Delta v}{\Delta x}+\dfrac{\Delta v}{\Delta x}\cdot\dfrac{\Delta u}{\Delta x}\cdot\Delta x.$

因为函数 $u=u(x),v=v(x)$ 在点 x 处可导,即

$$\lim_{\Delta x\to 0}\frac{\Delta u}{\Delta x}=u',\quad \lim_{\Delta x\to 0}\frac{\Delta v}{\Delta x}=v'.$$

所以

$$\begin{aligned}(uv)'&=\lim_{\Delta x\to 0}\frac{\Delta y}{\Delta x}=\lim_{\Delta x\to 0}\left(\frac{\Delta u}{\Delta x}\cdot v+u\cdot\frac{\Delta v}{\Delta x}+\frac{\Delta v}{\Delta x}\cdot\frac{\Delta u}{\Delta x}\cdot\Delta x\right)\\&=u'v+uv'+v'u'\cdot 0=u'v+uv'.\end{aligned}$$

注意:上述法则(3)是(2)的特殊情形,且(1)和(2)可推广到任意有限多个可导函数之和、差及乘积的情形.

设 u,v,w 都是 x 的可导函数,则 $(uvw)'=u'vw+uv'w+uvw'$.

例 1 设 $f(x)=x+2\sqrt{x}-\dfrac{2}{\sqrt{x}}$,求 $f'(x)$.

解 $f'(x)=\left(x+2\sqrt{x}-\dfrac{2}{\sqrt{x}}\right)'=(x)'+(2\sqrt{x})'-\left(\dfrac{2}{\sqrt{x}}\right)'$

$=1+\dfrac{2}{2}\cdot\dfrac{1}{\sqrt{x}}-2\left(-\dfrac{1}{2}\right)\cdot\dfrac{1}{\sqrt{x^3}}$

$=1+\dfrac{1}{\sqrt{x}}+\dfrac{1}{\sqrt{x^3}}.$

例2 设 $f(x)=xe^x\ln x$,求 $f'(x)$.

解 $f'(x)=(xe^x\ln x)'=(x)'e^x\ln x+x(e^x)'\ln x+xe^x(\ln x)'$
$$=e^x\ln x+xe^x\ln x+xe^x\cdot\frac{1}{x}$$
$$=e^x(1+\ln x+x\ln x).$$

例3 求正切函数 $y=\tan x$ 的导数.

解 $y'=(\tan x)'=\left(\dfrac{\sin x}{\cos x}\right)'=\dfrac{\cos x(\sin x)'-(\cos x)'\sin x}{\cos^2 x}$
$$=\frac{\cos^2 x+\sin^2 x}{\cos^2 x}=\sec^2 x.$$

即 $$(\tan x)'=\sec^2 x.$$

类似可得 $$(\cot x)'=-\csc^2 x.$$

二、反函数的求导

定理 2 设 $y=f(x)$ 为 $x=\varphi(y)$ 的反函数,若 $\varphi(y)$ 在 y_0 的某邻域内连续,严格单调,且 $\varphi'(y_0)\neq 0$,则 $f(x)$ 在 x_0(即 $f(y_0)$点)有导数,且 $f'(x_0)=\dfrac{1}{\varphi'(y_0)}$.

关于定理的说明:

(1) $x\to x_0 \Leftrightarrow y\to y_0$,$\varphi(y)$ 在 y_0 点附近连续,严格单调;

(2) 若视 x_0 为任意值,并用 x 代替,便得 $f'(x)=\dfrac{1}{\varphi'(y)}$ 或 $\dfrac{\mathrm{d}y}{\mathrm{d}x}=\dfrac{1}{\left(\dfrac{\mathrm{d}x}{\mathrm{d}y}\right)}$,其中 $\dfrac{\mathrm{d}y}{\mathrm{d}x},\dfrac{\mathrm{d}x}{\mathrm{d}y}$ 均为整体记号,各代表不同的意义;

(3) $f'(x)$ 和 $\varphi'(y)$ 的 "'" 均表示求导,但意义不同;

(4) 定理 2 说明反函数的导数等于原函数导数的倒数.

例4 求 $y=\arcsin x$ 的导数.

解 由于 $y=\arcsin x, x\in[-1,1]$,是 $x=\sin y, y\in\left[-\dfrac{\pi}{2},\dfrac{\pi}{2}\right]$ 的反函数,由定理 2 得:

$$(\arcsin x)'=\frac{1}{(\sin y)'}=\frac{1}{\cos y}=\frac{1}{\sqrt{1-\sin^2 y}}=\frac{1}{\sqrt{1-x^2}}.$$

同理可得:$(\arccos x)'=-\dfrac{1}{\sqrt{1-x^2}}$;$(\arctan x)'=\dfrac{1}{1+x^2}$;$(\text{arccot } x)'=-\dfrac{1}{1+x^2}$.

三、初等函数的求导公式

常数和基本初等函数的求导公式

(1) $(c)'=0$;   (2) $(x^\mu)'=\mu x^{\mu-1}$;

(3) $(\sin x)' = \cos x$; (4) $(\cos x)' = -\sin x$;

(5) $(\tan x)' = \sec^2 x$; (6) $(\cot x)' = -\csc^2 x$;

(7) $(\sec x)' = \sec x \cdot \tan x$; (8) $(\csc x)' = -\csc x \cdot \cot x$;

(9) $(a^x)' = a^x \ln a$; (10) $(e^x)' = e^x$;

(11) $(\log_a x)' = \dfrac{1}{x \ln a}$; (12) $(\ln x)' = \dfrac{1}{x}$;

(13) $(\arcsin x)' = \dfrac{1}{\sqrt{1-x^2}}$; (14) $(\arccos x)' = -\dfrac{1}{\sqrt{1-x^2}}$;

(15) $(\arctan x)' = \dfrac{1}{1+x^2}$; (16) $(\text{arccot } x)' = -\dfrac{1}{1+x^2}$;

四、复合函数的求导

定理 3（复合函数求导法则） 如果 $u = \varphi(x)$ 在 $x = x_0$ 点可导，且 $y = f(u)$ 在 $u = u_0 = \varphi(x_0)$ 点也可导，那么以 $y = f(u)$ 为外函数，以 $u = \varphi(x)$ 为内函数，所复合的复合函数 $y = f[\varphi(x)]$ 在 $x = x_0$ 点可导，且 $\dfrac{dy}{dx}\bigg|_{x=x_0} = f'(u_0)\varphi'(x_0)$，或 $\{f[\varphi(x)]\}'_{x=x_0} = f'(u_0)\varphi'(x_0)$.

证明：$\lim\limits_{x \to x_0} \dfrac{f[\varphi(x)] - f[\varphi(x_0)]}{x - x_0} = \lim\limits_{x \to x_0} \dfrac{f(u) - f(u_0)}{u - u_0} \cdot \dfrac{\varphi(x) - \varphi(x_0)}{x - x_0}$

$= \lim\limits_{u \to u_0} \dfrac{f(u) - f(u_0)}{u - u_0} \cdot \lim\limits_{x \to x_0} \dfrac{\varphi(x) - \varphi(x_0)}{x - x_0}$

$= f'(u_0) \cdot \varphi'(x_0)$.

所以 $\{f[\varphi(x)]\}'_{x=x_0} = f'(u_0)\varphi'(x_0)$.

关于定理 3 的说明：

(1) 若视 x_0 为任意值，并用 x 代替，便得导函数

$$\dfrac{df[\varphi(x)]}{dx} = f'[\varphi(x)] \cdot \varphi'(x), \text{ 或 } \{f[\varphi(x)]\}' = f'[\varphi(x)] \cdot \varphi'(x),$$

或 $\dfrac{dy}{dx} = \dfrac{dy}{du} \cdot \dfrac{du}{dx}$.

(2) $f'[\varphi(x)]$ 与 $\{f[\varphi(x)]\}'$ 不同，前者是对变量 $u = \varphi(x)$ 求导，后者是对变量 x 求导，注意区别.

(3) 复合函数求导可推广到有限个函数复合的复合函数上去，如：

$$(f(g(h(x))))' = f'\{g[h(x)]\} \cdot g'[h(x)] \cdot h'(x) \quad \text{等}.$$

例 5 求 $y = \arctan \dfrac{1}{x}$ 的导数.

解 $y = \arctan \dfrac{1}{x}$ 可看成 $\arctan u$ 与 $u = \dfrac{1}{x}$ 复合而成，

而 $(\arctan u)' = \dfrac{1}{1+u^2}$, $\left(\dfrac{1}{x}\right)' = -\dfrac{1}{x^2}$,

故有 $y' = \left(\arctan \dfrac{1}{x}\right)' = \dfrac{1}{1+\left(\dfrac{1}{x}\right)^2} \cdot \left(-\dfrac{1}{x^2}\right) = -\dfrac{1}{1+x^2}.$

由此可见,求初等函数的导数必须熟悉:①基本初等函数的求导;②复合函数的分解;③复合函数的求导公式.只有这样才能做到准确.在解题时,若对复合函数的分解非常熟悉,则可不必写出中间变量,而直接写出结果.

例 6 设 $y = \sqrt{1-x^2}$,求 y'.

解 $y' = (\sqrt{1-x^2})' = [(1-x^2)^{\frac{1}{2}}]' = \dfrac{1}{2} \cdot \dfrac{1}{\sqrt{1-x^2}} \cdot (1-x^2)' = -\dfrac{x}{\sqrt{1-x^2}}.$

例 7 设 $y = (1+x^2)^3$,求 y'.

解 $y' = [(1+x^2)^3]' = 3(1+x^2)^2 \cdot (1+x^2)'$
$= 3(1+x^2)^2 \cdot 2x = 6x(1+x^2)^2.$

例 8 设 $y = e^{\sqrt{1-\sin x}}$,求 y'.

解 $y' = \left(e^{\sqrt{1-\sin x}}\right)' = e^{\sqrt{1-\sin x}} \cdot \left(\sqrt{1-\sin x}\right)' = e^{\sqrt{1-\sin x}} \cdot \dfrac{1}{2} \cdot \dfrac{(1-\sin x)'}{\sqrt{1-\sin x}}$

$= \dfrac{1}{2} e^{\sqrt{1-\sin x}} \cdot \dfrac{-\cos x}{\sqrt{1-\sin x}} = -\dfrac{1}{2} \dfrac{\cos x}{\sqrt{1-\sin x}} e^{\sqrt{1-\sin x}}.$

例 9 求双曲正弦 sh x 的导数.

解 因为 $\text{sh } x = \dfrac{1}{2}(e^x - e^{-x})$,

所以 $(\text{sh } x)' = \dfrac{1}{2}(e^x - e^{-x})' = \dfrac{1}{2}(e^x + e^{-x}) = \text{ch } x,$

即 $(\text{sh } x)' = \text{ch } x,$

类似地,有

$(\text{ch } x)' = \text{sh } x.$

习 题 2.2

1. 求下列函数的导数:

(1) $y = 3\cot x + \csc x - 5$;

(2) $y = \sin x \cdot \cos x$;

(3) $y = x^3 \ln x$;

(4) $y = \dfrac{e^x}{x^3} + \ln 5$;

(5) $y = (\sqrt{x}+1)\left(\dfrac{1}{\sqrt{x}} - 1\right)$;

(6) $y = \dfrac{\sin x}{x} + \dfrac{2}{x}.$

2. 求下列函数在指定点的导数:

(1) 设 $f(x) = \dfrac{x}{\cos x}$,求 $f'(0), f'(\pi)$;

(2) 设 $f(t)=\dfrac{1-\sqrt{t}}{1+\sqrt{t}}$,求 $f'(0)$,$f'(4)$.

3. 求下列函数的导数:

(1) $y=(3x+4)^5$;

(2) $y=\sin(3-5x)$;

(3) $y=\ln\sin 2x$;

(4) $y=(x+\sin^2 x)^3$;

(5) $y=\dfrac{3}{\sqrt{2-x^3}}$;

(6) $y=\ln(x+\sqrt{1+x^2})$;

(7) $y=e^{-\frac{x}{3}}\cdot\sin 5x$;

(8) $y=\arcsin[2\cos(x^2-1)]$;

(9) $y=\ln\left[\ln\left(\ln\tan\dfrac{x}{2}\right)\right]$;

(10) $y=e^{\tan\frac{1}{x}}\sin\dfrac{1}{x}$;

(11) $y=\arctan\dfrac{x+1}{x-1}$;

(12) $y=\arcsin\dfrac{2t}{1+t^2}$.

§2.3 隐函数、参数方程所确定的函数的导数

一、隐函数及其求导

我们知道,y 是 x 的函数一般表示为 $y=f(x)$ 的形式,如 $y=x^2+1$,$y=e^x+\cos x$,是用自变量的数学式子将因变量(函数)单独地表示出来.这种形式的函数叫**显函数**.

有时会遇到另一种表示形式的函数,例如在 $x^2+y^2=4$ 中,当 x 在 $[0,+\infty)$ 内任取一值 x_0 时,由方程可得 y 有确定的值 $y=\sqrt{4-x_0^2}$ 与 x_0 对应,这就是说方程 $x^2+y^2=4$ 确定了一个以 x 为自变量的函数. 一般地,由方程 $F(x,y)=0$ 所确定的函数叫**隐函数**.

如果从方程 $x^2+y^2=4$ 中解出 y,就将隐函数化成了显函数 $y=\sqrt{4-x^2}$. 这叫隐函数显化.有些隐函数容易显化,有些则很难甚至不可能显化.在实际问题中,有时要求隐函数的导数,因此,我们希望有一种不必将隐函数显化,能直接由方程 $F(x,y)=0$ 求出导数的方法.下面举例来说明求导的方法.

例 1 求由方程 $x^2+y^2=4$ 所确定的隐函数的导数 $\dfrac{dy}{dx}$.

解 将方程的两边分别对 x 求导,注意 y 是 x 的函数,y^2 是以 y 为中间变量的关于 x 的复合函数,y^2 对 x 的导数等于 y^2 先对 y 求导,再乘以 y 对 x 的导数. 即

$$\frac{d}{dx}y^2=\frac{d}{dy}y^2\cdot\frac{dy}{dx}=2y\cdot\frac{dy}{dx},$$

所以

$$(x^2+y^2)'_x=(4)',$$

$$2x+2y\cdot\frac{dy}{dx}=0,$$

从而解得

$$\frac{dy}{dx}=-\frac{x}{y}.$$

一般来说，隐函数的导数是一个既含自变量，又含因变量的表达式．

例 2 求由方程 $xy = \sin(x+y)$ 所确定的隐函数的导数 y'_x．

解 方程两边对 x 求导数，得
$$y + xy' = \cos(x+y)(1+y'),$$
解得
$$y' = \frac{y - \cos(x+y)}{\cos(x+y) - x}.$$

上述隐函数的求导法同样可用于求某些特殊形式的显函数的导数．有时我们会遇到表达式由幂指函数（形如 $y = u(x)^{v(x)}$ 的函数）或连乘、连除或乘方、开方表示的显函数，这类显函数直接求导很困难，或者很麻烦．我们常用两边取对数后再利用隐函数的求导方法求导，这种方法称为**对数求导法**．

二、对数求导法

设 $y = f(x)$，两边取对数，得 $\ln y = \ln f(x)$，

两边对 x 求导，得 $\dfrac{1}{y} y' = [\ln f(x)]'$，
$$y' = f(x) \cdot [\ln f(x)]'.$$

对数求导法适用于求幂指函数 $y = [u(x)]^{v(x)}$ 的导数及多因子之积和商的导数．

例 3 求 $y = x^{\sin x}$ ($x > 0$) 的导数．

解法 1 两边取对数，得
$$\ln y = \sin x \cdot \ln x,$$
上式两边对 x 求导，得
$$\frac{1}{y} y' = \cos x \cdot \ln x + \sin x \cdot \frac{1}{x},$$
于是
$$y' = y\left(\cos x \cdot \ln x + \sin x \cdot \frac{1}{x}\right)$$
$$= x^{\sin x}\left(\cos x \cdot \ln x + \frac{\sin x}{x}\right).$$

解法 2 这种幂指函数的导数也可按下面的方法求．

因为
$$y = x^{\sin x} = e^{\sin x \cdot \ln x},$$
所以
$$y' = e^{\sin x \cdot \ln x}(\sin x \cdot \ln x)' = x^{\sin x}\left(\cos x \cdot \ln x + \frac{\sin x}{x}\right).$$

例 4 求函数 $y = \sqrt{\dfrac{(x-1)(x-2)}{(x-3)(x-4)}}$ 的导数．

解 先在两边取对数（假定 $x > 4$），得
$$\ln y = \frac{1}{2}[\ln(x-1) + \ln(x-2) - \ln(x-3) - \ln(x-4)],$$
上式两边对 x 求导，得

$$\frac{1}{y}y' = \frac{1}{2}\left(\frac{1}{x-1}+\frac{1}{x-2}-\frac{1}{x-3}-\frac{1}{x-4}\right),$$

于是
$$y' = \frac{y}{2}\left(\frac{1}{x-1}+\frac{1}{x-2}-\frac{1}{x-3}-\frac{1}{x-4}\right).$$

三、由参数方程所确定的函数的导数

设 y 与 x 的函数关系是由参数方程 $\begin{cases}x=\varphi(t),\\ y=\psi(t)\end{cases}$ 确定的,则称此函数关系所表达的函数为由参数方程所确定的函数.

在实际问题中,需要计算由参数方程所确定的函数的导数. 但从参数方程中消去参数 t 有时会有困难. 因此,我们希望有一种方法能直接由参数方程算出它所确定的函数的导数.

设 $x=\varphi(t)$ 具有单调连续反函数 $t=\varphi^{-1}(x)$,且此反函数能与函数 $y=\psi(t)$ 构成复合函数 $y=\psi[\varphi^{-1}(x)]$,若 $x=\varphi(t)$ 和 $y=\psi(t)$ 都可导,则 $\dfrac{\mathrm{d}y}{\mathrm{d}x}=\dfrac{\psi'(t)}{\varphi'(t)}$.

事实上
$$\frac{\mathrm{d}y}{\mathrm{d}x}=\frac{\mathrm{d}y}{\mathrm{d}t}\cdot\frac{\mathrm{d}t}{\mathrm{d}x}=\frac{\mathrm{d}y}{\mathrm{d}t}\cdot\frac{1}{\frac{\mathrm{d}x}{\mathrm{d}t}}=\frac{\psi'(t)}{\varphi'(t)},$$

即
$$\frac{\mathrm{d}y}{\mathrm{d}x}=\frac{\psi'(t)}{\varphi'(t)} \quad \text{或} \quad \frac{\mathrm{d}y}{\mathrm{d}x}=\frac{\frac{\mathrm{d}y}{\mathrm{d}t}}{\frac{\mathrm{d}x}{\mathrm{d}t}}.$$

例 5 求椭圆 $\begin{cases}x=a\cos t,\\ y=b\sin t\end{cases}$ 在相应于 $t=\dfrac{\pi}{4}$ 点处的切线方程.

解 $\dfrac{\mathrm{d}y}{\mathrm{d}x}=\dfrac{(b\sin t)'}{(a\cos t)'}=\dfrac{b\cos t}{-a\sin t}=-\dfrac{b}{a}\cot t.$

所求切线的斜率为
$$\left.\frac{\mathrm{d}y}{\mathrm{d}x}\right|_{t=\frac{\pi}{4}}=-\frac{b}{a},$$

切点的坐标为 $x_0=a\cos\dfrac{\pi}{4}=\dfrac{\sqrt{2}}{2}a, y_0=b\sin\dfrac{\pi}{4}=\dfrac{\sqrt{2}}{2}b.$

切线方程为
$$y-\frac{\sqrt{2}}{2}b=-\frac{b}{a}\left(x-\frac{\sqrt{2}}{2}a\right),$$

即
$$bx+ay-\sqrt{2}ab=0.$$

例 6 设炮弹与地平线成 α 角,初速为 v_0 射出,如果不计空气阻力,以发射点为原点,地平线为 x 轴,过原点垂直 x 轴方向向上的直线为 y 轴,由物理学知道炮弹的运动方程为
$$\begin{cases}x=v_0 t\cos\alpha,\\ y=v_0 t\sin\alpha-\dfrac{1}{2}gt^2.\end{cases}$$

求炮弹在时刻 t 时的速度大小与方向.

解 炮弹的水平方向速度为
$$v_x = \frac{\mathrm{d}x}{\mathrm{d}t} = v_0\cos\alpha,$$

炮弹的垂直方向速度为
$$v_y = \frac{\mathrm{d}y}{\mathrm{d}t} = v_0\sin\alpha - gt.$$

所以，在 t 时刻炮弹速度的大小为
$$|v| = \sqrt{v_x^2 + v_y^2} = \sqrt{v_0^2 - 2v_0\sin\alpha \cdot gt + g^2t^2}.$$

平行于 t 时刻所对应的点处的切线，且沿炮弹的前进方向，其斜率为
$$\frac{\mathrm{d}y}{\mathrm{d}x} = \frac{v_0\sin\alpha - gt}{v_0\cos\alpha}.$$

习 题 2.3

1. 求由下列方程所确定的隐函数的导数 $\dfrac{\mathrm{d}y}{\mathrm{d}x}$.

(1) $y = \sin(x+y)$； (2) $\mathrm{e}^y - x^2y + \mathrm{e}^x = 0$；

(3) $y = \arctan(x+2y)$.

2. 用对数求导法求下列函数的导数 $\dfrac{\mathrm{d}y}{\mathrm{d}x}$.

(1) $y = \sqrt[3]{\dfrac{(x-2)^2}{(1-2x)(1+x)}}$； (2) $y = \left(\dfrac{x}{1+x}\right)^{\sin x}$.

3. 已知 $\begin{cases} x = \ln(1+t^2), \\ y = t - \arctan t, \end{cases}$ 求 $\dfrac{\mathrm{d}y}{\mathrm{d}x}$.

4. 求曲线 $\begin{cases} x = \cos^3 t, \\ y = \sin^3 t \end{cases}$ 上对应于 $t = \dfrac{\pi}{6}$ 点处的法线方程.

§2.4 高 阶 导 数

一、高阶导数

如果函数 $y = f(x)$ 的导数 $f'(x)$ 在点 x 处可导，则 $f'(x)$ 在点 x 处的导数为 $y = f(x)$ 在点 x 处的二阶导数，记为 y'', $f''(x)$, $\dfrac{\mathrm{d}^2y}{\mathrm{d}x^2}$ 或 $\dfrac{\mathrm{d}}{\mathrm{d}x}\left(\dfrac{\mathrm{d}y}{\mathrm{d}x}\right)$.

类似地，二阶导数的导数称为三阶导数，记为 y''' 或 $\dfrac{\mathrm{d}^3y}{\mathrm{d}x^3}$. 三阶导数的导数称为四阶导数，记为 $y^{(4)}$ 或 $\dfrac{\mathrm{d}^4y}{\mathrm{d}x^4}$. 一般地，$(n-1)$ 阶导数的导数叫作 n 阶导数，记为 $y^{(n)}$ 或

$\dfrac{d^n y}{dx^n}$. 二阶及二阶以上的导数统称为**高阶导数**.

由高阶导数的定义知,求函数 $y=f(x)$ 的高阶导数,只需要多次连续地求导数即可,因此仍可应用前面的求导方法进行计算.

例 1 设 $f(x)=x^3+3x$,求 $f''(x)$.

解 因 $f'(x)=3x^2+3$,故 $f''(x)=(3x^2+3)'=6x$.

例 2 设 $y=\sin x+\cos x$,求 $y''\big|_{x=0}$.

解
$$y'=\cos x-\sin x,$$
$$y''=-\sin x-\cos x,$$

所以 $y''\big|_{x=0}=-\sin 0-\cos 0=-1$.

例 3 设函数 $y=f(x)$ 是由方程 $x-y+\dfrac{1}{2}\sin y=0$ 确定的,求 $\dfrac{d^2 y}{dx^2}$.

解 将方程 $x-y+\dfrac{1}{2}\sin y=0$ 两边对 x 求导数有

$$1-y'+\dfrac{1}{2}(\cos y)\cdot y'=0.$$

得 $y'=\dfrac{dy}{dx}=\dfrac{2}{2-\cos y}$,

$$\dfrac{d^2 y}{dx^2}=\dfrac{-2(2-\cos y)'}{(2-\cos y)^2}=-\dfrac{2(\sin y)\cdot y'}{(2-\cos y)^2}=\dfrac{4\sin y}{(\cos y-2)^3}.$$

例 4 求 $y=e^x$ 的 n 阶导数.

解 $y'=e^x, \quad y''=e^x, \quad y'''=e^x, \quad y^{(4)}=e^x, \quad \cdots$

一般地,可得
$$y^{(n)}=e^x.$$

例 5 求 $y=\sin x$ 的 n 阶导数.

解 $y'=\cos x=\sin\left(x+\dfrac{\pi}{2}\right)$,

$$y''=\cos\left(x+\dfrac{\pi}{2}\right)=\sin\left(x+\dfrac{\pi}{2}+\dfrac{\pi}{2}\right)=\sin\left(x+2\cdot\dfrac{\pi}{2}\right),$$

$$y'''=\cos\left(x+2\cdot\dfrac{\pi}{2}\right)=\sin\left(x+3\cdot\dfrac{\pi}{2}\right),$$

$$\vdots$$

一般地,可得

$$y^{(n)}=\sin\left(x+n\cdot\dfrac{\pi}{2}\right).$$

用类似方法,可得 $(\cos x)^{(n)}=\cos\left(x+n\cdot\dfrac{\pi}{2}\right)$.

如果函数 $u=u(x)$ 及 $v=v(x)$ 都在点 x 处具有 n 阶导数,那么显然函数 $u(x)\pm v(x)$ 也在点 x 处具有 n 阶导数,且

$$(u\pm v)^{(n)} = u^{(n)} \pm v^{(n)};$$
$$(uv)' = u'v + uv';$$
$$(uv)'' = u''v + 2u'v' + uv'';$$
$$(uv)''' = u'''v + 3u''v' + 3u'v'' + uv'''.$$

用数学归纳法可以证明

$$(uv)^{(n)} = \sum_{k=0}^{n} C_n^k u^{(n-k)} v^{(k)},$$

这一公式称为莱布尼茨公式.

例 6　$y=x^2 e^{2x}$,求 $y^{(20)}$.

解　设 $u=e^{2x}, v=x^2$,则

$$(u)^{(k)} = 2^k e^{2x}, \quad (k=1,2,\cdots,20),$$
$$v' = 2x, v'' = 2, \cdots, (v)^{(k)} = 0 \quad (k=3,4,\cdots,20),$$

代入莱布尼茨公式,得

$$y^{(20)} = (uv)^{(20)} = u^{(20)} \cdot v + C_{20}^1 u^{(19)} \cdot v' + C_{20}^2 u^{(18)} \cdot v''$$
$$= 2^{20} e^{2x} \cdot x^2 + 20 \cdot 2^{19} e^{2x} \cdot 2x + \frac{20 \cdot 19}{2!} 2^{18} e^{2x} \cdot 2$$
$$= 2^{20} e^{2x} (x^2 + 20x + 95).$$

二、二阶导数的物理意义

我们知道,做变速直线运动的物体的速度 v 是路程 $s=s(t)$ 对时间 t 的导数,即

$$v = s'(t) = \frac{ds}{dt},$$

如果上式的导数存在,则可以求出速度 v 对时间 t 的导数,即路程 s 对时间 t 的二阶导数

$$v' = v'(t) = [s'(t)]' = s''(t),$$

它表示速度 v 对时间 t 的变化率,力学中,把它叫作物体运动的加速度,记为 a. 这就是说,物体运动的加速度 a 是路程 s 对时间 t 的二阶导数.

例 7　已知物体做直线运动的方程是 $s=5t-10t^2$,求物体运动的加速度.

解　因为 $s'(t)=5-20t, s''(t)=-20$,所以物体运动的加速度 $a=-20$.

例 8　已知物体的运动方程为 $s=A\sin(\omega t+\varphi)$,其中 A,ω,φ 都是常数.求物体运动的加速度.

解　因为　$s'=A[\cos(\omega t+\varphi)](\omega t+\varphi)'=A\omega\cos(\omega t+\varphi),$
$$s''=A\omega[-\sin(\omega t+\varphi)(\omega t+\varphi)']=-A\omega^2\sin(\omega t+\varphi),$$

所以物体运动的加速度为 $a=-A\omega^2\sin(\omega t+\varphi)$.

习 题 2.4

1. 求下列函数的二阶导数：
(1) $y=5x^3+\ln x$；　　　　(2) $y=e^{3x-4}$；
(3) $y=x\cos x$；　　　　　(4) $y=e^{-2t}\cos t$；
(5) $y=x^2\ln x$；　　　　　(6) $y=(1+x^2)\arctan x$.

2. 设 $f(x)=(x+9)^5$，求 $f'''(2)$.

3. 已知物体的运动规律为 $s=A\sin\omega t$（A,ω 是常数），求物体运动的加速度，并验证：$\dfrac{d^2s}{dt^2}+\omega^2 s=0$.

4. 验证函数 $y=C_1 e^{\lambda x}+C_2 e^{-\lambda x}$（$\lambda,C_1,C_2$ 是常数）满足关系式：
$$y''-\lambda^2 y=0.$$

5. 求下列函数的 n 阶导数：
(1) $y=x^n+a_1 x^{n-1}+a_2 x^{n-2}+\cdots+a_{n-1}x+a_n$（$a_1,a_2,\cdots,a_n$ 都是常数）；
(2) $y=xe^x$；
(3) $y=x\ln x$.

§2.5 函数的微分

一、微分的定义

引例 函数增量的计算及增量的构成.

一块正方形金属薄片受温度变化的影响，其边长由 x_0 变到 $x_0+\Delta x$，问：此薄片的面积改变了多少？

设此正方形的边长为 x，面积为 A，则 A 是 x 的函数：$A=x^2$. 金属薄片的面积改变量为

$$\Delta A=(x_0+\Delta x)^2-(x_0)^2=2x_0\Delta x+(\Delta x)^2.$$

几何意义：$2x_0\Delta x$ 表示两个长为 x_0、宽为 Δx 的长方形面积；$(\Delta x)^2$ 表示边长为 Δx 的正方形的面积（如图 2-5 所示）.

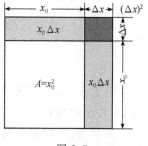

图 2-5

数学意义：当 $\Delta x\to 0$ 时，$(\Delta x)^2$ 是比 Δx 高阶的无穷小，即 $(\Delta x)^2=o(\Delta x)$；$2x_0\Delta x$ 是 Δx 的线性函数，是 ΔA 的主要部分，可以近似地代替 ΔA.

一般地，有下面的定义.

定义 设函数 $y=f(x)$ 在点 x_0 某邻域内有定义，当自变量在点 x_0 处有增量 Δx 时，如果函数的增量 Δy 可表示为

$$\Delta y=A\Delta x+\alpha,$$

其中 A 是与 Δx 无关的量，α 是较 Δx 高阶的无穷小量. 那么，就称函数 $y=f(x)$ 在点 x_0 可微，称其线性主部 $A\Delta x$ 为函数 $f(x)$ 在点 x_0 处的微分，记为

$$dy=A\Delta x.$$

若函数 $y=f(x)$ 在点 x_0 处可导，则我们可以推得 $A=f'(x_0)$. 所以，此时函数

$y=f(x)$ 在点 x_0 的微分又可具体表示为
$$\mathrm{d}y = f'(x_0)\Delta x.$$

推证：设函数 $y=f(x)$ 在点 x_0 处可微，则按定义有 $\Delta y = A\Delta x + \alpha$ 成立，等式两边同时除以 Δx，得 $\dfrac{\Delta y}{\Delta x} = A + \dfrac{\alpha}{\Delta x}$.

因 α 是较 Δx 高阶的无穷小量，故 $\lim\limits_{\Delta x \to 0} \dfrac{\alpha}{\Delta x} = 0$. 于是，当 $\Delta x \to 0$ 时，由上式两边取极限就得到
$$A = f'(x_0).$$

函数 $y=f(x)$ 在任意点 x 的微分，称为函数的微分，记作 $\mathrm{d}y$，即
$$\mathrm{d}y = f'(x)\Delta x.$$

例如 $\mathrm{d}\cos x = (\cos x)'\Delta x = -\sin x \Delta x$；$\mathrm{d}\mathrm{e}^x = (\mathrm{e}^x)'\Delta x = \mathrm{e}^x \Delta x$.

例1 求函数 $y=x^3$，当 $x=2$，$\Delta x = 0.02$ 时的微分.

解 先求函数在任意点 x 处的微分，
$$\mathrm{d}y = (x^3)'\Delta x = 3x^2 \Delta x.$$

再求函数当 $x=2$，$\Delta x = 0.02$ 时的微分，
$$\mathrm{d}y \Big|_{x=2, \Delta x = 0.02} = 3x^2 \Delta x \Big|_{x=2, \Delta x = 0.02} = 3 \times 2^2 \times 0.02 = 0.24.$$

因为当 $y=x$ 时，$\mathrm{d}y = \mathrm{d}x = (x)'\Delta x = \Delta x$，所以通常把自变量 x 的增量 Δx 称为自变量的微分，记作 $\mathrm{d}x$，即 $\mathrm{d}x = \Delta x$. 于是函数 $y=f(x)$ 的微分又可记作
$$\mathrm{d}y = f'(x)\mathrm{d}x,$$

从而
$$\frac{\mathrm{d}y}{\mathrm{d}x} = f'(x).$$

这就是说，函数的导数 $f'(x)$ 等于函数的微分 $\mathrm{d}y$ 与自变量的微分 $\mathrm{d}x$ 之商. 因此，导数也叫**微商**.

可以看出，如果已知函数 $y=f(x)$ 的导数 $f'(x)$，则由 $\mathrm{d}y = f'(x)\mathrm{d}x$ 可求出微分 $\mathrm{d}y$；反之，如果已知函数 $y=f(x)$ 的微分 $\mathrm{d}y$，则由 $\dfrac{\mathrm{d}y}{\mathrm{d}x} = f'(x)$ 可求得它的导数. 因此，可导与可微是等价的. 我们把求导和求微分的方法统称为**微分法**.

注意：求函数的导数和微分的运算虽然可以互通，但它们的含义不同. 一般而言，导数反映了函数的变化率，微分反映了自变量微小变化时函数的改变量.

二、微分的几何意义

如图 2-6 所示，设曲线 $y=f(x)$ 在点 M 处的坐标为 $(x_0, f(x_0))$，过点 M 作曲

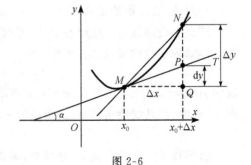

图 2-6

线的切线 MT，它的倾斜角为 α. 当自变量 x 在 x_0 有一微小的增量 Δx 时，相应曲线的纵坐标有一增量 Δy.

从图 2-6 可以看出
$$dx = \Delta x = MQ, \quad \Delta y = QN.$$
设过点 M 的切线 MT 与 NQ 相交于点 P，则 MT 的斜率
$$\tan \alpha = f'(x_0) = \frac{QP}{MQ},$$
所以，函数 $y=f(x)$ 在点 $x=x_0$ 处的微分
$$dy = f'(x_0)dx = \frac{QP}{MQ} \cdot MQ = QP.$$
因此，函数 $y=f(x)$ 在点 $x=x_0$ 处的微分就是曲线 $y=f(x)$ 在点 $M(x_0, f(x_0))$ 处的切线 MT 的纵坐标对应于 Δx 的增量.

由图 2-6 还可以看出，当 $f'(x_0) \neq 0$ 且 $|\Delta x|$ 很小时，$|\Delta y - dy|$ 比 $|\Delta x|$ 小得多. 因此，在点 M 的邻近，可以用切线段来近似代替曲线段，即"以直代曲".

三、微分公式与微分运算法则

从函数微分的定义 $dy = f'(x)dx$ 可以知道，计算函数的微分，只要先求出函数的导数，再乘以自变量的微分即可. 因此，从导数的基本公式和运算法则，就可以直接推出微分的基本公式和运算法则.

1. 微分的基本公式

(1) $d(C) = 0$（C 为常量）；   (2) $d(x^a) = ax^{a-1}dx$；

(3) $d(a^x) = a^x \ln a \, dx$；   (4) $d(e^x) = e^x dx$；

(5) $d(\log_a x) = \frac{1}{x \ln a} dx$；   (6) $d(\ln x) = \frac{1}{x} dx$；

(7) $d(\sin x) = \cos x \, dx$；   (8) $d(\cos x) = -\sin x \, dx$；

(9) $d(\tan x) = \sec^2 x \, dx$；   (10) $d(\cot x) = -\csc^2 x \, dx$；

(11) $d(\sec x) = \sec x \tan x \, dx$；   (12) $d(\csc x) = -\csc x \cot x \, dx$；

(13) $d(\arcsin x) = \frac{1}{\sqrt{1-x^2}} dx$；   (14) $d(\arccos x) = -\frac{1}{\sqrt{1-x^2}} dx$；

(15) $d(\arctan x) = \frac{1}{1+x^2} dx$；   (16) $d(\text{arccot } x) = -\frac{1}{1+x^2} dx$.

2. 函数和、差、积、商的微分法则

(1) $d(u \pm v) = du \pm dv$；   (2) $d(uv) = u\,dv + v\,du$；

(3) $d(Cu) = C\,du$；   (4) $d\left(\frac{u}{v}\right) = \frac{v\,du - u\,dv}{v^2}$.

其中 u, v 都是 x 的函数，C 为常数．

四、复合函数的微分

根据微分的定义，当 u 是自变量时，函数 $y = f(u)$ 的微分是
$$\mathrm{d}y = f'(u)\mathrm{d}u.$$
如果 u 是中间变量，则复合函数 $y = f(u)$，$u = \varphi(x)$ 的微分是
$$\mathrm{d}y = y'_x \mathrm{d}x = f'(u)\varphi'(x)\mathrm{d}x,$$
由于 $\varphi'(x)\mathrm{d}x = \mathrm{d}u$，因此上式又可写成
$$\mathrm{d}y = f'(u)\mathrm{d}u.$$
这就是说，无论 u 是自变量还是中间变量，函数 $y = f(u)$ 的微分都有 $\mathrm{d}y = f'(u)\mathrm{d}u$ 的形式，这一性质叫作**微分形式的不变性**．

例 2 $y = \mathrm{e}^{1-3x}\cos x$，求 $\mathrm{d}y$．

解 应用积的微分法则，得
$$\begin{aligned}\mathrm{d}y &= \mathrm{d}(\mathrm{e}^{1-3x}\cos x) = \cos x \mathrm{d}(\mathrm{e}^{1-3x}) + \mathrm{e}^{1-3x}\mathrm{d}(\cos x) \\ &= (\cos x)\mathrm{e}^{1-3x}(-3\mathrm{d}x) + \mathrm{e}^{1-3x}(-\sin x \mathrm{d}x) \\ &= -\mathrm{e}^{1-3x}(3\cos x + \sin x)\mathrm{d}x.\end{aligned}$$

例 3 在括号中填入适当的函数，使等式成立．

(1) $\mathrm{d}(\quad) = x\mathrm{d}x$；

(2) $\mathrm{d}(\quad) = \cos \omega t \mathrm{d}t$．

解 (1) 因为 $\mathrm{d}(x^2) = 2x\mathrm{d}x$，所以
$$x\mathrm{d}x = \frac{1}{2}\mathrm{d}(x^2) = \mathrm{d}\left(\frac{1}{2}x^2\right), \quad \text{即 } \mathrm{d}\left(\frac{1}{2}x^2\right) = x\mathrm{d}x.$$
一般地，有 $\mathrm{d}\left(\dfrac{1}{2}x^2 + C\right) = x\mathrm{d}x$（$C$ 为任意常数）．

(2) 因为 $\mathrm{d}(\sin \omega t) = \omega \cos \omega t \mathrm{d}t$，所以
$$\cos \omega t \mathrm{d}t = \frac{1}{\omega}\mathrm{d}(\sin \omega t) = \mathrm{d}\left(\frac{1}{\omega}\sin \omega t\right).$$
因此 $\mathrm{d}\left(\dfrac{1}{\omega}\sin \omega t + C\right) = \cos \omega t \mathrm{d}t$（$C$ 为任意常数）．

习 题 2.5

1. 求函数 $y = x^2$，当 $x = 1$，$\Delta x = 0.01$ 时的微分．

2. 半径为 r 的圆面积为 $S = \pi r^2$，当半径增大 Δr 时，求圆面积的增量与微分．

3. 求下列函数的微分：

(1) $y = \dfrac{1}{x^2} + 3\sqrt{x}$； (2) $y = x^2 \cos 3x$；

(3) $y = \ln^3(5 - x^2)$； (4) $y = \mathrm{e}^{-3x}\sin(5 - 2x)$．

4. 将适当的函数填入下列括号内，使等式成立．

(1) d(　　) = 5dx;　　　　(2) d(　　) = $4x^2$dx;

(3) d(　　) = sin xdx;　　(4) d(　　) = cos ωxdx;

(5) d(　　) = $\dfrac{1}{2+x}$dx;　(6) d(　　) = e^{-3x}dx;

(7) d(　　) = $\dfrac{1}{\sqrt{x+1}}$dx;　(8) d(　　) = $\dfrac{1}{1+x^2}$dx.

本章知识精粹

数学中研究变量时,既要了解彼此的对应规律——函数关系,各变量的变化趋势——极限,还要对各变量在变化过程某一时刻的相互动态关系——各变量变化快慢及一个变量相对于另一个变量的变化率等,作出准确的数量分析.作为本章主要内容的导数和微分,就是用来描述这种相互动态关系的.

在这一章中,我们学习了导数和微分的概念,求导数和求微分的方法及运算法则.

1. 导数的概念和运算

导数概念极为重要,应准确理解.领会导数的基本思想,掌握它的基本分析方法,是应用导数的前提.要动态地考察函数 $y=f(x)$ 在某点 x_0 附近变量间的关系,由于存在变化"均匀与不均匀"或图形"曲与直"等不同变化性态,如果孤立地考察一点 x_0,除了能求得函数值 $f(x_0)$ 外,是难以反映这种变化性态的,所以要在小范围 $[x, x_0+\Delta x]$ 内去研究函数的变化情况,再结合极限,就得出该点变化率的概念.有了该点变化率的概念后,在小范围内就可以"以均匀代不均匀""以直代曲",使对函数 $y=f(x)$ 在某点 x_0 附近变量间关系的动态研究得到简化.运用这一基本思想和分析方法,可以解决实际问题中的大量问题.

本章内容的重点是导数、微分的概念,但大量的工作则是求导运算,目的在于加深对导数的理解,并提高运算能力.求导运算的对象分为两类,一类是初等函数,另一类是非初等函数.由于初等函数是由基本初等函数和常数经过有限次四则运算与复合得到的,因此求初等函数的导数必须熟记基本导数公式及求导法则,特别是复合函数的求导法则.在本章中遇到的非初等函数,包括由方程确定的隐函数和参数方程形式表示的函数,对这两类函数的求导,都有相应的微分法可用.

2. 导数的几何意义与物理含义

(1) 导数的几何意义:函数 $y=f(x)$ 在点 x_0 处的导数 $f'(x_0)$,在几何上表示函数的图形在点 $(x_0, f(x_0))$ 处切线的斜率.

(2) 导数的物理含义:在物理领域中,大量运用导数来表示一个物理量相对于另一个物理量的变化率,而且这种变化率本身常常是一个物理概念.由于具体物理量含义不同,导数的含义也不同,所得的物理概念也就各异.常见的有速度——位移关于时间的变化率;加速度——速度关于时间的变化率;密度——质量关于容量的变化率;功率——功关于时间的变化率;电流——电量关于时间的变化率等.

3. 微分的概念与运算

函数 $y=f(x)$ 在点 x_0 处可微,表示 $y=f(x)$ 在点 x_0 附近的这样一种变化性态:随着自变量 x 的改变量 Δx 的变化,下式始终成立,
$$\Delta y = f(x_0+\Delta x)-f(x_0) = f'(x_0)\Delta x + o(\Delta x).$$
这在数值上表示 $f'(x_0)\Delta x$ 是 Δy 的线性主部:$\Delta y \approx f'(x_0)\Delta x$;在几何上表示点 x_0 附近可以以"直"(图像在点 $(x_0,f(x_0))$ 处的切线)代"曲"($y=f(x)$ 图形本身),误差是 Δx 的高阶无穷小.称 $dy=f'(x_0)\Delta x=f'(x_0)dx$ 为 $y=f(x)$ 在点 x_0 处的微分.在运算上,求函数 $y=f(x)$ 的导数 $f'(x)$ 与求函数的微分 $f'(x)dx$ 是互通的,即 $y'=f'(x)=\dfrac{dy}{dx} \Leftrightarrow dy=f'(x)dx$.因此可以先求导数然后乘以 dx 计算微分,也可以利用微分公式与微分的法则进行计算.

4. 可导、可微与连续的关系

函数 $y=f(x)$ 在点 x_0 处可微 $\Leftrightarrow$ 函数 $y=f(x)$ 在点 x_0 处可导 $\Rightarrow$ 函数 $y=f(x)$ 在点 x_0 处连续.

5. 求导数的方法

求导数是一种重要的运算,是高等数学中最基本的技能之一,应当熟练掌握.对不同的函数形式,要灵活地选用求导数的方法.主要方法归纳如下:

(1) 用导数定义求导数;

(2) 用导数的基本公式和四则运算法则求导数;

(3) 用链式法则求复合函数的导数;

(4) 用对数求导法,对幂指函数及多个"因子"的积、商、乘方或开方运算组成的函数求导;

(5) 对由方程确定的隐函数,用隐函数微分法求导;

(6) 对用参数方程表示的函数,用参数方程表示的函数的微分法求导.

6. 分段函数的导数

分段函数在非分段点的导数,可按前面的求导法则与公式直接求导;在分段点处应按如下步骤做:

(1) 判断函数是否连续,若间断,则导数不存在;

(2) 若连续,则判断左右导数是否存在,若其中之一不存在,则导数不存在;

(3) 若都存在,则判断左右导数是否相等,若不相等,则导数不存在;

(4) 若相等,则导数存在且等于公共值.

其中的难点是第(2)步,因为在分段点处的左、右导数通常要用定义求得.

第二章习题

1. 填空题:

(1) 做变速直线运动物体的运动方程为 $s=t^3+1$,则其运动速度为_____,加速度为_____;

(2) 设 $f'(3)=2$,则 $\lim\limits_{h\to 0}\dfrac{f(3-h)-f(3)}{2h}=$_____;

(3) 已知 $f(x)=\dfrac{\cos x}{1-\sin x}$,$f'(x_0)=2\left(0<x_0<\dfrac{\pi}{2}\right)$,则 $f(x_0)=$_____;

(4) 如果 $y=ax(a>0)$ 是 $y=x^2+1$ 的切线,则 $a=$_____;

(5) $f(x)=xe^x$,则 $f'''(\ln 2)=$_____;

(6) $f(x)=x(x+1)(x+2)\cdots(x+n)$,则 $f'(0)=$_____;

(7) $y=\ln(1+3^{-x})$,则 $y'=$_____;

(8) 设 $x+y=\tan y$,则 $\mathrm{d}y=$_____.

2. 选择题:

(1) 设 $f(x)$ 在点 x_0 处可导,则 $\lim\limits_{h\to 0}\dfrac{f(x_0+h)-f(x_0-h)}{h}=($).

A. $f'(x_0)$ B. $2f'(x_0)$ C. 0   D. $f'(2x_0)$

(2) $y=|x+2|$ 在 $x=-2$ 处(   ).

A. 连续   B. 不连续   C. 可导   D. 可微

(3) 下列函数中(   )的导数等于 $\sin 2x$.

A. $\cos 2x$ B. $\cos^2 x$ C. $-\cos 2x$ D. $\sin^2 x$

(4) 已知 $y=\cos x$,则 $y^{(10)}=($).

A. $\sin x$ B. $\cos x$ C. $-\sin x$ D. $-\cos x$

(5) 设 $f(x)=|x|$,则 $f(x)$ 在 $x=0$ 处(   ).

A. $f'_+(0)$存在,$f'_-(0)$不存在   B. $f'_-(0)$存在,$f'_+(0)$不存在

C. $f'_+(0)$,$f'_-(0)$均存在但不相等   D. $f'_+(0)$,$f'_-(0)$存在且相等

(6) 已知函数 $f(x)$ 具有任何阶导数,且 $f'(x)=[f(x)]^2$,则当 n 为大于 2 的正整数时,$f(x)$ 的 n 阶导数 $f^{(n)}(x)$ 是(   ).

A. $n!\,[f(x)]^{n+1}$ B. $n[f(x)]^{n+1}$ C. $[f(x)]^{2n}$ D. $n!\,[f(x)]^{2n}$

(7) 若函数 $y=f(x)$ 有 $f'(x_0)=\dfrac{1}{2}$,则当 $\Delta x\to 0$ 时,该函数在 $x=x_0$ 处的微分 $\mathrm{d}y$ 是 Δx 的(   ).

A. 等价无穷小   B. 同阶但不等价的无穷小

C. 低阶无穷小   D. 高阶无穷小

3. 讨论函数 $y=\begin{cases}x^2\sin\dfrac{1}{x}, & x\neq 0,\\ 0, & x=0\end{cases}$ 在 $x=0$ 处的连续性与可导性.

4. 证明:双曲线 $xy=a^2$ 上任一点处切线与两坐标轴构成的三角形的面积都等于 $2a^2$.

5. 设 $f(x)$ 可导,求下列函数的导数 $\dfrac{dy}{dx}$:

(1) $y=f(x^2)$;

(2) $y=f(\sin^2 x)+f(\cos^2 x)$.

6. 求 $y=\sqrt{a^{\frac{1}{x}}x\sqrt{\ln x}}$ 的导数.

7. 求下列函数的 n 阶导数:

(1) $y=\dfrac{1}{x^2+5x+6}$;

(2) $y=\sin^2 x$.

8. 设 $y=y(x)$ 是由方程 $2y-x=(x-y)\ln(x-y)$ 确定的隐函数,求 dy.

9. 求下列函数的微分:

(1) $y=\ln \cos x - \ln(x^2-1)$;　　　　(2) $y=x+x^x$.

习题参考答案

习题 2.1

1. -12.

2. 略.

3. (1) $-f'(x_0)$;　　　　(2) $f'(0)$.

4. (1) $y'=10x^4$;　(2) $y'=\dfrac{3}{5}x^{-\frac{2}{5}}$;　(3) $y'=2.4x^{1.4}$;

   (4) $y'=-3x^{-4}$;　(5) $y'=\dfrac{16}{3}x^{\frac{13}{3}}$;　(6) $y'=\dfrac{1}{6}x^{-\frac{5}{6}}$.

5. 12 m/s.

6. $-\dfrac{1}{2}, -1$.

7. 切线为 $y-\dfrac{1}{2}=-\dfrac{\sqrt{3}}{2}\left(x-\dfrac{\pi}{3}\right)$,法线为 $y-\dfrac{1}{2}=\dfrac{2\sqrt{3}}{3}\left(x-\dfrac{\pi}{3}\right)$.

8. $12, (1,1), (-1,-1)$.

9. (1) 在 $x=0$ 处连续,不可导;　　(2) 在 $x=0$ 处连续,不可导.

习题 2.2

1. (1) $y'=-\csc x(3\csc x+\cot x)$;　　(2) $y'=\cos 2x$;

   (3) $y'=x^2(3\ln x+1)$.　　(4) $y'=\dfrac{e^x(x-3)}{x^4}$;

   (5) $y'=-\dfrac{1}{2\sqrt{x}}\left(1+\dfrac{1}{x}\right)$;　　(6) $y'=\dfrac{x\cos x-\sin x-2}{x^2}$.

2. (1) $f'(0)=1, f'(\pi)=-1$;　　(2) $f'(0)$ 不存在,$f'(4)=-\dfrac{1}{18}$.

3. (1) $y'=15(3x+4)^4$;　　(2) $y'=-5\cos(3-5x)$;

   (3) $y'=2\cot 2x$;

(4) $y' = 3(x+\sin^2 x)^2(1+\sin 2x)$;　　(5) $y' = \dfrac{9}{2}x^2(2-x^3)^{-\frac{3}{2}}$;

(6) $y' = \dfrac{1}{\sqrt{x^2+1}}$;　　(7) $y' = -\dfrac{1}{3}e^{-\frac{x}{3}}\sin 5x + 5e^{-\frac{x}{3}}\cos 5x$;

(8) $y' = -\dfrac{4x\sin(x^2-1)}{\sqrt{1-4\cos^2(x^2-1)}}$;

(9) $y' = \dfrac{1}{\sin x} \cdot \dfrac{1}{\ln\tan\dfrac{x}{2}} \cdot \dfrac{1}{\ln\ln\tan\dfrac{x}{2}}$;

(10) $y' = e^{\tan\frac{1}{x}}\left(\sec^2\dfrac{1}{x}\right)\left(-\dfrac{1}{x^2}\right)\sin\dfrac{1}{x} + e^{\tan\frac{1}{x}}\cos\dfrac{1}{x}\left(-\dfrac{1}{x^2}\right)$;

(11) $y' = -\dfrac{1}{1+x^2}$;　　(12) $y' = \begin{cases} \dfrac{2}{1+t^2}, & t^2 < 1, \\ -\dfrac{2}{1+t^2}, & t^2 > 1. \end{cases}$

习题 2.3

1. (1) $y' = \dfrac{\cos(x+y)}{[1-\cos(x+y)]}$;　　(2) $y' = \dfrac{2xy - e^x}{e^y - x^2}$ $(e^y - x^2 \neq 0)$;

　(3) $y' = \dfrac{1}{(x+2y)^2 - 1}$.

2. (1) $y' = \dfrac{1}{3}\left[\dfrac{(x-2)^2}{(1-2x)(1+x)}\right]^{1/3}\left(\dfrac{2}{x-2} - \dfrac{1}{1+x} + \dfrac{2}{1-2x}\right)$;

　(2) $y' = \left[\cos x \ln\dfrac{x}{1+x} + \dfrac{\sin x}{x(x+1)}\right]\left(\dfrac{x}{1+x}\right)^{\sin x}$.

3. $\dfrac{t}{2}$.

4. $y = \sqrt{3}x - 1$.

习题 2.4

1. (1) $y'' = 30x - \dfrac{1}{x^2}$;　(2) $y'' = 9e^{3x-4}$;　(3) $y'' = -2\sin x - x\cos x$;

　(4) $y'' = e^{-2t}(3\cos t + 4\sin t)$;　　(5) $y'' = 2\ln x + 3$;

　(6) $y'' = 2\arctan x + \dfrac{2x}{1+x^2}$.

2. 7 260.

3. $a = -A\omega^2 \sin \omega t$.

4. 略.

5. (1) $n!$;　　(2) $y^{(n)} = (n+x)e^x$;

　(3) $y^{(n)} = \dfrac{(-1)^n(n-2)!}{x^{n-1}}$, $n = 2, 3, \cdots$.

习题 2.5

1. 0.02.

2. $2\pi r \Delta r + \pi(\Delta r)^2$, $2\pi r \Delta r$.

3. (1) $\left(-\dfrac{2}{x^3} + \dfrac{3}{2\sqrt{x}}\right)dx$;　　(2) $(2x\cos 3x - 3x^2 \sin 3x)dx$;

(3) $\dfrac{6x\ln^2(5-x^2)}{x^2-5}dx$;

(4) $-e^{-3x}[3\sin(5-2x)+2\cos(5-2x)]dx$.

4. (1) $5x+C$;　　(2) $\dfrac{4}{3}x^3+C$;　(3) $-\cos x+C$;

(4) $\dfrac{1}{\omega}\sin\omega x+C$; (5) $\ln(2+x)+C$; (6) $-\dfrac{1}{3}e^{-3x}+C$;

(7) $2\sqrt{1+x}+C$; (8) $\arctan x+C$.

第二章习题

1. (1) $3t^2, 6t$; (2) -1; (3) $\sqrt{3}$; (4) 2; (5) $6+2\ln 2$; (6) $n!$;

(7) $-\dfrac{3^{-x}\ln 3}{1+3^{-x}}$; (8) $\cot^2 y dx$.

2. (1) B; (2) A; (3) D; (4) D; (5) C; (6) A; (7) B.

3. 函数 y 在 $x=0$ 处连续,在 $x=0$ 处可导 $y'\big|_{x=0}=0$.

4. 略.

5. (1) $2xf'(x^2)$;　　　　　(2) $\sin 2x[f'(\sin^2 x)-f'(\cos^2 x)]$.

6. $y'=\dfrac{1}{2x}\sqrt{a^{\frac{1}{x}x}\sqrt{\ln x}}\left(1-\dfrac{\ln a}{x}+\dfrac{1}{2\ln x}\right)$.

7. (1) $y^{(n)}=(-1)^n\dfrac{n!}{(x+2)^{n+1}}+(-1)^{n+1}\dfrac{n!}{(x+3)^{n+1}}$;

(2) $y^{(n)}=2^{n-1}\sin\left[2x+\dfrac{(n-1)\pi}{2}\right]$.

8. $dy=\dfrac{2+\ln(x-y)}{3+\ln(x-y)}dx$.

9. (1) $dy=\left(-\tan x-\dfrac{2x}{x^2-1}\right)dx$;　　(2) $dy=[x^x(\ln x+1)+1]dx$.

第三章 不定积分

在第二章中,我们讨论了如何求一个函数的导数问题.本章我们将讨论与它相反的一个问题,即寻求一个可导函数,使它的导数等于已知函数,这就是积分学的基本问题之一.本章将从已知某函数的导数求这个函数来引进不定积分的概念,接着介绍五种基本的积分方法:直接积分法、第一类换元积分法、第二类换元积分法、分部积分法、有理函数积分法.

§3.1 不定积分的概念及直接积分法

一、原函数

我们先看下面两个例子:

例1 已知真空中的自由落体在任意时刻 t 的运动速度为
$$v = v(t) = gt,$$
其中常量 g 是重力加速度,又知当时间 $t=0$ 时,路程
$$s = 0,$$
求自由落体运动的规律.

分析:前面我们已经学过,物体运动的路程 $s=s(t)$ 对时间 t 的导数,就是这一物体的速度,函数 $v=v(t)$,即 $s'(t)=v(t)$,现在我们要解决相反的问题,即已知物体的速度函数 $v(t)$,如何求路程函数 $s=s(t)$.

解 所求运动规律就是指物体经过的路程 s 与时间 t 之间的函数关系.

设所求的运动规律为
$$s = s(t),$$
于是有
$$s' = s'(t) = v = gt,$$
而且当 $t=0$ 时,$s=0$,根据导数公式,不难知道
$$s = \frac{1}{2}gt^2,$$
这就是要求的运动规律.事实上
$$v = s' = \left(\frac{1}{2}gt^2\right)' = gt,$$
并且当 $t=0$ 时,$s=0$,因此 $s=\frac{1}{2}gt^2$ 即为所求自由落体运动规律.

例2 设曲线上任意一点 $M(x,y)$ 处,其切线的斜率为
$$k = F'(x) = 2x,$$
又若曲线经过坐标原点,求这条曲线的方程.

解 设所求曲线的方程为
$$y = F(x),$$
则曲线上任一点 $M(x,y)$ 处的切线斜率为
$$y' = F'(x) = 2x.$$
由于曲线经过坐标原点,因此当 $x=0$ 时,$y=0$,因此,不难知道所求的曲线方程应为
$$y = x^2.$$
事实上,$y'=(x^2)'=2x$,当 $x=0$ 时,$y=0$,因此,$y=x^2$ 即为所求的曲线方程.

以上两个问题,如果抽掉物理意义或几何意义,可以归结为同一个问题,就是已知某函数的导函数,求这个函数,即已知 $F'(x)=f(x)$,求 $F(x)$.

定义1 设函数 $f(x)$ 在某区间 I 内有定义,如果存在函数 $F(x)$,使得在区间 I 内的任一点 x 都有
$$F'(x) = f(x) \quad \text{或} \quad \mathrm{d}F(x) = f(x)\mathrm{d}x,$$
则称函数 $F(x)$ 为函数 $f(x)$ 在区间 I 内的一个原函数.

例如,因 $(\cos x)' = -\sin x$,故 $\cos x$ 是 $-\sin x$ 在 $(-\infty,+\infty)$ 内的一个原函数.

又如,当 $x>0$ 时,$(\ln x)' = \dfrac{1}{x}$,故 $\ln x$ 是 $\dfrac{1}{x}$ 在区间 $(0,+\infty)$ 内的一个原函数.

显然 $\ln x+\sqrt{5}$,$\ln x+2$,$\ln x+\mathrm{e}$ 等也都是 $\dfrac{1}{x}$ 在 $(0,+\infty)$ 内的原函数.

从这些例子可知:一个已知函数,如果有一个原函数,那么它就有无限多个原函数,并且其中任意两个原函数之间只差一个常数.那么,是否任何函数的原函数都是这样.下面的定理解决了这个问题.

定理1(原函数族定理) 如果函数 $f(x)$ 有原函数,那么它就有无限多个原函数,并且其中任意两个原函数的差是常数.

证明 证明下列两点:

(1) $f(x)$ 的原函数有无限多个.设函数 $f(x)$ 的一个原函数为 $F(x)$,即 $F'(x)=f(x)$,并设 C 为任意常数.由于
$$[F(x)+C]' = F'(x) = f(x),$$
所以 $F(x)+C$ 也是 $f(x)$ 的原函数.又因为 C 为任意常数,即 C 可以取无限多个值,所以 $f(x)$ 有无限多个原函数.

(2) $f(x)$ 的任意两个原函数的差是常数.设 $F(x)$ 和 $G(x)$ 都是 $f(x)$ 的原函数,根据原函数的定义,有
$$F'(x) = f(x), \quad G'(x) = f(x),$$

令
$$h(x) = F(x) - G(x),$$
于是有
$$h'(x) = F'(x) - G'(x) = f(x) - f(x) = 0,$$
根据导数恒为零的函数必为常数的定理可知
$$h(x) = C, \quad (C \text{ 为常数}),$$
即
$$F(x) - G(x) = C.$$

从这个定理可以推得下面的结论.

如果 $F(x)$ 是 $f(x)$ 的一个原函数,那么 $F(x) + C$ 就是 $f(x)$ 的全部原函数(称为原函数族),这里 C 为任意常数.

上面的结论已经指出,假定已知函数有一个原函数,它就有无限多个原函数. 那么,是否任何一个函数一定有一个原函数呢? 下面的定理解决了这个问题.

定理 2(原函数存在定理) 如果函数 $f(x)$ 在区间 I 上连续,则函数 $f(x)$ 在该区间上的原函数必定存在.

对初等函数来说,在其定义区间内,它的原函数一定存在,但有些原函数不一定是初等函数. 例如,
$$\int e^{-x^2} dx, \quad \int \frac{\sin x}{x} dx, \quad \int \frac{1}{\ln x} dx$$
等,它们都不能用初等函数来表达,因此我们常说这些积分是"积不出来"的.

二、不定积分

根据原函数族定理,我们引入不定积分的概念.

定义 2 函数 $f(x)$ 在区间 I 内的全体原函数 $F(x) + C$(C 为任意常数)叫作函数 $f(x)$ 在区间 I 内的**不定积分**,记为 $\int f(x) dx$,即
$$\int f(x) dx = F(x) + C.$$

其中"$\int$"叫积分号(英文"sum"的第一个字母拉长了写),$f(x)$ 称为被积函数,$f(x)dx$ 称为被积表达式,x 称为积分变量.

求函数 $f(x)$ 的不定积分,就是要求出所有的原函数. 所以求一个函数的不定积分时,只要求出一个原函数,再加上任意常数 C 就可以了. 提醒大家注意:$f(x)$ 的不定积分是全体原函数,一定记着加上任意常数 C.

例 3 求 $\int x^2 dx$.

解 因为 $\left(\dfrac{1}{3} x^3\right)' = x^2$,所以 $\dfrac{1}{3} x^3$ 是 x^2 的一个原函数,因此 $\int x^2 dx = \dfrac{1}{3} x^3 + C$.

为了简便起见,今后在不至于发生混淆的情况下,不定积分也简称为积分.求不定积分的运算和方法,分别称为**积分运算**和**积分法**.

从不定积分的定义可知,求不定积分和求导数或求微分互为逆运算,显然有以下性质:

(1) $\left[\int f(x)\mathrm{d}x\right]' = f(x)$ 或 $\mathrm{d}\int f(x)\mathrm{d}x = f(x)\mathrm{d}x$;

(2) $\int F'(x)\mathrm{d}x = F(x) + C$ 或 $\int \mathrm{d}F(x) = F(x) + C$.

这就是说,若先积分后微分,则积分符号与微分符号相互抵消;反过来先微分后积分,积分符号与微分号相互抵消后加上任意常数 C.

三、不定积分的性质

性质 1 两个函数和(差)的不定积分等于各函数不定积分之和(差),即

$$\int [f(x) \pm g(x)]\mathrm{d}x = \int f(x)\mathrm{d}x \pm \int g(x)\mathrm{d}x. \qquad ①$$

证明 由

$$\left[\int f(x)\mathrm{d}x \pm \int g(x)\mathrm{d}x\right]' = \left[\int f(x)\mathrm{d}x\right]' \pm \left[\int g(x)\mathrm{d}x\right]' = f(x) \pm g(x)$$

知,式①右端为 $f(x) \pm g(x)$ 的原函数,又式①右端有两个积分记号,形式上含有两个任意常数,由于任意常数之和(差)仍为任意常数,故实际上含有一个任意常数.因此式①右端是 $f(x) \pm g(x)$ 的不定积分.

该性质可推广到有限多个函数代数和的情况,即

$$\left[\int f_1(x) \pm f_2(x) \pm \cdots \pm f_n(x)\right]\mathrm{d}x = \int f_1(x)\mathrm{d}x \pm \int f_2(x)\mathrm{d}x \pm \cdots \pm \int f_n(x)\mathrm{d}x.$$

性质 2 被积函数中的常数因子可以提到积分号外面去,即

$$\int kf(x)\mathrm{d}x = k\int f(x)\mathrm{d}x \quad (k \text{ 是常数}, k \neq 0). \qquad ②$$

证明 将式②右端求导,得

$$\left[k\int f(x)\mathrm{d}x\right]' = k\left[\int f(x)\mathrm{d}x\right]' = kf(x),$$

这表示式②右端是被积函数 $kf(x)$ 的原函数,又式②右端有一个积分号,已含一个任意常数,故没再加任意常数.因此,式②右端是 $kf(x)$ 的不定积分.

四、不定积分的几何意义

在例 3 中,被积函数 $f(x) = x^2$ 的一个原函数为 $F(x) = \frac{1}{3}x^3$.它的图像是一条曲线,$f(x)$ 的不定积分 $\int x^2\mathrm{d}x = \frac{1}{3}x^3 + C$ 的图像是由曲线 $y = \frac{1}{3}x^3$ 沿 y 轴上下平行移动而得到的一族曲线.这个曲线族中每一条曲线在横坐标为 x 的点处的切

线斜率都是 x^2. 因此,这些曲线在横坐标相同的点处的切线都是相互平行的,如图 3-1 所示. 一般地,函数 $f(x)$ 的原函数 $F(x)$ 的图像,称为函数 $f(x)$ 的**积分曲线**. 不定积分 $\int f(x)dx$ 的图像是一族积分曲线,这族曲线可以由一条积分曲线 $y = F(x)$ 经上下平行移动得到. 每条积分曲线横坐标相同的点处的切线的斜率相等, 都等于 $f(x)$, 如图 3-2 所示.

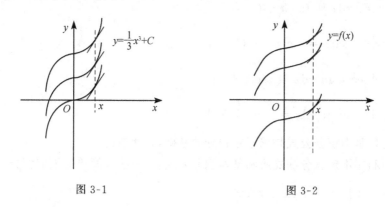

图 3-1　　　　　　　　　图 3-2

五、直接积分法

由于积分运算是微分运算的逆运算,因此由基本导数公式可以直接得到基本积分公式.

例如,由导数公式

$$\left(\frac{x^{a+1}}{a+1}\right)' = x^a \quad (a \neq -1),$$

得到积分公式

$$\int x^a dx = \frac{x^{a+1}}{a+1} + C \quad (a \neq -1).$$

类似地,可以推导出其他基本积分公式如下:

(1) $\int k dx = kx + C$ （k 为常数）;

(2) $\int x^a dx = \frac{x^{a+1}}{a+1} + C$ （$a \neq -1$）;

(3) $\int \frac{1}{x} dx = \ln|x| + C$;

(4) $\int \frac{1}{1+x^2} dx = \arctan x + C = -\operatorname{arccot} x + C_1$;

(5) $\int \frac{1}{\sqrt{1-x^2}} dx = \arcsin x + C = -\arccos x + C_1$;

(6) $\int a^x dx = \frac{1}{\ln a} a^x + C$ （$a > 0, a \neq 1$）,

当 $a = e$ 时，$\int e^x dx = e^x + C$；

(7) $\int \cos x dx = \sin x + C$；

(8) $\int \sin x dx = -\cos x + C$；

(9) $\int \sec^2 x dx = \tan x + C$；

(10) $\int \csc^2 x dx = -\cot x + C$；

(11) $\int \sec x \tan x dx = \sec x + C$；

(12) $\int \csc x \cot x dx = -\csc x + C$.

以上各基本积分公式是求不定积分的基础，必须熟记.

下面利用不定积分的性质和基本积分公式，求一些较简单的不定积分.

例 4 求 $\int (x^2 + x\sqrt[3]{x} + 2) dx$.

解 $\int (x^2 + x\sqrt[3]{x} + 2) dx = \int x^2 dx + \int x^{\frac{4}{3}} dx + \int 2 dx = \frac{1}{3}x^3 + \frac{3}{7}x^{\frac{7}{3}} + 2x + C$.

注意：(1) 在分项积分后，每个不定积分的结果都含有任意常数，但由于任意常数之和仍是任意常数，因此只要总的写出一个任意常数就行了.

(2) 检验积分结果是否正确，只要把结果求导，看它的导数是否等于被积函数，相等时结果是正确的，否则结果是错误的.

(3) 对某些分式或根式函数求积分，可利用 $\int x^a dx = \frac{x^{a+1}}{a+1} + C$ 来求.

例 5 求 $\int \sin^2 \frac{x}{2} dx$.

解 $\int \sin^2 \frac{x}{2} dx = \int \frac{1 - \cos x}{2} dx$

$= \frac{1}{2}\int dx - \frac{1}{2}\int \cos x dx$

$= \frac{1}{2}x - \frac{1}{2}\sin x + C$.

上述例题说明，若被积函数不是基本积分公式中所列类型，则需把被积函数变形为基本积分公式中所列类型，然后利用基本积分公式和不定积分性质，求出其不定积分. 这种求不定积分的方法叫**直接积分法**.

例 6 求 $\int \frac{(x+1)^2}{x(x^2+1)} dx$.

解 $\int \frac{(x+1)^2}{x(x^2+1)} dx = \int \frac{x^2 + 2x + 1}{x(x^2+1)} dx$

$$= \int \left(\frac{1}{x} + \frac{2}{x^2+1}\right) dx$$
$$= 2\arctan x + \ln|x| + C.$$

例 7 求 $\int \frac{x^4}{1+x^2} dx$.

解 $\int \frac{x^4}{1+x^2} dx = \int \frac{x^4-1+1}{1+x^2} dx$
$$= \int \frac{(x^2-1)(x^2+1)+1}{1+x^2} dx$$
$$= \frac{1}{3}x^3 - x + \arctan x + C.$$

例 8 求 $\int \frac{\cos 2x}{\cos x - \sin x} dx$.

解 $\int \frac{\cos 2x}{\cos x - \sin x} dx = \int \frac{\cos^2 x - \sin^2 x}{\cos x - \sin x} dx$
$$= \int (\cos x + \sin x) dx$$
$$= \sin x - \cos x + C.$$

习 题 3.1

1. 选择题：

(1) 下列等式中成立的是(　　).

A. $d\int f(x) dx = f(x)$ 　　B. $\frac{d}{dx}\int f(x) dx = f(x) dx$

C. $\frac{d}{dx}\int f(x) dx = f(x) + C$ 　　D. $d\int f(x) dx = f(x) dx$

(2) 在区间 (a,b) 内，如果 $f'(x) = g'(x)$，则下列各式中一定成立的是(　　).

A. $f(x) = g(x)$ 　　B. $f(x) = g(x) + 1$

C. $\left(\int f(x) dx\right)' = \left(\int g(x) dx\right)'$ 　　D. $\int f'(x) dx = \int g'(x) dx$

(3) $\arcsin x$ 是(　　)的原函数.

A. $\frac{1}{1+x^2}$ 　　B. $-\frac{1}{1+x^2}$

C. $\frac{1}{\sqrt{1-x^2}}$ 　　D. $-\frac{1}{\sqrt{1-x^2}}$

(4) 在闭区间上连续的函数，它的原函数个数是(　　).

A. 1个　　B. 有限个　　C. 无限个，但彼此只相差一个常数　　D. 不一定有原函数

2. 已知平面曲线 $y = F(x)$ 上任一点 $M = (x,y)$ 处的切线斜率为 $k = 4x^3 - 1$，且曲线经过点 $P(1,3)$，求该曲线的方程.

3. 求下列不定积分：

(1) $\int (x^2 + 3\sqrt{x}) dx$;　　(2) $\int x^2 \sqrt{x} dx$;

(3) $\int a^x \cdot e^x dx$; (4) $\int \dfrac{x^2}{1+x^2} dx$;

(5) $\int \tan^2 x dx$; (6) $\int \left(x^2 + 2^x + \dfrac{2}{x} \right) dx$;

(7) $\int \dfrac{1}{\sqrt{2gh}} dh$ (g 为常数); (8) $\int \dfrac{2^t - 3^t}{5^t} dt$;

(9) $\int \dfrac{(1-x)^2}{x\sqrt{x}} dx$; (10) $\int \dfrac{x^2 + 7x + 12}{x+4} dx$.

§3.2 换元积分法

用直接积分法所能计算的不定积分是非常有限的,因此,有必要进一步研究不定积分的求法.本节将介绍第一类换元积分法和第二类换元积分法.

一、第一类换元积分法(凑微分法)

第一类换元积分法是与微分学中的复合函数的求导法则(或微分形式不变性)相对应的积分方法,为了说明这种方法我们先看下面的例子.

求 $\int \cos 3x dx$.

在基本积分公式里,虽然有

$$\int \cos x dx = \sin x + C,$$

但这里不能直接应用.这是因为被积函数 $\cos 3x$ 是 x 的复合函数.基本积分公式中没有这样的积分公式,为了套用这个公式,先作如下变形,然后进行计算.

$$\int \cos 3x dx = \dfrac{1}{3} \int \cos 3x \cdot 3 dx$$

$$= \dfrac{1}{3} \int \cos(3x) d(3x) \xrightarrow{\text{令} 3x = u} \dfrac{1}{3} \int \cos u du$$

$$= \dfrac{1}{3} \sin u + C \xrightarrow{u = 3x} \dfrac{1}{3} \sin 3x + C.$$

验证: $\left(\dfrac{1}{3} \sin 3x + C \right)' = \cos 3x$.

所以, $\dfrac{1}{3} \sin 3x + C$ 是 $\cos 3x$ 的原函数.这说明上述方法是正确的.

上面例子的解法的特点是引入新的变量 $u = 3x$,从而把原积分化为积分变量为 u 的积分,再利用基本积分公式求解,即利用 $\int \cos x dx = \sin x + C$ 得到 $\int \cos u du = \sin u + C$. 对一般的情形,有如下定理.

定理 1 若 $\int f(u) du = F(u) + C$,且 $u = \varphi(x)$ 可微,则有换元公式

$$\int f[\varphi(x)]\varphi'(x)\mathrm{d}x = \int f(u)\mathrm{d}u = F(u) + C = F[\varphi(x)] + C. \qquad ①$$

上述定理表明,虽然 $\int f[\varphi(x)]\varphi'(x)\mathrm{d}x$ 是一个整体记号,但是被积表达式中的 $\varphi'(x)\mathrm{d}x$ 可以当作变量 u 的微分来对待. 从而微分等式 $\varphi'(x)\mathrm{d}x = \mathrm{d}[\varphi(x)] = \mathrm{d}u$ 可以方便地应用到被积表达式中来. 因此,应用式 ① 积分时,可按下述步骤进行计算:

$$\int g(x)\mathrm{d}x = \int f[\varphi(x)]\varphi'(x)\mathrm{d}x \xrightarrow{\text{凑微分}} \int f[\varphi(x)]\mathrm{d}\varphi(x)$$

$$\xrightarrow{\varphi(x) = u} \int f(u)\mathrm{d}u$$

$$\xrightarrow{\text{积分}} F(u) + C$$

$$\xrightarrow{u = \varphi(x)} F[\varphi(x)] + C.$$

通常把这种求不定积分的方法叫**第一类换元积分法**.

上述步骤中,关键是怎样选择适当的变量代换 $u = \varphi(x)$,将 $g(x)\mathrm{d}x$ 凑成 $f[\varphi(x)]\mathrm{d}[\varphi(x)]$. 因此,第一类换元法又叫**凑微分法**.

例1 求 $\int (3x+1)^8 \mathrm{d}x$.

解 $\int (3x+1)^8 \mathrm{d}x = \frac{1}{3}\int (3x+1)^8 \cdot 3\mathrm{d}x$

$$\xrightarrow{\text{凑微分}} \frac{1}{3}\int (3x+1)^8 \mathrm{d}(3x+1)$$

$$\xrightarrow{3x+1=u} \frac{1}{3}\int u^8 \mathrm{d}u$$

$$\xrightarrow{\text{积分}} \frac{1}{27}u^9 + C$$

$$\xrightarrow{u = 3x+1} \frac{1}{27}(3x+1)^9 + C.$$

例2 求 $\int 2x\mathrm{e}^{x^2}\mathrm{d}x$.

解 $\int 2x\mathrm{e}^{x^2}\mathrm{d}x \xrightarrow{\text{凑微分}} \int \mathrm{e}^{x^2}\mathrm{d}(x^2)$

$$\xrightarrow{x^2 = u} \int \mathrm{e}^u \mathrm{d}u$$

$$\xrightarrow{\text{积分}} \mathrm{e}^u + C$$

$$\xrightarrow{u = x^2} \mathrm{e}^{x^2} + C.$$

在凑微分时,常要用到下面的凑微分式子,熟悉它们是非常有用的.

$$\mathrm{d}x = \frac{1}{a}\mathrm{d}(ax+b); \qquad a\mathrm{d}x = \mathrm{d}(ax+b);$$

$$x\mathrm{d}x=\frac{1}{2a}\mathrm{d}(ax^2+b); \qquad \mathrm{e}^x\mathrm{d}x=\mathrm{d}(\mathrm{e}^x);$$

$$\frac{1}{x}\mathrm{d}x=\mathrm{d}(\ln|x|); \qquad \frac{1}{x^2}\mathrm{d}x=-\mathrm{d}\left(\frac{1}{x}\right);$$

$$\frac{1}{\sqrt{x}}\mathrm{d}x=2\mathrm{d}(\sqrt{x}); \qquad \frac{1}{\sqrt{1-x^2}}\mathrm{d}x=\mathrm{d}(\arcsin x)=-\mathrm{d}(\arccos x);$$

$$\frac{x}{\sqrt{1-x^2}}\mathrm{d}x=-\mathrm{d}(\sqrt{1-x^2}); \qquad \frac{x}{\sqrt{1+x^2}}\mathrm{d}x=\mathrm{d}(\sqrt{1+x^2});$$

$$\cos x\mathrm{d}x=\mathrm{d}(\sin x); \qquad \sin x\mathrm{d}x=-\mathrm{d}(\cos x);$$

$$\sin 2x\mathrm{d}x=\mathrm{d}(\sin^2 x)=-\mathrm{d}(\cos^2 x); \quad \sec^2 x\mathrm{d}x=\mathrm{d}(\tan x);$$

$$\frac{1}{1+x^2}\mathrm{d}x=\mathrm{d}(\arctan x)=-\mathrm{d}(\mathrm{arccot}\, x); \sec x\tan x\mathrm{d}x=\mathrm{d}(\sec x);$$

$$\csc^2 x\mathrm{d}x=-\mathrm{d}(\cot x); \qquad \csc x\cot x\mathrm{d}x=-\mathrm{d}(\csc x).$$

微分式子不是只有这些,大家可以在熟记基本积分公式和常用微分式子的基础上,通过大量的练习来积累经验,才能逐步掌握这一重要的积分方法.

例3 求 $\int \frac{\sin(\sqrt{x}+1)}{\sqrt{x}}\mathrm{d}x$.

解 $\int \frac{\sin(\sqrt{x}+1)}{\sqrt{x}}\mathrm{d}x = 2\int \sin(\sqrt{x}+1)\mathrm{d}(\sqrt{x})$

$$= 2\int \sin(\sqrt{x}+1)\mathrm{d}(\sqrt{x}+1)$$

$$\xrightarrow{\text{令}\sqrt{x}+1=u} 2\int \sin u\, \mathrm{d}u = -2\cos u + C$$

$$\xrightarrow{\text{回代}\, u=\sqrt{x}+1} -2\cos(\sqrt{x}+1)+C.$$

当运算比较熟练后,设变量代换 $u=\varphi(x)$ 和回代这两个步骤,可省略不写,只需默记在心里.

例4 求 $\int \frac{\mathrm{d}x}{a^2+x^2}$.

解 $\int \frac{\mathrm{d}x}{a^2+x^2} = \frac{1}{a^2}\int \frac{\mathrm{d}x}{1+\left(\frac{x}{a}\right)^2}$

$$= \frac{1}{a}\int \frac{\mathrm{d}\left(\frac{x}{a}\right)}{1+\left(\frac{x}{a}\right)^2} = \frac{1}{a}\arctan \frac{x}{a}+C.$$

类似地,可得

$$\int \frac{\mathrm{d}x}{\sqrt{a^2-x^2}} = \arcsin \frac{x}{a}+C \quad (a>0).$$

例 5 求 $\int \dfrac{dx}{x^2-a^2}$.

解 $\int \dfrac{dx}{x^2-a^2} = \int \dfrac{dx}{(x+a)(x-a)}$

$= \dfrac{1}{2a}\int \dfrac{(x+a)-(x-a)}{(x+a)(x-a)} dx$

$= \dfrac{1}{2a}\int \left[\dfrac{1}{x-a} - \dfrac{1}{x+a}\right] dx$

$= \dfrac{1}{2a}\left[\int \dfrac{d(x-a)}{x-a} - \int \dfrac{d(x+a)}{x+a}\right]$

$= \dfrac{1}{2a}[\ln|x-a| - \ln|x+a|] + C$

$= \dfrac{1}{2a}\ln\left|\dfrac{x-a}{x+a}\right| + C.$

例 6 求 $\int \tan x \, dx$.

解 $\int \tan x \, dx = \int \dfrac{\sin x}{\cos x} dx = -\int \dfrac{d(\cos x)}{\cos x}$

$= -\ln|\cos x| + C.$

类似地,可得

$$\int \cot x \, dx = \ln|\sin x| + C.$$

例 7 求 $\int \csc x \, dx$.

解 $\int \csc x \, dx = \int \dfrac{1}{\sin x} dx$

$= \int \dfrac{\sin^2 \dfrac{x}{2} + \cos^2 \dfrac{x}{2}}{2\sin \dfrac{x}{2} \cos \dfrac{x}{2}} dx$

$= \int \left(\tan \dfrac{x}{2} + \cot \dfrac{x}{2}\right) d\left(\dfrac{x}{2}\right)$

$= -\ln\left|\cos \dfrac{x}{2}\right| + \ln\left|\sin \dfrac{x}{2}\right| + C$

$= \ln\left|\tan \dfrac{x}{2}\right| + C.$

由三角恒等式 $\tan \dfrac{x}{2} = \dfrac{1-\cos x}{\sin x} = \csc x - \cot x,$

有

$$\int \csc x \, dx = \ln|\csc x - \cot x| + C.$$

类似地,可得

$$\int \sec x \mathrm{d}x = \ln|\sec x + \tan x| + C \quad \left(\text{利用 } \sin\left(\frac{\pi}{2}+x\right) = \cos x\right).$$

例 4～例 7 的结论也要和基本积分公式一样当成公式熟记(编号续第 69 页).

(13) $\int \dfrac{\mathrm{d}x}{a^2+x^2} = \dfrac{1}{a}\arctan\dfrac{x}{a} + C;$

(14) $\int \dfrac{\mathrm{d}x}{\sqrt{a^2-x^2}} = \arcsin\dfrac{x}{a} + C \,(a>0);$

(15) $\int \dfrac{\mathrm{d}x}{x^2-a^2} = \dfrac{1}{2a}\ln\left|\dfrac{x-a}{x+a}\right| + C;$

(16) $\int \tan x \mathrm{d}x = -\ln|\cos x| + C;$

(17) $\int \cot x \mathrm{d}x = \ln|\sin x| + C;$

(18) $\int \csc x \mathrm{d}x = \ln|\csc x - \cot x| + C;$

(19) $\int \sec x \mathrm{d}x = \ln|\sec x + \tan x| + C.$

例 8 求 $\int \cos^3 x \mathrm{d}x.$

解 $\int \cos^3 x \mathrm{d}x = \int \cos^2 x \cos x \mathrm{d}x$

$\qquad = \int (1-\sin^2 x) \mathrm{d}(\sin x)$

$\qquad = \int \mathrm{d}(\sin x) - \int (\sin^2 x) \mathrm{d}(\sin x)$

$\qquad = \sin x - \dfrac{\sin^3 x}{3} + C.$

例 9 求 $\int \cos^2 x \mathrm{d}x.$

解 如果仿照例 8 的方法化为 $\int \cos x \mathrm{d}(\sin x)$ 是求不出来结果的,需要先用半角公式作恒等变换,然后再求积分,即

$\int \cos^2 x \mathrm{d}x = \int \dfrac{1+\cos 2x}{2} \mathrm{d}x$

$\qquad = \dfrac{1}{2}\int \mathrm{d}x + \dfrac{1}{2}\int \cos 2x \mathrm{d}x$

$\qquad = \dfrac{1}{2}x + \dfrac{1}{4}\int \cos 2x \mathrm{d}(2x)$

$\qquad = \dfrac{1}{2}x + \dfrac{1}{4}\sin 2x + C.$

类似地,可得

$$\int \sin^2 x \mathrm{d}x = \frac{x}{2} - \frac{1}{4}\sin 2x + C.$$

例 10 求 $\int \tan x \sec^3 x \mathrm{d}x$.

解 $\int \tan x \sec^3 x \mathrm{d}x = \int \sec^2 x \mathrm{d}(\sec x) = \frac{\sec^3 x}{3} + C.$

例 11 求 $\int \sec^4 x \mathrm{d}x$.

解
$$\int \sec^4 x \mathrm{d}x = \int \sec^2 x \mathrm{d}(\tan x)$$
$$= \int (\tan^2 x + 1) \mathrm{d}(\tan x)$$
$$= \frac{\tan^3 x}{3} + \tan x + C.$$

例 12 求 $\int \cos 3x \sin x \mathrm{d}x$.

解 先利用积化和差公式作恒等变换，然后再求积分，即
$$\int \cos 3x \sin x \mathrm{d}x = \frac{1}{2}\int [\sin(3x+x) - \sin(3x-x)]\mathrm{d}x$$
$$= \frac{1}{2}\int (\sin 4x - \sin 2x)\mathrm{d}x$$
$$= \frac{1}{8}\int \sin 4x \mathrm{d}(4x) - \frac{1}{4}\int \sin 2x \mathrm{d}(2x)$$
$$= -\frac{1}{8}\cos 4x + \frac{1}{4}\cos 2x + C.$$

还需引起注意的是：同一积分，可以有几种不同的解法，其结果在形式上可能不同，但实际上它们最多只是积分常数有区别．

例如，求 $\int \sin x \cos x \mathrm{d}x$.

解法 1
$$\int \sin x \cos x \mathrm{d}x = \int \sin x \mathrm{d}(\sin x)$$
$$= \frac{1}{2}\sin^2 x + C_1;$$

解法 2
$$\int \sin x \cos x \mathrm{d}x = -\int \cos x \mathrm{d}(\cos x)$$
$$= -\frac{1}{2}\cos^2 x + C_2;$$

解法 3
$$\int \sin x \cos x \mathrm{d}x = \frac{1}{2}\int \sin 2x \mathrm{d}x$$
$$= \frac{1}{4}\int \sin 2x \mathrm{d}(2x)$$

$$=-\frac{1}{4}\cos 2x + C_3.$$

利用三角公式不难验证上例三种解法的结果彼此只差一个常数,但很多的积分要把结果化为相同的形式,有时会有一定的困难.事实上,要检查积分是否正确,正如前面指出的那样,只要对所得的结果求导,如果这个导数与被积函数相同,那么结果就是正确的.

二、第二类换元积分法

定理 2 设 $x=\psi(t)$ 是单调的可导函数,并且 $\psi'(t) \neq 0$,$f[\psi(t)]\psi'(t)\mathrm{d}t$ 具有原函数($F'(t)=f[\psi(t)]\psi'(t)$),则有换元公式

$$\int f(x)\mathrm{d}x = \int f[\psi(t)]\psi'(t)\mathrm{d}t = F(t)+C$$
$$= F[\psi^{-1}(x)]+C, \qquad ②$$

其中,$t=\psi^{-1}(x)$ 是 $x=\psi(t)$ 的反函数.

上述定理表明,如果积分 $\int f[\psi(t)]\psi'(t)\mathrm{d}t$ 容易用直接积分法求得,那么就按下述方法计算不定积分:

$$\int f(x)\mathrm{d}x \xrightarrow{x=\psi(t)} \int f[\psi(t)]\psi'(t)\mathrm{d}t = F(t)+C$$
$$\xrightarrow{t=\psi^{-1}(x)} F[\psi^{-1}(x)]+C.$$

通常把这样的积分方法叫作**第二类换元积分法**.

下面举例说明换元公式②的应用.

1. 简单根式代换

例 13 求 $\int \dfrac{\mathrm{d}x}{1+\sqrt{x}}$.

解 其中积分公式表中没有公式可供本题直接套用,凑微分也不容易.求这个积分困难在于被积式中含有根式 $\sqrt{x}$,为了去掉根号,作变换如下:

令 $\sqrt{x}=t$,即 $x=t^2(t>0)$,则

$$\int \frac{\mathrm{d}x}{1+\sqrt{x}} = \int \frac{2t}{1+t}\mathrm{d}t = 2\int \frac{1+t-1}{1+t}\mathrm{d}t = 2\left(\int \mathrm{d}t - \int \frac{1}{1+t}\mathrm{d}t\right)$$
$$= 2(t-\ln|1+t|)+C = 2(\sqrt{x}-\ln|1+\sqrt{x}|)+C$$
$$= 2[\sqrt{x}-\ln(1+\sqrt{x})]+C.$$

例 14 求 $\int \dfrac{1}{\sqrt{x}+\sqrt[3]{x}}\mathrm{d}x$.

解 被积函数含根式 $\sqrt{x}$,$\sqrt[3]{x}$,为了去掉根号,令 $\sqrt[6]{x}=t$,$x=t^6$,则 $\mathrm{d}x=6t^5\mathrm{d}t$,于是有

$$\int \frac{1}{\sqrt{x}+\sqrt[3]{x}}dx = \int \frac{6t^5}{t^3+t^2}dt = 6\int \frac{t^3}{t+1}dt = 6\int \frac{(t^3+1)-1}{t+1}dt$$

$$= 6\int \left(t^2-t+1-\frac{1}{t+1}\right)dt$$

$$= 6\left(\frac{1}{3}t^3-\frac{1}{2}t^2+t-\ln|t+1|\right)+C,$$

回代变量 $t=\sqrt[6]{x}$,得

$$\int \frac{dx}{\sqrt{x}+\sqrt[3]{x}} = 6\left(\frac{1}{3}t^3-\frac{1}{2}t^2+t-\ln|t+1|\right)+C$$

$$= 2\sqrt{x}-3\sqrt[3]{x}+6\sqrt[6]{x}-6\ln(\sqrt[6]{x}+1)+C.$$

2. 三角代换

例 15 求 $\int \sqrt{a^2-x^2}\,dx \quad (a>0)$.

解 求这个不定积分的困难也在于被积表达式中有根式 $\sqrt{a^2-x^2}$,我们又不能像上面那样令 $a^2-x^2=t^2$ 使之有理化,但可用三角公式 $\sin^2 t+\cos^2 t=1$ 来消去根式.

设 $x=a\sin t \left(-\frac{\pi}{2}\leqslant t\leqslant \frac{\pi}{2}\right)$,则 $t=\arcsin \frac{x}{a}$, $dx=a\cos t\,dt$.

$$\sqrt{a^2-x^2} = \sqrt{a^2-a^2\sin^2 t} = a\sqrt{1-\sin^2 t} = a\cos t,$$

于是

$$\int \sqrt{a^2-x^2}\,dx = \int a\cos t \cdot a\cos t\,dt = \int a^2\cos^2 t\,dt = a^2\int \frac{1+\cos 2t}{2}dt$$

$$= \frac{a^2}{2}\left(t+\frac{1}{2}\sin 2t\right)+C = \frac{a^2}{2}(t+\sin t\cdot \cos t)+C$$

$$= \frac{a^2}{2}\left[\arcsin \frac{x}{a}+\frac{x}{a}\cdot \frac{\sqrt{a^2-x^2}}{a}\right]+C$$

$$= \frac{a^2}{2}\arcsin \frac{x}{a}+\frac{x}{2}\sqrt{a^2-x^2}+C.$$

注意:为了将 t 还原为 x,可以利用直角三角形的边角关系.由

$$x=a\sin t, \quad \sin t=\frac{x}{a},$$

作一锐角为 t 的三角形,其斜边为 a,取对边为 x,如图 3-3 所示.

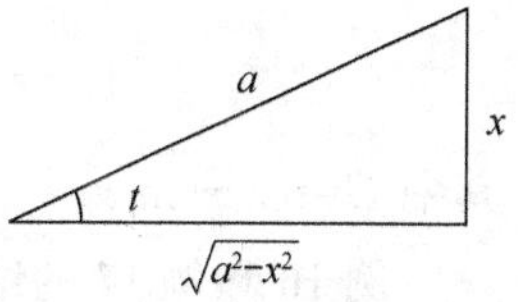

图 3-3

例 16 求 $\int \frac{dx}{\sqrt{x^2+a^2}} (a>0)$.

解 为了去掉被积函数中的根号,利用 $1+\tan^2 x=\sec^2 x$,令 $x=a\tan t$,

$\left(-\dfrac{\pi}{2}<t<\dfrac{\pi}{2}\right)$,则 $\mathrm{d}x=a\sec^2 t\mathrm{d}t$,于是有

$$\int\dfrac{\mathrm{d}x}{\sqrt{x^2+a^2}}=\int\dfrac{a\sec^2 t}{a\sec t}\mathrm{d}t=\int\sec t\mathrm{d}t=\ln|\sec t+\tan t|+C,$$

根据 $\tan t=\dfrac{x}{a}$,通过作辅助直角三角形(如图 3-4 所示)可得:

$$\begin{aligned}\int\dfrac{\mathrm{d}x}{\sqrt{x^2+a^2}}&=\ln|\sec t+\tan t|+C_1\\&=\ln\left(\dfrac{x}{a}+\dfrac{\sqrt{x^2+a^2}}{a}\right)+C_1\\&=\ln(x+\sqrt{x^2+a^2})+C_1-\ln a\\&=\ln(x+\sqrt{x^2+a^2})+C,\end{aligned}$$

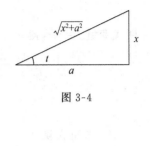

图 3-4

其中 $C=C_1-\ln a$.

例 17 求 $\displaystyle\int\dfrac{\mathrm{d}x}{\sqrt{x^2-a^2}}$ $(a>0)$.

解 为了去掉被积函数中的根号,利用 $\sec^2 x-1=\tan^2 x$,令 $x=a\sec t$,则 $\mathrm{d}x=a\sec t\tan t\mathrm{d}t$,于是有

$$\begin{aligned}\int\dfrac{\mathrm{d}x}{\sqrt{x^2-a^2}}&=\int\dfrac{a\sec t\tan t}{a\tan t}\mathrm{d}t=\int\sec t\mathrm{d}t\\&=\ln|\sec t+\tan t|+C_1,\end{aligned}$$

根据 $\sec t=\dfrac{x}{a}$,通过作辅助直角三角形(如图 3-5 所示)可得:

$$\begin{aligned}\int\dfrac{\mathrm{d}x}{\sqrt{x^2-a^2}}&=\ln|\sec t+\tan t|+C_1\\&=\ln\left|\dfrac{x}{a}+\dfrac{\sqrt{x^2-a^2}}{a}\right|+C_1\\&=\ln|x+\sqrt{x^2-a^2}|+C_1-\ln a\\&=\ln|x+\sqrt{x^2-a^2}|+C,\end{aligned}$$

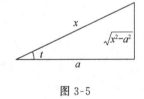

图 3-5

其中 $C=C_1-\ln a$.

例 16 和例 17 的结论也要和基本积分公式一样当成公式熟记(编号续第 75 页).

(20) $\displaystyle\int\dfrac{1}{\sqrt{x^2\pm a^2}}\mathrm{d}x=\ln|x+\sqrt{x^2\pm a^2}|+C$.

上面三例都是用三角函数进行变换而求得的,因此称它们为三角代换.根据被积函数含二次根式的不同情况,常用的三角代换可归纳如下:

(1) 含 $\sqrt{a^2-x^2}$ 时,作三角代换 $x=a\sin t$ 或 $x=a\cos t$;

(2) 含 $\sqrt{a^2+x^2}$ 时,作三角代换 $x=a\tan t$ 或 $x=a\cot t$;

(3) 含 $\sqrt{x^2-a^2}$ 时,作三角代换 $x=a\sec t$ 或 $x=a\csc t$.

用换元积分法求不定积分时,有时可以有多种方法作变量代换,应视被积函数的具体情况,选取尽可能简便的代换. 例如,$\int \dfrac{\mathrm{d}x}{\sqrt{a^2-x^2}}$ 用第一类换元法比较简单,但 $\int \sqrt{a^2-x^2}\,\mathrm{d}x$ 却要用三角代换.

第一类换元积分法和第二类换元积分法的区别有以下两点:

(1) 第二类换元积分法中新变量 t 处于自变量的地位,而在第一类换元积分法中新变量 u 是因变量;

(2) 第一类换元积分法中变量代换 $u=\varphi(x)$ 和回代这两个步骤,可省略不写,而第二类换元积分法则不能省略.

习 题 3.2

1. 用第一类换元积分法求下列不定积分:

(1) $\int \sin 3x\,\mathrm{d}x$;

(2) $\int \sqrt{1-2x}\,\mathrm{d}x$;

(3) $\int \dfrac{1}{1+2x}\mathrm{d}x$;

(4) $\int (1-3x)^8\,\mathrm{d}x$;

(5) $\int \dfrac{1}{x\ln x}\mathrm{d}x$;

(6) $\int x^2 \sin 3x^3\,\mathrm{d}x$;

(7) $\int \sin^2 x\cos x\,\mathrm{d}x$;

(8) $\int \dfrac{\mathrm{d}x}{\sqrt{x}(1+x)}$;

(9) $\int \dfrac{x}{\sqrt{2x^2+3}}\mathrm{d}x$;

(10) $\int \dfrac{\mathrm{d}x}{\sqrt{4-9x^2}}$;

(11) $\int \dfrac{\mathrm{d}x}{9+25x^2}$;

(12) $\int \sin^3 x\,\mathrm{d}x$;

(13) $\int \sin^4 x\,\mathrm{d}x$;

(14) $\int \sin 5x\sin 7x\,\mathrm{d}x$;

(15) $\int \dfrac{1-\cos x}{1+\cos x}\mathrm{d}x$.

2. 用第二类换元积分法求下列积分:

(1) $\int \dfrac{1}{x\sqrt{x+1}}\mathrm{d}x$;

(2) $\int \dfrac{x^2}{\sqrt{9-x^2}}\mathrm{d}x$;

(3) $\int \dfrac{1}{\sqrt{1+e^x}}\mathrm{d}x$;

(4) $\int \dfrac{\sqrt{x^2-9}}{x}\mathrm{d}x$;

(5) $\int \dfrac{1}{\sqrt{(x^2+1)^3}}\mathrm{d}x$;

(6) $\int \dfrac{x\,\mathrm{d}x}{\sqrt{x^2+2x+2}}$.

§3.3 分部积分法

问题：求 $\int e^{\sqrt{x}} dx$.

若令 $x = t^2 (t > 0)$，则 $dx = 2t dt$，于是
$$\int e^{\sqrt{x}} dx = 2\int t e^t dt.$$

显然，上式右端的积分，不能利用前面讲过的换元积分法解出。因而，我们必须研究新的方法。这就是本节要讲的"分部积分法"。

设函数 $u = u(x), v = v(x)$ 具有连续导数，由乘积的微分法则，有
$$d(uv) = udv + vdu,$$
移项，得
$$udv = d(uv) - vdu,$$
两边积分，得
$$\int udv = uv - \int vdu, \qquad ①$$

上式叫**分部积分法**.

这个公式的作用在于把求左边的不定积分 $\int udv$ 转化为求右边的不定积分 $\int vdu$. 如果 $\int udv$ 不易求得，而 $\int vdu$ 容易求，利用这个公式，就可以起到化难为易的作用。

例1 求 $\int x\cos x dx$.

解 若选取 $u = x, dv = \cos x dx = d(\sin x)$，代入式①，得
$$\int x\cos x dx = \int x d(\sin x) = x\sin x - \int \sin x dx,$$
于是
$$\int x\cos x dx = x\sin x + \cos x + C.$$

若选取 $u = \cos x, dv = x dx = d\left(\dfrac{x^2}{2}\right)$，代入式①，得
$$\int x\cos x dx = \int \cos x d\left(\dfrac{x^2}{2}\right) = \dfrac{x^2}{2}\cos x + \dfrac{1}{2}\int x^2 \sin x dx.$$

显然，上式右端的积分 $\int x^2 \sin x dx$ 比原来的积分 $\int x\cos x dx$ 更难求出。

由此可见，如 u 和 dv 选取不恰当，就难以求其结果，所以在应用分部积分时，恰当地选择 u 和 dv 是关键。

一般地，选取 u 和 dv 要考虑以下两点：

(1) v 要容易求；

(2) $\int v\,du$ 要比 $\int u\,dv$ 容易积出.

类型 1 形如 $\int P_n(x)\mathrm{e}^{ax}\,dx, \int P_n(x)\sin\beta x\,dx, \int P_n(x)\cos\beta x\,dx$ 等的不定积分，其中 $P_n(x)$ 为多项式，α 和 β 为常数. 应选择 $P_n(x) = u$, $\mathrm{e}^{ax}\,dx$ (或 $\sin\beta x\,dx$ 或 $\cos\beta x\,dx$ 等) $= dv$.

例 2 求 $\int x\mathrm{e}^x\,dx$.

解 选取 $u = x$, $dv = \mathrm{e}^x\,dx = d\mathrm{e}^x$, 则

$$\int x\mathrm{e}^x\,dx = \int x\,d\mathrm{e}^x = x\mathrm{e}^x - \int \mathrm{e}^x\,dx = x\mathrm{e}^x - \mathrm{e}^x + C = \mathrm{e}^x(x-1) + C.$$

例 3 求 $\int x\tan^2 x\,dx$.

解 先变形，后分项积分，再分部积分.

$$\int x\tan^2 x\,dx = \int x(\sec^2 x - 1)\,dx = \int x\sec^2 x\,dx - \int x\,dx,$$

对 $\int x\sec^2 x\,dx$, 设 $x = u$, $\sec^2 x\,dx = d(\tan x) = dv$, 则 $du = dx$, $v = \tan x$, 于是有

$$\int x\tan^2 x\,dx = \int x\,d(\tan x) - \frac{1}{2}x^2 = x\tan x - \int \tan x\,dx - \frac{1}{2}x^2$$

$$= x\tan x + \ln|\cos x| - \frac{1}{2}x^2 + C.$$

类型 2 形如 $\int P_n(x)\ln\alpha x\,dx, \int P_n(x)\arcsin\beta x\,dx, \int P_n(x)\arctan\beta x\,dx$ 等的不定积分，其中 $P_n(x)$ 为多项式，α 和 β 为常数. 应选择 $\ln\alpha x$ (或 $\arcsin\beta x$ 或 $\arctan\beta x$ 等) $= u$, $P_n(x)\,dx = dv$.

例 4 求 $\int x\ln x\,dx$.

解 $\int x\ln x\,dx = \int \ln x\,d\left(\frac{x^2}{2}\right) = \frac{x^2}{2}\ln x - \int \frac{x^2}{2}\,d(\ln x) = \frac{x^2}{2}\ln x - \frac{1}{2}\int x\,dx$

$$= \frac{1}{2}x^2\ln x - \frac{1}{4}x^2 + C.$$

例 5 求 $\int x\arctan x\,dx$.

解 $\int x\arctan x\,dx = \int \arctan x\,d\left(\frac{x^2}{2}\right) = \frac{x^2}{2}\arctan x - \int \frac{x^2}{2}\,d(\arctan x)$

$$= \frac{x^2}{2}\arctan x - \frac{1}{2}\int \frac{x^2}{1+x^2}\,dx$$

$$= \frac{x^2}{2}\arctan x - \frac{1}{2}\int\left(1 - \frac{1}{1+x^2}\right)dx$$

$$= \frac{1}{2}x^2\arctan x - \frac{1}{2}(x - \arctan x) + C.$$

类型 3 形如 $\int e^{\alpha x}\sin\beta x\,dx, \int e^{\alpha x}\cos\beta x\,dx$ 等的不定积分,其中 α 和 β 为常数. 可任意选择 $e^{\alpha x}$, $\sin\beta x$, 或 $\cos\beta x$ 作为 u, 余下的作为 dv.

例 6 求 $\int e^x \cos x\,dx$.

解
$$\int e^x\cos x\,dx = \int e^x d(\sin x) = e^x\sin x - \int e^x\sin x\,dx$$
$$= e^x\sin x + \int e^x d(\cos x)$$
$$= e^x\sin x + e^x\cos x - \int e^x\cos x\,dx,$$

或
$$\int e^x\cos x\,dx = \int \cos x\,d(e^x) = e^x\cos x + \int e^x\sin x\,dx$$
$$= e^x\cos x + \int \sin x\,d(e^x)$$
$$= e^x\cos x + e^x\sin x - \int e^x\cos x\,dx,$$

等式右端出现了原积分,把等式看作以原积分为未知量的方程,解此方程,得
$$2\int e^x\cos x\,dx = e^x(\sin x + \cos x) + C_1,$$

即
$$\int e^x\cos x\,dx = \frac{1}{2}e^x(\sin x + \cos x) + C \quad \left(C = \frac{1}{2}C_1\right).$$

下面来解决本节一开始提出的问题.

例 7 求 $\int e^{\sqrt{x}}\,dx$.

解 令 $x = t^2 (t > 0)$, 则 $dx = 2t\,dt$, 于是
$$\int e^{\sqrt{x}}\,dx = 2\int te^t\,dt = 2\int t\,d(e^t)$$
$$= 2\left(te^t - \int e^t\,dt\right) = 2e^t(t-1) + C$$
$$\xrightarrow{\text{回代 } t = \sqrt{x}} 2e^{\sqrt{x}}(\sqrt{x} - 1) + C.$$

由此可见,分部积分的运用范围并不仅仅局限于上述三类,且有时分部积分与换元积分需要交替运用.

习 题 3.3

用分部积分法求下列不定积分:

1. $\int x\sin x\,dx$.

2. $\int xe^{-x}\,dx$.

3. $\int \dfrac{\ln x}{\sqrt{x}}\,dx$.

4. $\int x^2 \arctan x \mathrm{d}x$.

5. $\int e^x \sin x \mathrm{d}x$.

6. $\int \sin\sqrt{x}\mathrm{d}x$.

§3.4 有理函数和可以化为有理函数的积分

一、简单有理函数的积分

形如
$$P(x) = a_0 x^n + a_1 x^{n-1} + \cdots + a_n$$
的函数称为多项式函数. 其中 $a_k \in \mathbf{R}, k=0,1,\cdots,n$.

设 $P(x)$ 与 $Q(x)$ 是任意两个互质的多项式函数, 形如
$$\frac{P(x)}{Q(x)} \quad (Q(x) \neq 0)$$
的函数称为有理函数, 当分子多项式的最高指数小于分母多项式的最高指数时, 称其为有理真分式, 否则, 称其为有理假分式.

显然任何一个有理假分式, 用多项式函数 $P(x)$ 除以多项式函数 $Q(x)$, 总能表示成为一个多项式函数与一个有理真分式之和. 例如
$$\frac{x^3+1}{x^2+1} = x - \frac{x-1}{x^2+1}.$$

所以讨论有理函数的积分, 由于多项式函数是可积的, 故只需讨论有理真分式是否可积.

首先考虑如下最简分式:

(1) $\dfrac{A}{x-a}$; (2) $\dfrac{A}{(x-a)^n}, n=2,3,\cdots$;

(3) $\dfrac{Ax+B}{x^2+px+q}$; (4) $\dfrac{Ax+B}{(x^2+px+q)^n}, n=2,3,\cdots$.

的积分方法[(4)的情形较为复杂, 这里暂不讨论], 其中 A,B,p,q 皆为实常数, 二次三项式 x^2+px+q 不能分解为实一次多项式之积, 即 $p^2-4q<0$.

显然

(1) $\int \dfrac{A}{x-a}\mathrm{d}x = A\ln|x-a|+C$;

(2) $\int \dfrac{A}{(x-a)^n}\mathrm{d}x = \dfrac{A}{1-n}\dfrac{1}{(x-a)^{n-1}}+C$;

(3) $\int \dfrac{Ax+B}{x^2+px+q}\mathrm{d}x = \int \dfrac{A\left(x+\dfrac{p}{2}\right)+\left(B-\dfrac{Ap}{2}\right)}{\left(x+\dfrac{p}{2}\right)^2+\left(q-\dfrac{p^2}{4}\right)}\mathrm{d}x$.

作如下变换 $u=x+\dfrac{p}{2}, a=\sqrt{q-\dfrac{p^2}{4}}$ 得

$$\int \frac{Ax+B}{x^2+px+q}dx = A\int \frac{udu}{u^2+a^2} + \left(B-\frac{Ap}{2}\right)\int \frac{du}{u^2+a^2}$$

$$= \frac{A}{2}\ln(u^2+a^2) + \frac{1}{a}\left(B-\frac{Ap}{2}\right)\arctan \frac{u}{a} + C$$

$$= \frac{A}{2}\ln(x^2+px+q) + \frac{2B-Ap}{\sqrt{4q-p^2}}\arctan \frac{2x+p}{\sqrt{4q-p^2}} + C.$$

如果多项式 $Q(x)$ 在实数范围内能分解成一次因式和二次质因式的乘积,如 $Q(x)=b_0(x-a)^\alpha \cdots (x-b)^\beta (x^2+px+q)^\gamma \cdots (x^2+rx+s)^\mu$(其中 $p^2-4q<0,\cdots$, $r^2-4s<0$)那么有理真分式 $\dfrac{P(x)}{Q(x)}$ 可以分解成如下部分分式之和:

$$\frac{P(x)}{Q(x)} = \frac{A_1}{(x-a)^\alpha} + \frac{A_2}{(x-a)^{\alpha-1}} + \cdots + \frac{A_\alpha}{(x-a)} + \cdots +$$

$$\frac{B_1}{(x-b)^\beta} + \frac{B_2}{(x-b)^{\beta-1}} + \cdots + \frac{B_\beta}{(x-b)} +$$

$$\frac{M_1 x+N_1}{(x^2+px+q)^\gamma} + \frac{M_2 x+N_2}{(x^2+px+q)^{\gamma-1}} + \cdots + \frac{M_\gamma x+N_\gamma}{(x^2+px+q)} +$$

$$\frac{R_1 x+S_1}{(x^2+rx+s)^\mu} + \frac{R_2 x+S_2}{(x^2+rx+s)^{\mu-1}} + \cdots + \frac{R_\mu x+S_\mu}{(x^2+rx+s)},$$

其中,$A_i,\cdots,B_i,M_i,N_i,\cdots,R_i$ 及 S_i 等都是常数.

综上所述,有理函数的积分,就转化为了四种简单分式的积分.

例 1 求 $\displaystyle\int \frac{x+1}{x^2-x-12}dx$.

解 $\dfrac{x+1}{x^2-x-12} = \dfrac{x+1}{(x-4)(x+3)}$

$$= \frac{A}{x-4} + \frac{B}{x+3}$$

$$= \frac{A(x+3)+B(x-4)}{(x-4)(x+3)}.$$

$A(x+3)+B(x-4) = x+1$

令 $x=4, A=\dfrac{5}{7}$;

令 $x=-3, B=\dfrac{2}{7}$;

所以 $\displaystyle\int \frac{x+1}{x^2-x-12}dx = \frac{1}{7}\int\left(\frac{5}{x-4}+\frac{2}{x+3}\right)dx$

$$= \frac{5}{7}\ln|x-4| + \frac{2}{7}\ln|x+3| + C.$$

例 2 把函数
$$\frac{x}{(x-1)(x+3)(x^2+2x+2)}$$
分解为最简分式之和,并求其不定积分.

解 给定函数的最简分式分解式应为
$$\frac{x}{(x-1)(x+3)(x^2+2x+2)}=\frac{A}{x-1}+\frac{B}{x+3}+\frac{Cx+D}{x^2+2x+2}.$$
消去分母,有
$$x=A(x+3)(x^2+2x+2)+B(x-1)(x^2+2x+2)+(Cx+D)(x-1)(x+3).$$
比较上式两端同次幂系数,有
$$\begin{cases} A+\ B+\ C\ \ \ \ \ \ \ \ \ =0,\\ 5A+\ B+2C+\ D=0,\\ 8A\ \ \ \ \ \ \ \ -3C+2D=1,\\ 6A-2B\ \ \ \ \ \ \ -3D=0. \end{cases}$$
解此代数方程,有
$$A=\frac{1}{20},\quad B=\frac{3}{20},\quad C=-\frac{1}{5},\quad D=0.$$
从而
$$\frac{x}{(x-1)(x+3)(x^2+2x+2)}=\frac{1}{20}\frac{1}{x-1}+\frac{3}{20}\frac{1}{x+3}-\frac{1}{5}\frac{x}{x^2+2x+2},$$
$$\int\frac{x\mathrm{d}x}{(x-1)(x+3)(x^2+2x+2)}=\frac{1}{20}\int\frac{\mathrm{d}x}{x-1}+\frac{3}{20}\int\frac{\mathrm{d}x}{x+3}-\frac{1}{5}\int\frac{x\mathrm{d}x}{x^2+2x+2}$$
$$=\frac{1}{20}\ln|x-1|+\frac{3}{20}\ln|x+3|-\frac{1}{10}\int\frac{\mathrm{d}(x^2+2x+2)}{x^2+2x+2}+\frac{1}{5}\int\frac{\mathrm{d}(x+1)}{(x+1)^2+1}$$
$$=\frac{1}{20}\ln\left|\frac{(x-1)(x+3)^3}{(x^2+2x+2)^2}\right|+\frac{1}{5}\arctan(x+1)+C.$$

例 3 求 $\int\frac{1}{x(x-1)^2}\mathrm{d}x.$

解 同上,利用待定系数法可得 $\frac{1}{x(x-1)^2}=\frac{1}{x}+\frac{1}{(x-1)^2}-\frac{1}{x-1}.$

所以 $\int\frac{1}{x(x-1)^2}\mathrm{d}x=\int\left[\frac{1}{x}+\frac{1}{(x-1)^2}-\frac{1}{x-1}\right]\mathrm{d}x$
$$=\ln|x|-\ln|x-1|-\frac{1}{x-1}+C.$$

从以上例子可见,求有理真分式的积分往往很麻烦,况且有些有理函数的分母多项式根本就无法分解因式.所以,求有理函数的积分时,应尽可能地考虑是否有其他更简便的解法.

例 4 计算 $\int\frac{\mathrm{d}x}{x(x^{10}+1)}.$

解 在实数域内,要将 $x^{10}+1$ 分解因式,是相当困难的,故此题不宜用求最简分式分解式的方法来计算,然而

$$\int \frac{\mathrm{d}x}{x(x^{10}+1)} = \int \frac{x^9}{x^{10}(x^{10}+1)}\mathrm{d}x = \frac{1}{10}\int\left(\frac{1}{x^{10}} - \frac{1}{x^{10}+1}\right)\mathrm{d}(x^{10}) = \frac{1}{10}\ln\frac{x^{10}}{x^{10}+1} + C.$$

二、三角有理函数的积分

由函数 $\sin x, \cos x$ 与常数经过有限次四则运算而成的代数有理式称为三角有理函数,记作 $R(\sin x, \cos x)$.

对任意的三角有理函数 $R(\sin x, \cos x)$,可作万能代换 $u = \tan\frac{x}{2}$,将其变为有理函数,

$$\sin x = \frac{2\sin\frac{x}{2}\cos\frac{x}{2}}{\sin^2\frac{x}{2} + \cos^2\frac{x}{2}} = \frac{2\tan\frac{x}{2}}{1 + \tan^2\frac{x}{2}} = \frac{2u}{1+u^2};$$

$$\cos x = \frac{\cos^2\frac{x}{2} - \sin^2\frac{x}{2}}{\sin^2\frac{x}{2} + \cos^2\frac{x}{2}} = \frac{1 - \tan^2\frac{x}{2}}{1 + \tan^2\frac{x}{2}} = \frac{1-u^2}{1+u^2};$$

$$\int R(\sin x, \cos x)\mathrm{d}x = \int R\left(\frac{2u}{1+u^2}, \frac{1-u^2}{1+u^2}\right)\frac{2}{1+u^2}\mathrm{d}u.$$

例 5 计算 (1) $\int \frac{\mathrm{d}x}{1+2\sin x}$; (2) $\int \frac{\mathrm{d}x}{\sin 2x + 2\sin x}$.

解 (1) $\int \frac{\mathrm{d}x}{1+2\sin x} \xrightarrow{u=\tan\frac{x}{2}} \int \frac{1}{1+2\cdot\frac{2u}{1+u^2}}\cdot\frac{2}{1+u^2}\mathrm{d}u$

$$= \int \frac{2\mathrm{d}u}{u^2+4u+1} = 2\int \frac{\mathrm{d}(u+2)}{(u+2)^2 - (\sqrt{3})^2}$$

$$= \frac{1}{\sqrt{3}}\ln\left|\frac{u+2-\sqrt{3}}{u+2+\sqrt{3}}\right| + C = \frac{1}{\sqrt{3}}\ln\left|\frac{\tan\frac{x}{2}+2-\sqrt{3}}{\tan\frac{x}{2}+2+\sqrt{3}}\right| + C.$$

(2) $\int \frac{\mathrm{d}x}{\sin 2x + 2\sin x} = \int \frac{\mathrm{d}x}{2\sin x(\cos x + 1)}$

$$\xrightarrow{u=\tan\frac{x}{2}} \int \frac{1}{2\cdot\frac{2u}{u^2+1}\left(\frac{1-u^2}{1+u^2}+1\right)}\cdot\frac{2}{1+u^2}\mathrm{d}u$$

$$= \frac{1}{4}\int\left(\frac{1}{u}+u\right)\mathrm{d}u = \frac{1}{4}\left(\ln|u| + \frac{u^2}{2}\right) + C$$

$$= \frac{1}{4}\left[\ln\left|\tan\frac{x}{2}\right| + \frac{1}{2}\left(\tan\frac{x}{2}\right)^2\right] + C.$$

习 题 3.4

求下列不定积分：

1. $\int \dfrac{2x+1}{x^3-2x^2+x}\mathrm{d}x.$

2. $\int \dfrac{x+4}{x^3+2x-3}\mathrm{d}x.$

3. $\int \dfrac{1+\sin x}{1+\cos x}\mathrm{d}x.$

§3.5 简易积分表的使用

上面介绍了常见函数类型的积分方法，对于更广泛的常用函数类型的积分，为实际工作应用方便，把它们的积分公式汇集成表，称为积分表，这样对于较复杂的积分可从表中查得结果. 如果所求积分与积分表中的公式不完全相同，则可通过变量代换或恒等变形，化为表中的类型.

常用积分简表

说明：表中 $\ln g(x)$ 均指 $\ln|g(x)|$.

一、含有 $a+bx$ 的积分

1. $\int \dfrac{\mathrm{d}x}{a+bx} = \dfrac{1}{b}\ln(a+bx) + C$

2. $\int (a+bx)^\mu \mathrm{d}x = \dfrac{(a+bx)^{\mu+1}}{b(\mu+1)} + C \quad (\mu \neq -1)$

3. $\int \dfrac{x\mathrm{d}x}{a+bx} = \dfrac{1}{b^2}[a+bx-a\ln(a+bx)] + C$

4. $\int \dfrac{x^2 \mathrm{d}x}{a+bx} = \dfrac{1}{b^3}\left[\dfrac{1}{2}(a+bx)^2 - 2a(a+bx) + a^2\ln(a+bx)\right] + C$

5. $\int \dfrac{\mathrm{d}x}{x(a+bx)} = -\dfrac{1}{a}\ln\dfrac{a+bx}{x} + C$

6. $\int \dfrac{\mathrm{d}x}{x^2(a+bx)} = -\dfrac{1}{ax} + \dfrac{b}{a^2}\ln\dfrac{a+bx}{x} + C$

7. $\int \dfrac{x\mathrm{d}x}{(a+bx)^2} = \dfrac{1}{b^2}\left[\ln(a+bx) + \dfrac{a}{a+bx}\right] + C$

8. $\int \dfrac{x^2 \mathrm{d}x}{(a+bx)^2} = \dfrac{1}{b^3}\left[a+bx - 2a\ln(a+bx) - \dfrac{a^2}{a+bx}\right] + C$

9. $\int \dfrac{\mathrm{d}x}{x(a+bx)^2} = \dfrac{1}{a(a+bx)} - \dfrac{1}{a^2}\ln\dfrac{a+bx}{x} + C$

二、含有 $\sqrt{a+bx}$ 的积分

10. $\int \sqrt{a+bx}\,dx = \dfrac{2}{3b}\sqrt{(a+bx)^3} + C$

11. $\int x\sqrt{a+bx}\,dx = -\dfrac{2(2a-3bx)\sqrt{(a+bx)^3}}{15b^2} + C$

12. $\int x^2\sqrt{a+bx}\,dx = \dfrac{2(8a^2-12abx+15b^2x^2)\sqrt{(a+bx)^3}}{105b^3} + C$

13. $\int \dfrac{x\,dx}{\sqrt{a+bx}} = -\dfrac{2(2a-bx)}{3b^2}\sqrt{a+bx} + C$

14. $\int \dfrac{x^2\,dx}{\sqrt{a+bx}} = \dfrac{2(8a^2-4abx+3b^2x^2)}{15b^3}\sqrt{a+bx} + C$

15. $\int \dfrac{dx}{x\sqrt{a+bx}} = \begin{cases} \dfrac{1}{\sqrt{a}}\ln\dfrac{\sqrt{a+bx}-\sqrt{a}}{\sqrt{a+bx}+\sqrt{a}} + C & (a>0) \\ \dfrac{2}{\sqrt{-a}}\arctan\sqrt{\dfrac{a+bx}{-a}} + C & (a<0) \end{cases}$

16. $\int \dfrac{dx}{x^2\sqrt{a+bx}} = -\dfrac{\sqrt{a+bx}}{ax} - \dfrac{b}{2a}\int \dfrac{dx}{x\sqrt{a+bx}}$

17. $\int \dfrac{\sqrt{a+bx}}{x}\,dx = 2\sqrt{a+bx} + a\int \dfrac{dx}{x\sqrt{a+bx}}$

三、含有 $a^2 \pm x^2$ 的积分

18. $\int \dfrac{dx}{a^2+x^2} = \dfrac{1}{a}\arctan\dfrac{x}{a} + C$

19. $\int \dfrac{dx}{(x^2+a^2)^n} = \dfrac{x}{2(n-1)a^2(x^2+a^2)^{n-1}} + \dfrac{2n-3}{2(n-1)a^2}\int \dfrac{dx}{(x^2+a^2)^{n-1}}$

20. $\int \dfrac{dx}{a^2-x^2} = \dfrac{1}{2a}\ln\dfrac{a+x}{a-x} + C \quad (|x|<a)$

21. $\int \dfrac{dx}{x^2-a^2} = \dfrac{1}{2a}\ln\dfrac{x-a}{x+a} + C \quad (|x|>a)$

四、含有 $a \pm bx^2$ 的积分

22. $\int \dfrac{dx}{a+bx^2} = \dfrac{1}{\sqrt{ab}}\arctan\sqrt{\dfrac{b}{a}}x + C \quad (a>0, b>0)$

23. $\int \dfrac{dx}{a-bx^2} = \dfrac{1}{2\sqrt{ab}}\ln\dfrac{\sqrt{a}+\sqrt{b}x}{\sqrt{a}-\sqrt{b}x} + C \quad (a>0, b>0)$

24. $\int \dfrac{x\,dx}{a+bx^2} = \dfrac{1}{2b}\ln(a+bx^2) + C$

25. $\int \dfrac{x^2 \mathrm{d}x}{a+bx^2} = \dfrac{x}{b} - \dfrac{a}{b}\int \dfrac{\mathrm{d}x}{a+bx^2}$

26. $\int \dfrac{\mathrm{d}x}{x(a+bx^2)} = \dfrac{1}{2a}\ln\dfrac{x^2}{a+bx^2} + C$

27. $\int \dfrac{\mathrm{d}x}{x^2(a+bx^2)} = -\dfrac{1}{ax} - \dfrac{b}{a}\int \dfrac{\mathrm{d}x}{a+bx^2}$

28. $\int \dfrac{\mathrm{d}x}{(a+bx^2)^2} = \dfrac{x}{2a(a+bx^2)} + \dfrac{1}{2a}\int \dfrac{\mathrm{d}x}{a+bx^2}$

五、含有 $\sqrt{x^2+a^2}$ 的积分

29. $\int \sqrt{x^2+a^2}\,\mathrm{d}x = \dfrac{x}{2}\sqrt{x^2+a^2} + \dfrac{a^2}{2}\ln(x+\sqrt{x^2+a^2}) + C$

30. $\int \sqrt{(x^2+a^2)^3}\,\mathrm{d}x = \dfrac{x}{8}(2x^2+5a^2)\sqrt{x^2+a^2} + \dfrac{3a^4}{8}\ln(x+\sqrt{x^2+a^2}) + C$

31. $\int x\sqrt{x^2+a^2}\,\mathrm{d}x = \dfrac{\sqrt{(x^2+a^2)^3}}{3} + C$

32. $\int x^2\sqrt{x^2+a^2}\,\mathrm{d}x = \dfrac{x}{8}(2x^2+a^2)\sqrt{x^2+a^2} - \dfrac{a^4}{8}\ln(x+\sqrt{x^2+a^2}) + C$

33. $\int \dfrac{\mathrm{d}x}{\sqrt{x^2+a^2}} = \ln(x+\sqrt{x^2+a^2}) + C$

34. $\int \dfrac{\mathrm{d}x}{\sqrt{(x^2+a^2)^3}} = \dfrac{x}{a^2\sqrt{x^2+a^2}} + C$

35. $\int \dfrac{x\mathrm{d}x}{\sqrt{x^2+a^2}} = \sqrt{x^2+a^2} + C$

36. $\int \dfrac{x^2\mathrm{d}x}{\sqrt{x^2+a^2}} = \dfrac{x}{2}\sqrt{x^2+a^2} - \dfrac{a^2}{2}\ln(x+\sqrt{x^2+a^2}) + C$

37. $\int \dfrac{x^2\mathrm{d}x}{\sqrt{(x^2+a^2)^3}} = -\dfrac{x}{\sqrt{x^2+a^2}} + \ln(x+\sqrt{x^2+a^2}) + C$

38. $\int \dfrac{\mathrm{d}x}{x\sqrt{x^2+a^2}} = \dfrac{1}{a}\ln\dfrac{x}{a+\sqrt{x^2+a^2}} + C$

39. $\int \dfrac{\mathrm{d}x}{x^2\sqrt{x^2+a^2}} = -\dfrac{\sqrt{x^2+a^2}}{a^2 x} + C$

40. $\int \dfrac{\sqrt{x^2+a^2}}{x}\mathrm{d}x = \sqrt{x^2+a^2} - a\ln\dfrac{a+\sqrt{x^2+a^2}}{x} + C$

41. $\int \dfrac{\sqrt{x^2+a^2}}{x^2}\mathrm{d}x = -\dfrac{\sqrt{x^2+a^2}}{x} + \ln(x+\sqrt{x^2+a^2}) + C$

六、含有 $\sqrt{x^2-a^2}$ 的积分

42. $\int \dfrac{\mathrm{d}x}{\sqrt{x^2-a^2}} = \ln(x+\sqrt{x^2-a^2}) + C$

43. $\int \dfrac{\mathrm{d}x}{\sqrt{(x^2-a^2)^3}} = -\dfrac{x}{a^2\sqrt{x^2-a^2}} + C$

44. $\int \dfrac{x\mathrm{d}x}{\sqrt{x^2-a^2}} = \sqrt{x^2-a^2} + C$

45. $\int \sqrt{x^2-a^2}\,\mathrm{d}x = \dfrac{x}{2}\sqrt{x^2-a^2} - \dfrac{a^2}{2}\ln(x+\sqrt{x^2-a^2}) + C$

46. $\int \sqrt{(x^2-a^2)^3}\,\mathrm{d}x = \dfrac{x}{8}(2x^2-5a^2)\sqrt{x^2-a^2} + \dfrac{3a^4}{8}\ln(x+\sqrt{x^2-a^2}) + C$

47. $\int x\sqrt{x^2-a^2}\,\mathrm{d}x = \dfrac{\sqrt{(x^2-a^2)^3}}{3} + C$

48. $\int x\sqrt{(x^2-a^2)^3}\,\mathrm{d}x = \dfrac{\sqrt{(x^2-a^2)^5}}{5} + C$

49. $\int x^2\sqrt{x^2-a^2}\,\mathrm{d}x = \dfrac{x}{8}(2x^2-a^2)\sqrt{x^2-a^2} - \dfrac{a^4}{8}\ln(x+\sqrt{x^2-a^2}) + C$

50. $\int \dfrac{x^2\mathrm{d}x}{\sqrt{x^2-a^2}} = \dfrac{x}{2}\sqrt{x^2-a^2} + \dfrac{a^2}{2}\ln(x+\sqrt{x^2-a^2}) + C$

51. $\int \dfrac{x^2\mathrm{d}x}{\sqrt{(x^2-a^2)^3}} = -\dfrac{x}{\sqrt{x^2-a^2}} + \ln(x+\sqrt{x^2-a^2}) + C$

52. $\int \dfrac{\mathrm{d}x}{x\sqrt{x^2-a^2}} = \dfrac{1}{a}\arccos\dfrac{a}{x} + C$

53. $\int \dfrac{\mathrm{d}x}{x^2\sqrt{x^2-a^2}} = \dfrac{\sqrt{x^2-a^2}}{a^2 x} + C$

54. $\int \dfrac{\sqrt{x^2-a^2}\,\mathrm{d}x}{x} = \sqrt{x^2-a^2} - a\arccos\dfrac{a}{x} + C$

55. $\int \dfrac{\sqrt{x^2-a^2}\,\mathrm{d}x}{x^2} = -\dfrac{\sqrt{x^2-a^2}}{x} + \ln(x+\sqrt{x^2-a^2}) + C$

七、含有 $\sqrt{a^2-x^2}$ 的积分

56. $\int \dfrac{\mathrm{d}x}{\sqrt{a^2-x^2}} = \arcsin\dfrac{x}{a} + C$

57. $\int \dfrac{\mathrm{d}x}{\sqrt{(a^2-x^2)^3}} = \dfrac{x}{a^2\sqrt{a^2-x^2}} + C$

58. $\int \dfrac{x\mathrm{d}x}{\sqrt{a^2-x^2}} = -\sqrt{a^2-x^2} + C$

59. $\int \dfrac{x\mathrm{d}x}{\sqrt{(a^2-x^2)^3}} = \dfrac{1}{\sqrt{a^2-x^2}} + C$

60. $\int \dfrac{x^2\mathrm{d}x}{\sqrt{a^2-x^2}} = -\dfrac{x}{2}\sqrt{a^2-x^2} + \dfrac{a^2}{2}\arcsin\dfrac{x}{a} + C$

61. $\int \sqrt{a^2-x^2}\,dx = \dfrac{x}{2}\sqrt{a^2-x^2} + \dfrac{a^2}{2}\arcsin\dfrac{x}{a} + C$

62. $\int \sqrt{(a^2-x^2)^3}\,dx = \dfrac{x}{8}(5a^2-2x^2)\sqrt{a^2-x^2} + \dfrac{3a^4}{8}\arcsin\dfrac{x}{a} + C$

63. $\int x\sqrt{a^2-x^2}\,dx = -\dfrac{\sqrt{(a^2-x^2)^3}}{3} + C$

64. $\int x\sqrt{(a^2-x^2)^3}\,dx = -\dfrac{\sqrt{(a^2-x^2)^5}}{5} + C$

65. $\int x^2\sqrt{a^2-x^2}\,dx = \dfrac{x}{8}(2x^2-a^2)\sqrt{a^2-x^2} + \dfrac{a^4}{8}\arcsin\dfrac{x}{a} + C$

66. $\int \dfrac{x^2\,dx}{\sqrt{(a^2-x^2)^3}} = \dfrac{x}{\sqrt{a^2-x^2}} - \arcsin\dfrac{x}{a} + C$

67. $\int \dfrac{dx}{x\sqrt{a^2-x^2}} = \dfrac{1}{a}\ln\dfrac{x}{a+\sqrt{a^2-x^2}} + C$

68. $\int \dfrac{dx}{x^2\sqrt{a^2-x^2}} = -\dfrac{\sqrt{a^2-x^2}}{a^2 x} + C$

69. $\int \dfrac{\sqrt{a^2-x^2}}{x}\,dx = \sqrt{a^2-x^2} - a\ln\dfrac{a+\sqrt{a^2-x^2}}{x} + C$

70. $\int \dfrac{\sqrt{a^2-x^2}}{x^2}\,dx = -\dfrac{\sqrt{a^2-x^2}}{x} - \arcsin\dfrac{x}{a} + C$

八、含有 $a+bx\pm cx^2\ (c>0)$ 的积分

71. $\int \dfrac{dx}{a+bx-cx^2} = \dfrac{1}{\sqrt{b^2+4ac}}\ln\dfrac{\sqrt{b^2+4ac}+2cx-b}{\sqrt{b^2+4ac}-2cx+b} + C$

72. $\int \dfrac{dx}{a+bx+cx^2} = \begin{cases} \dfrac{2}{\sqrt{4ac-b^2}}\arctan\dfrac{2cx+b}{\sqrt{4ac-b^2}} + C & (b^2 < 4ac) \\ \dfrac{1}{\sqrt{b^2-4ac}}\ln\dfrac{2cx+b-\sqrt{b^2-4ac}}{2cx+b+\sqrt{b^2+4ac}} + C & (b^2 > 4ac) \end{cases}$

九、含有 $\sqrt{a+bx\pm cx^2}\ (c>0)$ 的积分

73. $\int \dfrac{dx}{\sqrt{a+bx+cx^2}} = \dfrac{1}{\sqrt{c}}\ln(2cx+b+2\sqrt{c}\sqrt{a+bx+cx^2}) + C$

74. $\int \sqrt{a+bx+cx^2}\,dx = \dfrac{2cx+b}{4c}\sqrt{a+bx+cx^2} + \dfrac{4ac-b^2}{8\sqrt{c^3}}\ln(2cx+b+2\sqrt{c}\sqrt{a+bx+cx^2}) + C$

75. $\int \dfrac{x\,dx}{\sqrt{a+bx+cx^2}} = \dfrac{\sqrt{a+bx+cx^2}}{c} - \dfrac{b}{2\sqrt{c^3}}\ln(2cx+b+2\sqrt{c}\sqrt{a+bx+cx^2}) + C$

76. $\int \dfrac{\mathrm{d}x}{\sqrt{a+bx-cx^2}} = -\dfrac{1}{\sqrt{c}}\arcsin\dfrac{2cx-b}{\sqrt{b^2+4ac}} + C$

77. $\int \sqrt{a+bx-cx^2}\,\mathrm{d}x = \dfrac{2cx-b}{4c}\sqrt{a+bx-cx^2} + \dfrac{b^2+4ac}{8\sqrt{c^3}}\arcsin\dfrac{2cx-b}{\sqrt{b^2+4ac}} + C$

78. $\int \dfrac{x\mathrm{d}x}{\sqrt{a+bx-cx^2}} = -\dfrac{\sqrt{a+bx-cx^2}}{c} + \dfrac{b}{2\sqrt{c^3}}\arcsin\dfrac{2cx-b}{\sqrt{b^2+4ac}} + C$

十、含有 $\sqrt{\dfrac{a\pm x}{b\pm x}}$ 的积分、含有 $\sqrt{(x-a)(b-x)}$ 的积分

79. $\int \sqrt{\dfrac{a+x}{b+x}}\,\mathrm{d}x = \sqrt{(a+x)(b+x)} + (a-b)\ln(\sqrt{a+x}+\sqrt{b+x}) + C$

80. $\int \sqrt{\dfrac{a-x}{b+x}}\,\mathrm{d}x = \sqrt{(a-x)(b+x)} + (a+b)\arcsin\sqrt{\dfrac{x+b}{a+b}} + C$

81. $\int \sqrt{\dfrac{a+x}{b-x}}\,\mathrm{d}x = -\sqrt{(a+x)(b-x)} - (a+b)\arcsin\sqrt{\dfrac{b-x}{a+b}} + C$

82. $\int \dfrac{\mathrm{d}x}{\sqrt{(x-a)(b-x)}} = 2\arcsin\sqrt{\dfrac{x-a}{b-a}} + C \quad (a<b)$

十一、含有三角函数的积分

83. $\int \sin x\,\mathrm{d}x = -\cos x + C$

84. $\int \cos x\,\mathrm{d}x = \sin x + C$

85. $\int \tan x\,\mathrm{d}x = -\ln\cos x + C$

86. $\int \cot x\,\mathrm{d}x = \ln\sin x + C$

87. $\int \sec x\,\mathrm{d}x = \ln(\sec x + \tan x) + C = \ln\left[\tan\left(\dfrac{\pi}{4}+\dfrac{x}{2}\right)\right] + C$

88. $\int \csc x\,\mathrm{d}x = \ln(\csc x - \cot x) + C = \ln\left(\tan\dfrac{x}{2}\right) + C$

89. $\int \sec^2 x\,\mathrm{d}x = \tan x + C$

90. $\int \csc^2 x\,\mathrm{d}x = -\cot x + C$

91. $\int \sec x\tan x\,\mathrm{d}x = \sec x + C$

92. $\int \csc x\cot x\,\mathrm{d}x = -\csc x + C$

93. $\int \sin^2 x\,\mathrm{d}x = \dfrac{x}{2} - \dfrac{1}{4}\sin 2x + C$

94. $\int \cos^2 x \, dx = \dfrac{x}{2} + \dfrac{1}{4}\sin 2x + C$

95. $\int \sin^n x \, dx = -\dfrac{\sin^{n-1} x \cos x}{n} + \dfrac{n-1}{n}\int \sin^{n-2} x \, dx$

96. $\int \cos^n x \, dx = \dfrac{\cos^{n-1} x \sin x}{n} + \dfrac{n-1}{n}\int \cos^{n-2} x \, dx$

97. $\int \dfrac{dx}{\sin^n x} = -\dfrac{1}{n-1}\dfrac{\cos x}{\sin^{n-1} x} + \dfrac{n-2}{n-1}\int \dfrac{dx}{\sin^{n-2} x}$

98. $\int \dfrac{dx}{\cos^n x} = \dfrac{1}{n-1}\dfrac{\sin x}{\cos^{n-1} x} + \dfrac{n-2}{n-1}\int \dfrac{dx}{\cos^{n-2} x}$

99. $\int \cos^m x \sin^n x \, dx = \dfrac{\cos^{m-1} x \sin^{n+1} x}{m+n} + \dfrac{m-1}{m+n}\int \cos^{m-2} x \sin^n x \, dx$

    $ = -\dfrac{\sin^{n-1} x \cos^{m+1} x}{m+n} + \dfrac{n-1}{m+n}\int \cos^m x \sin^{n-2} x \, dx$

100. $\int \sin mx \cos nx \, dx = -\dfrac{\cos(m+n)x}{2(m+n)} - \dfrac{\cos(m-n)x}{2(m-n)} + C \quad (m \neq n)$

101. $\int \sin mx \sin nx \, dx = -\dfrac{\sin(m+n)x}{2(m+n)} + \dfrac{\sin(m-n)x}{2(m-n)} + C \quad (m \neq n)$

102. $\int \cos mx \cos nx \, dx = \dfrac{\sin(m+n)x}{2(m+n)} + \dfrac{\sin(m-n)x}{2(m-n)} + C \quad (m \neq n)$

103. $\int \dfrac{1}{a + b \sin x} \, dx = \dfrac{2}{a}\sqrt{\dfrac{a^2}{a^2-b^2}}\arctan \dfrac{a \tan \dfrac{x}{2} + b}{\sqrt{a^2-b^2}} + C \quad (a^2 > b^2)$

104. $\int \dfrac{dx}{a + b \sin x} = \dfrac{1}{a}\sqrt{\dfrac{a^2}{b^2-a^2}}\ln \dfrac{\tan \dfrac{x}{2} + \dfrac{b}{a} - \sqrt{\dfrac{b^2-a^2}{a^2}}}{\tan \dfrac{x}{2} + \dfrac{b}{a} + \sqrt{\dfrac{b^2-a^2}{a^2}}} + C \quad (a^2 < b^2)$

105. $\int \dfrac{dx}{a + b \cos x} = \dfrac{2}{a+b}\sqrt{\dfrac{a+b}{a-b}}\arctan\left(\sqrt{\dfrac{a-b}{a+b}}\tan \dfrac{x}{2}\right) + C \quad (a^2 > b^2)$

106. $\int \dfrac{dx}{a + b \cos x} = \dfrac{1}{b+a}\sqrt{\dfrac{b+a}{b-a}}\ln \dfrac{\tan \dfrac{x}{2} + \sqrt{\dfrac{b+a}{b-a}}}{\tan \dfrac{x}{2} - \sqrt{\dfrac{b+a}{b-a}}} + C \quad (a^2 < b^2)$

107. $\int \dfrac{dx}{a^2 \cos^2 x + b^2 \sin^2 x} = \dfrac{1}{ab}\arctan\left(\dfrac{b \tan x}{a}\right) + C$

108. $\int \dfrac{dx}{a^2 \cos^2 x - b^2 \sin^2 x} = \dfrac{1}{2ab}\ln \dfrac{b \tan x + a}{b \tan x - a} + C$

109. $\int x \sin ax \, dx = \dfrac{1}{a^2}\sin ax - \dfrac{1}{a} x \cos ax + C$

110. $\int x^2 \sin ax \, dx = -\dfrac{1}{a}x^2 \cos ax + \dfrac{2}{a^2}x \sin ax + \dfrac{2}{a^3}\cos ax + C$

111. $\int x\cos ax\,dx = \dfrac{1}{a^2}\cos ax + \dfrac{1}{a}x\sin ax + C$

112. $\int x^2\cos ax\,dx = \dfrac{1}{a}x^2\sin ax + \dfrac{2}{a^2}x\cos ax - \dfrac{2}{a^3}\sin ax + C$

十二、含有反三角函数的积分

113. $\int \arcsin\dfrac{x}{a}\,dx = x\arcsin\dfrac{x}{a} + \sqrt{a^2-x^2} + C$

114. $\int x\arcsin\dfrac{x}{a}\,dx = \left(\dfrac{x^2}{2} - \dfrac{a^2}{4}\right)\arcsin\dfrac{x}{a} + \dfrac{x}{4}\sqrt{a^2-x^2} + C$

115. $\int x^2\arcsin\dfrac{x}{a}\,dx = \dfrac{x^3}{3}\arcsin\dfrac{x}{a} + \dfrac{1}{9}(x^2+2a^2)\sqrt{a^2-x^2} + C$

116. $\int \arccos\dfrac{x}{a}\,dx = x\arccos\dfrac{x}{a} - \sqrt{a^2-x^2} + C$

117. $\int x\arccos\dfrac{x}{a}\,dx = \left(\dfrac{x^2}{2} - \dfrac{a^2}{4}\right)\arccos\dfrac{x}{a} - \dfrac{x}{4}\sqrt{a^2-x^2} + C$

118. $\int x^2\arccos\dfrac{x}{a}\,dx = \dfrac{x^3}{3}\arccos\dfrac{x}{a} - \dfrac{1}{9}(x^2+2a^2)\sqrt{a^2-x^2} + C$

119. $\int \arctan\dfrac{x}{a}\,dx = x\arctan\dfrac{x}{a} - \dfrac{a}{2}\ln(a^2+x^2) + C$

120. $\int x\arctan\dfrac{x}{a}\,dx = \dfrac{1}{2}(x^2+a^2)\arctan\dfrac{x}{a} - \dfrac{ax}{2} + C$

121. $\int x^2\arctan\dfrac{x}{a}\,dx = \dfrac{x^3}{3}\arctan\dfrac{x}{a} - \dfrac{ax^2}{6} + \dfrac{a^3}{6}\ln(x^2+a^2) + C$

十三、含有指数函数的积分

122. $\int a^x\,dx = \dfrac{a^x}{\ln a} + C$

123. $\int e^{ax}\,dx = \dfrac{e^{ax}}{a} + C$

124. $\int e^{ax}\sin bx\,dx = \dfrac{e^{ax}(a\sin bx - b\cos bx)}{a^2+b^2} + C$

125. $\int e^{ax}\cos bx\,dx = \dfrac{e^{ax}(b\sin bx + a\cos bx)}{a^2+b^2} + C$

126. $\int xe^{ax}\,dx = \dfrac{e^{ax}}{a^2}(ax-1) + C$

127. $\int x^n e^{ax}\,dx = \dfrac{x^n e^{ax}}{a} - \dfrac{n}{a}\int x^{n-1} e^{ax}\,dx$

128. $\int xa^{mx}\,dx = \dfrac{xa^{mx}}{m\ln a} - \dfrac{a^{mx}}{(m\ln a)^2} + C$

129. $\int x^n a^{mx}\,dx = \dfrac{a^{mx}x^n}{m\ln a} - \dfrac{n}{m\ln a}\int x^{n-1}a^{mx}\,dx$

130. $\int e^{ax}\sin^n bx\,dx = \dfrac{e^{ax}\sin^{n-1} bx}{a^2+b^2n^2}(a\sin bx - nb\cos bx) + \dfrac{n(n-1)}{a^2+b^2n^2}b^2\int e^{ax}\sin^{n-2} bx\,dx$

131. $\int e^{ax}\cos^n bx\,dx = \dfrac{e^{ax}\cos^{n-1} bx}{a^2+b^2n^2}(a\cos bx + nb\sin bx) + \dfrac{n(n-1)}{a^2+b^2n^2}b^2\int e^{ax}\cos^{n-2} bx\,dx$

十四、含有对数函数的积分

132. $\int \ln x\,dx = x\ln x - x + C$

133. $\int \dfrac{dx}{x\ln x} = \ln(\ln x) + C$

134. $\int x^n \ln x\,dx = x^{n+1}\left[\dfrac{\ln x}{n+1} - \dfrac{1}{(n+1)^2}\right] + C$

135. $\int \ln^n x\,dx = x\ln^n x - n\int \ln^{n-1} x\,dx$

136. $\int x^m \ln^n x\,dx = \dfrac{x^{m+1}}{m+1}\ln^n x - \dfrac{n}{m+1}\int x^m \ln^{n-1} x\,dx$

十五、含有双曲函数的积分

137. $\int \operatorname{sh} x\,dx = \operatorname{ch} x + C$

138. $\int \operatorname{ch} x\,dx = \operatorname{sh} x + C$

139. $\int \operatorname{th} x\,dx = \ln \operatorname{ch} x + C$

140. $\int \operatorname{sh}^2 x\,dx = -\dfrac{x}{2} + \dfrac{1}{4}\operatorname{sh} 2x + C$

141. $\int \operatorname{ch}^2 x\,dx = \dfrac{x}{2} + \dfrac{1}{4}\operatorname{sh} 2x + C$

例 1 求 $\int \dfrac{1}{x(3x+4)}dx$.

解 被积函数含有形如 $a+bx$ 的因式,在积分表中查得公式

$$\int \dfrac{dx}{x(a+bx)} = -\dfrac{1}{a}\ln\dfrac{a+bx}{x} + C \quad (且注意到表中 \ln g(x) 均指 \ln|g(x)|),$$

在此,$a=4, b=3$,所以

$$\int \dfrac{1}{x(3x+4)}dx = -\dfrac{1}{4}\ln\left|\dfrac{3x+4}{x}\right| + C.$$

例 2 求 $\int \sqrt{9-4x^2}\,dx$.

解 这个积分在表中不能直接查得,先进行变量代换 $t=2x$

$$\int \sqrt{9-4x^2}\,dx = \dfrac{1}{2}\int \sqrt{3^2 - t^2}\,dt,$$

被积函数含有形如求 $\sqrt{a^2 - x^2}$ 的因式,在积分表中查得公式

$$\int \sqrt{a^2 - x^2}\,dx = \frac{x}{2}\sqrt{a^2 - x^2} + \frac{a^2}{2}\arcsin\frac{x}{a} + C,$$

在此,$a = 3$,注意回代原积分变量,得

$$\int \sqrt{9 - 4x^2}\,dx = \frac{1}{2}\left(x\sqrt{9 - 4x^2} + \frac{9}{2}\arcsin\frac{2x}{3}\right) + C.$$

例 3 求 $\int \dfrac{1}{5 - 3\sin x}\,dx$.

解 在积分表中查得公式

$$\int \frac{dx}{a + b\sin x} = \frac{1}{a}\sqrt{\frac{a^2}{b^2 - a^2}}\ln \frac{\tan\frac{x}{2} + \frac{b}{a} - \sqrt{\frac{b^2 - a^2}{a^2}}}{\tan\frac{x}{2} + \frac{b}{a} + \sqrt{\frac{b^2 - a^2}{a^2}}} + C \quad (a^2 < b^2),$$

和

$$\int \frac{1}{a + b\sin x}\,dx = \frac{2}{a}\sqrt{\frac{a^2}{a^2 - b^2}}\arctan \frac{a\tan\frac{x}{2} + b}{\sqrt{a^2 - b^2}} + C \quad (a^2 > b^2),$$

在此,

$$a = 5, b = -3, a^2 > b^2,$$

所以

$$\int \frac{1}{5 - 3\sin x}\,dx = \frac{1}{2}\arctan \frac{5\tan\frac{x}{2} - 3}{4} + C.$$

本章知识精粹

本章介绍了不定积分的概念,不定积分的基本公式和法则、不定积分的直接积分法、两类换元积分法、分部积分法和有理函数积分法五种基本积分法.

1. 原函数与不定积分的有关概念

原函数与不定积分的概念是本章最基本的概念,也是学习本章的理论基础.

(1) 若 $F'(x) = f(x)$ 或 $dF(x) = f(x)dx$,则称 $F(x)$ 是 $f(x)$ 的一个原函数.

(2) 若 $f(x)$ 有一个原函数 $F(x)$,则 $f(x)$ 有无限多个原函数,且任意两个原函数的差是常数.

(3) $f(x)$ 的全体原函数 $F(x) + C$(C 为任意常数)称为 $f(x)$ 的不定积分,记为

$$\int f(x)\,dx = F(x) + C.$$

(4) 求不定积分与求导是互逆运算,它们有如下关系:

$$\left[\int f(x)\,dx\right]' = f(x) \text{ 或 } d\left[\int f(x)\,dx\right] = f(x)\,dx \text{——先积后导(微),形式不变};$$

$$\int F'(x)\mathrm{d}x = F(x)+C \text{ 或} \int \mathrm{d}F(x) = \int F'(x)\mathrm{d}x = F(x)+C$$——先导(微)后积,差常数.

2. 不定积分的计算

(1) 直接积分法. 直接积分法是求不定积分的最基本方法,也是运用其他积分法的基础. 其基本步骤是:将被积函数进行代数或三角变形→化简→分项积分→运用基本积分公式求出结果.

(2) 换元积分法. 换元积分法包括第一类换元积分法和第二类换元积分法.

① 第一类换元积分法(凑微分法).

若不定积分的被积表达式能写成 $f[\varphi(x)]\varphi'(x)\mathrm{d}x = f[\varphi(x)]\mathrm{d}\varphi(x)$ 的形式,令 $\varphi(x)=u$,设 $F(u)$ 是 $f(u)$ 的一个原函数,则

$$\int f[\varphi(x)]\varphi'(x)\mathrm{d}x = \int f[\varphi(x)]\mathrm{d}\varphi(x) \xrightarrow{\diamondsuit \varphi(x)=u} \int f(u)\mathrm{d}u = F(u)+C$$
$$\xrightarrow{\text{回代} u=\varphi(x)} F[\varphi(x)]+C.$$

使用时可以不引入新变量 u,即

$$\int f[\varphi(x)]\varphi'(x)\mathrm{d}x = \int f[\varphi(x)]\mathrm{d}\varphi(x) = F[\varphi(x)]+C.$$

② 第二类换元积分法.

设函数 $f(x)$ 连续,函数 $x=\psi(t)$ 单调可微($\psi'(t)\neq 0$),其反函数为 $t=\psi^{-1}(x)$,$F'(t)=f[\psi(t)]\psi'(t)$,则

$$\int f(x)\mathrm{d}x \xrightarrow{\diamondsuit x=\psi(t)} \int f[\psi(t)]\psi'(t)\mathrm{d}t = F(t)+C \xrightarrow{\text{回代} t=\psi^{-1}(x)} F[\psi^{-1}(x)]+C.$$

可利用简单根式代换和三角代换进行,使用时新变量的引入与对应的回代均不能省.

(3) 分部积分法.

若函数 $u=u(x)$、$v=v(x)$ 具有连续导数,则 $\int u\mathrm{d}v = uv - \int v\mathrm{d}u$. 在应用分部积分时,恰当地选择 u 和 $\mathrm{d}v$ 是关键,要熟练掌握相应的三种类型.

(4) 有理函数积分法.

将有理真分式 $\dfrac{P(x)}{Q(x)}$ 分解成部分分式

$$\dfrac{A}{x-a}, \dfrac{A}{(x-a)^n}, n=2,3,\cdots, \dfrac{Ax+B}{x^2+px+q}, \dfrac{Ax+B}{(x^2+px+q)^n}, n=2,3,\cdots$$

之和,有理函数的积分问题,就转化为了四种简单分式的积分.

大家要通过大量的练习来积累积分经验,才能游刃有余地掌握求不定积分的方法,从而为定积分的学习打下坚实的基础.

第三章习题

用适当的方法求下列不定积分：

1. $\int \cot(2x+1)\,dx$.

2. $\int \dfrac{m}{\sqrt[3]{(a+bx)^2}}\,dx\ (a,b,m\text{ 为常数},b\neq 0)$.

3. $\int \sin^2 3x\,dx$.

4. $\int \dfrac{1-x}{\sqrt{1-x^2}}\,dx$.

5. $\int \dfrac{3+x}{3-x}\,dx$.

6. $\int \dfrac{(1+x)^2}{1+x^2}\,dx$.

7. $\int \dfrac{1}{x^4-x^2}\,dx$.

8. $\int \dfrac{x(1-x^2)}{1+x^4}\,dx$.

9. $\int \dfrac{x}{\sqrt{2+4x-x^2}}\,dx$.

10. $\int \dfrac{\ln x}{x^3}\,dx$.

11. $\int \dfrac{dx}{x\sqrt{1+\ln^2 x}}$.

12. $\int x^3 \sqrt[5]{1-3x^4}\,dx$.

13. $\int \dfrac{e^{\arctan x}}{1+x^2}\,dx$.

14. $\int \ln(1+x^2)\,dx$.

15. $\int \dfrac{\cos^2 x}{\sin x}\,dx$.

16. $\int \dfrac{1}{1+2\tan x}\,dx$.

17. $\int e^x \sin 2x\,dx$.

18. $\int \sin \sqrt[3]{x}\,dx$.

19. $\int \dfrac{dx}{1+\cos x}$.

20. $\int x^5 e^{-x^2}\,dx$.

21. $\int e^{\sin 2x} \cos 2x\,dx$.

22. $\int \dfrac{x}{1-\cos x}\mathrm{d}x$.

23. $\int \dfrac{x^3}{\sqrt{1-x^2}}\mathrm{d}x$.

24. $\int \dfrac{1}{\sqrt{1+x}+\sqrt[3]{1+x}}\mathrm{d}x$.

25. $\int \dfrac{\mathrm{d}x}{x\ln\sqrt{x}}$.

26. $\int \dfrac{\mathrm{d}x}{x^2\sqrt{1-x^2}}$（利用倒置变换，令 $x=\dfrac{1}{t}$）.

习题参考答案

习题 3.1

1. (1) D； (2) D； (3) C； (4) C.

2. $y=x^4-x+3$.

3. (1) $\dfrac{1}{3}x^3+2x^{\frac{3}{2}}+C$；   (2) $\dfrac{2}{7}x^{\frac{7}{2}}+C$；

 (3) $(ae)^x/\ln(ae)+C$；   (4) $x-\arctan x+C$；

 (5) $\tan x-x+C$；   (6) $\dfrac{1}{3}x^3+\dfrac{2^x}{\ln 2}+2\ln|x|+C$；

 (7) $\sqrt{\dfrac{2h}{g}}+C$；   (8) $\left(\dfrac{2}{5}\right)^t\Big/\ln\dfrac{2}{5}-\left(\dfrac{3}{5}\right)^t\Big/\ln\dfrac{3}{5}+C$；

 (9) $-2x^{-\frac{1}{2}}-4x^{\frac{1}{2}}+\dfrac{2}{3}x^{\frac{3}{2}}+C$；   (10) $\dfrac{x^2}{2}+3x+C$.

习题 3.2

1. (1) $-\dfrac{1}{3}\cos 3x+C$；   (2) $-\dfrac{1}{3}(1-2x)^{\frac{3}{2}}+C$；

 (3) $\dfrac{1}{2}\ln|1+2x|+C$；   (4) $-\dfrac{1}{27}(1-3x)^9+C$；

 (5) $\ln|\ln x|+C$；   (6) $-\dfrac{1}{9}\cos 3x^3+C$；

 (7) $\dfrac{1}{3}\sin^3 x+C$；   (8) $2\arctan\sqrt{x}+C$；

 (9) $\dfrac{1}{2}\sqrt{2x^2+3}+C$；   (10) $\dfrac{1}{3}\arcsin\dfrac{3}{2}x+C$；

 (11) $\dfrac{1}{15}\arctan\dfrac{5}{3}x+C$；   (12) $-\cos x+\dfrac{1}{3}\cos^3 x+C$；

 (13) $\dfrac{3}{8}x-\dfrac{1}{4}\sin 2x+\dfrac{1}{32}\sin 4x+C$；   (14) $-\dfrac{1}{24}\sin 12x+\dfrac{1}{4}\sin 2x+C$；

 (15) $2\tan\dfrac{x}{2}-x+C$.

2. (1) $\ln\left|\dfrac{\sqrt{x+1}-1}{\sqrt{x+1}+1}\right|+C$；   (2) $\dfrac{9}{2}\arcsin\dfrac{x}{3}-\dfrac{x}{2}\sqrt{9-x^2}+C$；

(3) $\ln \dfrac{\sqrt{1+e^x}-1}{\sqrt{1+e^x}+1}+C$;

(4) $\sqrt{x^2-9}-3\arccos\dfrac{3}{x}+C$;

(5) $\dfrac{x}{\sqrt{x^2+1}}+C$;

(6) $\sqrt{x^2+2x+2}-\ln(x+1+\sqrt{x^2+2x+2})+C$.

习题 3.3

1. $-x\cos x+\sin x+C$.

2. $-e^{-x}(x+1)+C$.

3. $2\sqrt{x}\ln x-4\sqrt{x}+C$.

4. $\dfrac{x^3}{3}\arctan x-\dfrac{x^2}{6}+\dfrac{1}{6}\ln(x^2+1)+C$.

5. $\dfrac{1}{2}e^x(\sin x-\cos x)+C$.

6. $-2\sqrt{x}\cos\sqrt{x}+2\sin\sqrt{x}+C$.

习题 3.4

1. $\ln\left|\dfrac{x}{x-1}\right|-\dfrac{3}{x-1}+C$.

2. $\ln|x-1|-\dfrac{1}{2}\ln|x^2+x+3|-\dfrac{1}{\sqrt{11}}\arctan\dfrac{2x+1}{\sqrt{11}}+C$.

3. $\tan\dfrac{x}{2}-2\ln\left|\cos\dfrac{x}{2}\right|+C$.

第三章习题

1. $\dfrac{1}{2}\ln|\sin(2x+1)|+C$.

2. $\dfrac{3m}{b}(a+bx)^{\frac{1}{3}}+C$.

3. $\dfrac{1}{2}x-\dfrac{1}{12}\sin 6x+C$.

4. $\arcsin x+\sqrt{1-x^2}+C$.

5. $-x-6\ln|3-x|+C$.

6. $x+\ln(1+x^2)+C$.

7. $\dfrac{1}{x}-\dfrac{1}{2}\ln\left|\dfrac{1+x}{1-x}\right|+C$.

8. $\dfrac{1}{2}\arctan x^2-\dfrac{1}{4}\ln(1+x^4)+C$.

9. $-\sqrt{2+4x-x^2}+2\arcsin\dfrac{x-2}{\sqrt{6}}+C$.

10. $-\dfrac{\ln x}{2x^2}-\dfrac{1}{4x^2}+C$.

11. $\ln|\ln x+\sqrt{1+(\ln x)^2}|+C$.

12. $-\dfrac{5}{72}(1-3x^4)^{\frac{6}{5}}+C$.

13. $e^{\arctan x}+C$.

14. $x\ln(1+x^2)-2x+2\arctan x+C$.

15. $\ln|\csc x-\cot x|+\cos x+C$.

16. $\dfrac{1}{5}(x+2\ln|\cos x+2\sin x|)+C$.

17. $\dfrac{1}{5}e^x(\sin 2x-2\cos 2x)+C$.

18. $-3\sqrt[3]{x^2}\cdot\cos\sqrt[3]{x}+6\sqrt[3]{x}\sin\sqrt[3]{x}+6\cos\sqrt[3]{x}+C$.

19. $\tan\dfrac{x}{2}+C$.

20. $-\dfrac{1}{2}e^{-x^2}(x^4+2x^2+2)+C$.

21. $\dfrac{1}{2}e^{\sin 2x}+C$.

22. $-x\cot\dfrac{x}{2}+2\ln\left|\sin\dfrac{x}{2}\right|+C$.

23. $-\dfrac{1}{3}\sqrt{1-x^2}(2+x^2)+C$.

24. $2\sqrt{1+x}-3\sqrt[3]{1+x}+6\sqrt[6]{1+x}-6\ln(1+\sqrt[6]{1+x})+C$.

25. $2\ln|\ln x|+C$.

26. $-\dfrac{\sqrt{1-x^2}}{x}+C$.

第四章 定 积 分

定积分是积分学的另一基本内容,它在自然科学、工程技术及经济领域中都有广泛的应用.本章先由实际问题引出定积分的概念,讨论定积分的几何意义、性质,然后从定积分与不定积分的关系出发,给出定积分的计算方法,最后给出广义积分的概念和计算方法.

§4.1 定积分的概念

一、引例

1. 曲边梯形的面积

在人类社会的生产活动中,人们经常遇到求不规则的平面图形的面积问题,例如边界中含曲线的平面图形.在牛顿和莱布尼茨创立微积分理论以前,该问题一直没能得到很好的解决.下面让我们来看看微积分思想是如何来解决此难题的.

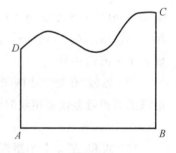

图 4-1

曲边梯形的定义 所谓曲边梯形,是指由三条直线(其中有两条是平行直线,且第三条直线与两平行直线垂直)和一条曲线所围的平面图形(如图 4-1 所示).

一般曲线所围图形的面积(如图 4-2 所示)与曲边梯形的面积之间有何关系?请仔细观察(一般曲线所围图形的面积可以化为两个曲边梯形面积的差).

问题 求由曲线 $y=f(x)(f(x)\geqslant 0$ 且 $y=f(x)$ 在 $[a,b]$ 上连续),直线 $x=a$,$x=b$ 及 x 轴所围成的曲边梯形的面积(如图 4-3 所示).

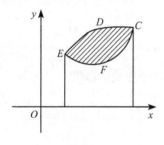

图 4-2

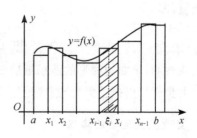

图 4-3

分析 我们知道,如果 $f(x)$ 在 $[a,b]$ 上是常数,则曲边梯形就是一个矩形,它的面积可按公式**矩形面积＝底×高**来计算.现在问题是,顶边不是直边而是曲边,就是说曲边梯形在底边上各点处的高 $f(x)$,在区间 $[a,b]$ 上是变动的,它的面积再不能直接用矩形面积公式来计算了.

然而,由于曲边梯形的高 $f(x)$ 在区间 $[a,b]$ 上是连续变化的,在很小的一段区间上变化很小,近似于不变.换句话说,从整体来看,高是变化的,但从局部来看,高近似于不变,即从整体看,顶是曲的,但从局部来看,顶是直的.因此把区间 $[a,b]$ 分成许多小区间,在每个小区间上,若用其中某一点处的高来近似代替这个小区间上的窄曲边梯形的变高,那么,按上述公式算出的这些窄矩形面积就分别是相应窄曲边梯形面积的近似值,从而所有窄矩形面积之和就是曲边梯形面积的近似值.

显然,把区间 $[a,b]$ 分割越细,近似程度越高,当无限细分时,使每个小曲边梯形的底的长度趋向于零时,所有小矩形的面积之和的极限值就是整个曲边梯形面积的精确值.

计算 根据以上分析,可按下面的步骤计算曲边梯形的面积.

(1) 分割.在区间 $[a,b]$ 内任取 $n-1$ 个分点:

$$a = x_0 < x_1 < x_2 < \cdots < x_{n-1} < x_n = b,$$

把 $[a,b]$ 分成 n 个小区间:$[x_0,x_1],[x_1,x_2],\cdots,[x_{n-1},x_n]$,它们的长度分别计为:$\Delta x_i = x_i - x_{i-1}(i=1,2,\cdots,n)$,再过每一分点作平行于 y 轴的直线,把曲边梯形分成 n 个窄曲边梯形.

(2) 近似.在每个小区间 $[x_{i-1},x_i]$ 上任取一点 ξ_i,用底为 Δx_i,高为 $f(\xi_i)$ 的小矩形的面积近似代替相应的窄曲边梯形的面积 ΔA_i,即

$$\Delta A_i \approx f(\xi_i)\Delta x_i.$$

(3) 求和.把 n 个小矩形的面积加起来,就得到整个曲边梯形面积 A 的近似值,即

$$A = \sum_{i=1}^{n} \Delta A_i \approx \sum_{i=1}^{n} f(\xi_i)\Delta x_i.$$

(4) 取极限.当每个小曲边梯形的底的长度无限缩小,即当所有小区间长度的最大值 λ 趋向于零时(这时一定有 $n \to \infty$),上述和式的极限就可作为曲边梯形面积的精确值,即

$$A = \lim_{\lambda \to 0} \sum_{i=1}^{n} f(\xi_i)\Delta x_i.$$

上式表明,求曲边梯形的面积最后归结为求一个和式的极限.

以上步骤可以概括为"分割取近似,作和求极限".

2. 变速直线运动的路程

问题 一物体做变速直线运动,假设速度 $v=v(t)$ 是时间 t 的连续函数,求物

体在时间间隔 $[T_1, T_2]$ 内所经过的路程.

分析　我们知道,对于匀速直线运动,**路程＝速度×时间**,而对于变速运动,求路程的困难在于速度 $v(t)$ 是变化的.但是速度是连续变化的,在很短的一段时间内,它的变化很小,当时间间隔越小时,速度的变化越小,近似为匀速.因此可用类似于求曲边梯形面积的办法来计算路程.

计算

(1) 分割.在时间间隔 $[T_1, T_2]$ 内任取 $n-1$ 个分点:
$$T_1 = t_0 < t_1 < t_2 < \cdots < t_{n-1} < t_n = T_2,$$
把 $[T_1, T_2]$ 分成 n 个小区间: $[t_0, t_1], [t_1, t_2], \cdots, [t_{n-1}, t_n]$,
它们的长度分别计为:　$\Delta t_i = t_i - t_{i-1} \quad (i=1,2,\cdots,n)$.

(2) 近似.任取一时刻 $\tau_i \in [t_{i-1}, t_i]$,用 τ_i 时的速度 $v(\tau_i)$ 近似代替 $[t_{i-1}, t_i]$ 上各时刻的速度,得物体在时间间隔 $[t_{i-1}, t_i]$ 内经过的路程 Δs_i 的近似值,即
$$\Delta s_i \approx v(\tau_i) \Delta t_i \quad (i=1,2,\cdots,n).$$

(3) 求和.物体在时间间隔 $[T_1, T_2]$ 内经过的路程 s 的近似值为
$$s = \sum_{i=1}^{n} \Delta s_i \approx \sum_{i=1}^{n} v(\tau_i) \Delta t_i.$$

(4) 取极限.记 $\lambda = \max_{1 \leqslant i \leqslant n} \{\Delta t_i\}$,当 $\lambda \to 0$ 时,上述和式的极限就作为物体在时间间隔 $[T_1, T_2]$ 内经过的路程 s 的精确值,即
$$s = \lim_{\lambda \to 0} \sum_{i=1}^{n} v(\tau_i) \Delta t_i.$$

上式表明,求变速直线运动的路程最后也归结为求一个和式的极限.

二、定积分的定义

上面两例子中所要计算的量的实际意义虽然不同(前者是几何量,后者是物理量),但计算这些量的思想方法与步骤是相同的,它们都归结为求具有相同结构的一种和式的极限,如
$$\text{面积 } A = \lim_{\lambda \to 0} \sum_{i=1}^{n} f(\xi_i) \Delta x_i,$$
$$\text{路程 } s = \lim_{\lambda \to 0} \sum_{i=1}^{n} v(\tau_i) \Delta t_i.$$

许多实际问题都可以归结为计算上述这种和式的极限,因此有必要把这种处理问题的方式抽象出来,给出下面的定义.

定义　设函数 $f(x)$ 在区间 $[a,b]$ 上有定义.任取分点
$$a = x_0 < x_1 < x_2 < \cdots < x_{n-1} < x_n = b,$$
将 $[a,b]$ 分成 n 个子区间 $[x_{i-1}, x_i]$,其长度分别记为 Δx_i,任取一点 $\xi_i \in [x_{i-1}, x_i]$,作乘积 $f(\xi_i) \Delta x_i (i=1,2,\cdots,n)$,并作和式

$$S_n = \sum_{i=1}^{n} f(\xi_i)\Delta x_i,$$

记 $\lambda = \max\limits_{1 \leqslant i \leqslant n}\{\Delta x_i\}$,当 $\lambda \to 0$ 时,上述和式极限存在,且该极限值与对 $[a,b]$ 的分法以及对点 ξ_i 的取法无关,则称函数 $f(x)$ 在区间 $[a,b]$ 上可积,并称该极限值为 $f(x)$ 在区间 $[a,b]$ 上的定积分,记作 $\int_a^b f(x)\mathrm{d}x$,即

$$\int_a^b f(x)\mathrm{d}x = \lim_{\lambda \to 0} \sum_{i=1}^{n} f(\xi_i)\Delta x_i,$$

其中 $f(x)$ 称为**被积函数**,$f(x)\mathrm{d}x$ 称为**被积表达式**,x 称为**积分变量**,$[a,b]$ 称为**积分区间**,a 与 b 分别称为**积分下限与上限**.

关于定积分的定义作以下说明:

(1) 定积分是和式的极限值,是一个常数,该极限值与对 $[a,b]$ 的分法以及对点 ξ_i 的取法无关,它与被积函数 $f(x)$ 及积分区间 $[a,b]$ 有关,而与积分变量无关,即有

$$\int_a^b f(x)\mathrm{d}x = \int_a^b f(t)\mathrm{d}t = \int_a^b f(u)\mathrm{d}u;$$

(2) 在定义中假定了 $a < b$,如果 $a > b$,规定

$$\int_a^b f(x)\mathrm{d}x = -\int_b^a f(x)\mathrm{d}x,$$

特别地,当 $a = b$ 时,规定 $\int_a^b f(x)\mathrm{d}x = 0$;

(3) 定义中,当 $\lambda \to 0$ 时,必有 $n \to \infty$,但当 $n \to \infty$ 时,未必能保证 $\lambda \to 0$,只有当区间等分时,$n \to \infty$ 才与 $\lambda \to 0$ 的含义相同;

(4) 函数在一点 x 处连续的定义归结为自变量的增量趋于零时函数的增量也趋于零,即:$\lim\limits_{\Delta x \to 0}\Delta y = 0$;函数在一点 x 处的导数的定义归结为自变量的增量趋于零时,函数增量与自变量增量比值的极限,即:$f'(x) = \lim\limits_{\Delta x \to 0}\dfrac{\Delta y}{\Delta x}$;定积分的定义归结为一个和式的极限,即:$\int_a^b f(x)\mathrm{d}x = \lim\limits_{\lambda \to 0}\sum_{i=1}^{n}f(\xi_i)\Delta x_i$,都是极限问题,所以极限思想贯穿和统一整个高等数学课程,从有限到无限是一个质的飞跃,极限思想是近似与精确、有限与无限的对立统一,"不规则的"通过"有限的,规则的"来近似,通过"无限细分,无限求和"来精确.

根据定积分的定义,前面两个实际问题可以表述为:

(1) 曲边梯形的面积 A 是曲边函数 $f(x)$ 在底区间 $[a,b]$ 上的定积分,即

$$A = \int_a^b f(x)\mathrm{d}x;$$

(2) 变速直线运动的路程 s 是速度函数 $v(t)$ 在时间区间 $[T_1, T_2]$ 上的定积分,即 $s = \int_{T_1}^{T_2} v(t)\mathrm{d}t$.

关于函数 $f(x)$ 在 $[a,b]$ 上的可积性,有如下结论.

定理 1 如果 $f(x)$ 在 $[a,b]$ 上连续,则 $f(x)$ 在 $[a,b]$ 上可积.

定理 2 如果 $f(x)$ 在 $[a,b]$ 上有界,且只有有限个间断点,则 $f(x)$ 在 $[a,b]$ 上可积.

三、定积分的几何意义

由前面的讨论知:

(1) 若在 $[a,b]$ 上 $f(x)$ 连续且 $f(x) \geqslant 0$,则 $\int_a^b f(x)\mathrm{d}x$ 在几何上表示由曲线 $y=f(x)$ 与直线 $x=a, x=b, x$ 轴所围成的曲边梯形的面积;

(2) 若在 $[a,b]$ 上 $f(x)<0$,这时曲边梯形在 x 轴下方,如图 4-4 所示. 由于 $f(\xi_i)<0, \Delta x_i>0$,则

$$\lim_{\lambda \to 0} \sum_{i=1}^n f(\xi_i) \Delta x_i \leqslant 0,$$

此时,$\int_a^b f(x)\mathrm{d}x$ 在几何上表示曲边梯形面积 A 的负值,即

$$\int_a^b f(x)\mathrm{d}x = -A;$$

(3) 当 $f(x)$ 在 $[a,b]$ 上有正有负时,$\int_a^b f(x)\mathrm{d}x$ 在几何上表示几个曲边梯形面积的代数和,如图 4-5 所示,有 $\int_a^b f(x)\mathrm{d}x = A_1 - A_2 + A_3$.

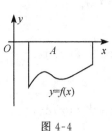

图 4-4

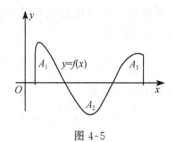

图 4-5

例 1 用定积分表示图 4-6 中各阴影部分图形的面积,并根据定积分的几何意义求出其值.

解 (1) 在图 4-6(a) 中,被积函数 $f(x)=2$ 在区间 $[-2,2]$ 上连续,且 $f(x)>0$,根据定积分的几何意义,阴影部分(矩形)的面积为

$$A = \int_{-2}^2 2\mathrm{d}x = 2 \times 4 = 8.$$

(2) 在图 4-6(b) 中,被积函数 $f(x)=x$ 在区间 $[1,2]$ 上连续,且 $f(x)>0$,根据定积分的几何意义,阴影部分(梯形)的面积为

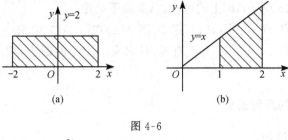

图 4-6

$$\int_1^2 x\,\mathrm{d}x = \frac{(1+2)\times 1}{2} = \frac{3}{2}.$$

四、定积分的性质

在下面的讨论中,假定函数 $f(x),g(x)$ 在所讨论的区间上都是可积的.

性质 1 两个函数代数和的定积分等于各函数定积分的代数和,即

$$\int_a^b [f(x)\pm g(x)]\,\mathrm{d}x = \int_a^b f(x)\,\mathrm{d}x \pm \int_a^b g(x)\,\mathrm{d}x.$$

性质 1 可以推广到有限多个函数的代数和的情形.

性质 2 被积函数中的常数因子可以提到积分号外面,即

$$\int_a^b kf(x)\,\mathrm{d}x = k\int_a^b f(x)\,\mathrm{d}x.$$

性质 3(定积分的可加性) 对于任意的三个数 a,b,c,总有

$$\int_a^b f(x)\,\mathrm{d}x = \int_a^c f(x)\,\mathrm{d}x + \int_c^b f(x)\,\mathrm{d}x.$$

下面根据定积分的几何意义对这一条性质加以说明.

在图 4-7(a)中,有

$$\int_a^b f(x)\,\mathrm{d}x = A_1 + A_2 = \int_a^c f(x)\,\mathrm{d}x + \int_c^b f(x)\,\mathrm{d}x.$$

在图 4-7(b)中,因为

$$\int_a^c f(x)\,\mathrm{d}x = A_1 + A_2 = \int_a^b f(x)\,\mathrm{d}x + \int_b^c f(x)\,\mathrm{d}x,$$

所以 $\int_a^b f(x)\,\mathrm{d}x = \int_a^c f(x)\,\mathrm{d}x - \int_b^c f(x)\,\mathrm{d}x = \int_a^c f(x)\,\mathrm{d}x + \int_c^b f(x)\,\mathrm{d}x.$

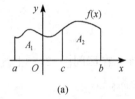 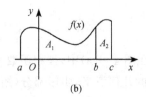

图 4-7

性质 4 在 $[a,b]$ 上,若 $f(x) = 1$,则 $\int_a^b \mathrm{d}x = b - a$(在几何上表示高为 1,底为

$b-a$ 的矩形面积).

性质 5(定积分的保号性)　　如果在区间 $[a,b]$ 上, $f(x) \geqslant g(x)$, 则 $\int_a^b f(x)\mathrm{d}x \geqslant \int_a^b g(x)\mathrm{d}x$. 特别地, 在区间 $[a,b]$ 上, 若 $f(x) \geqslant 0$, 则 $\int_a^b f(x)\mathrm{d}x \geqslant 0$.

例如, $\int_{-1}^3 x^2 \mathrm{d}x \geqslant 0$.

性质 1, 2, 5 都可直接从定积分的定义进行证明.

性质 6(定积分估值定理)　　设 M 和 m 分别是在 $f(x)$ 区间 $[a,b]$ 上的最大值和最小值, 则

$$m(b-a) \leqslant \int_a^b f(x)\mathrm{d}x \leqslant M(b-a).$$

证明　　因为 $m \leqslant f(x) \leqslant M, x \in [a,b]$, 由性质 5 可得:

$$\int_a^b m \mathrm{d}x \leqslant \int_a^b f(x)\mathrm{d}x \leqslant \int_a^b M \mathrm{d}x.$$

再由性质 2 和性质 4 知: $m(b-a) \leqslant \int_a^b f(x)\mathrm{d}x \leqslant M(b-a)$.

性质 7(定积分中值定理)　　如果函数 $f(x)$ 在闭区间 $[a,b]$ 上连续, 则在区间 $[a,b]$ 上至少存在一点 ξ, 使得

$$\int_a^b f(x)\mathrm{d}x = f(\xi)(b-a) \quad (a \leqslant \xi \leqslant b).$$

证明　　因为 $f(x)$ 在闭区间 $[a,b]$ 上连续, 则它在 $[a,b]$ 上有最大值 M 与最小值 m, 由性质 6, 有 $m(b-a) \leqslant \int_a^b f(x)\mathrm{d}x \leqslant M(b-a)$. 即

$$m \leqslant \frac{1}{b-a}\int_a^b f(x)\mathrm{d}x \leqslant M,$$

由闭区间上连续函数的介值定理, 在 $[a,b]$ 上至少存在一点 ξ, 使得

$$f(\xi) = \frac{1}{b-a}\int_a^b f(x)\mathrm{d}x.$$

故有

$$\int_a^b f(x)\mathrm{d}x = f(\xi)(b-a) \quad (a \leqslant \xi \leqslant b).$$

当 $f(x) \geqslant 0 (a \leqslant x \leqslant b)$ 时, 定积分中值定理的几何解释是: 由曲线 $y=f(x)$, 直线 $x=a, x=b, y=0$ 所围成的曲边梯形的面积, 等于以区间 $[a,b]$ 为底, 以该区间上某一点处的函数值 $f(\xi)$ 为高的矩形的面积(如图 4-8 所示).

把 $f(\xi)$ 称为连续曲线 $y=f(x)$ 在 $[a,b]$ 上的平均高度, 或称为连续函数 $y=f(x)$ 在 $[a,b]$ 上的平均值. 所以定积分中值定理解决了求一个

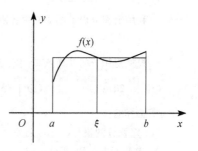

图 4-8

连续变量的平均值问题,比如平均速度、平均电压、平均电流强度、平均温度、平均寿命等问题都可用定积分来求解.

例 2　估计定积分 $\int_0^1 e^{-x^2} dx$ 值的范围.

解　先求出函数 $f(x)=e^{-x^2}$ 在 $[0,1]$ 上的最小值和最大值,为此,求导数
$$f'(x)=-2xe^{-x^2},$$
令 $f'(x)=0$,得驻点 $x=0$,比较 $f(0)=1$, $f(1)=e^{-1}$,得最小值 $f(1)=e^{-1}$,最大值 $f(0)=1$.

由定积分估值定理,得
$$e^{-1} \leqslant \int_0^1 e^{-x^2} dx \leqslant 1.$$

例 3　一物体以速度 $v=2t-1$ 做直线运动,试求该物体在 $t=0$ 到 $t=3$ 的一段时间内的平均速度.

解　根据定积分中值定理,平均速度
$$\bar{v}=\frac{1}{3-0}\int_0^3 (2t-1) dt = \frac{2}{3}\int_0^3 t dt - \frac{1}{3}\int_0^3 dt,$$
由定积分的几何意义可知:
$$\int_0^3 dt = 3-0 = 3, \quad \int_0^3 t dt = \frac{1}{2}\times 3\times 3 = \frac{9}{2},$$
$$\bar{v}=\frac{2}{3}\int_0^3 t dt - \frac{1}{3}\int_0^3 dt = \frac{2}{3}\times\frac{9}{2} - \frac{1}{3}\times 3 = 2.$$

习　题　4.1

1. 填空题:

(1) 定积分 $\int_1^3 \frac{1}{x^2} dx$ 中,积分上限是_____,积分下限_____,积分区间是_____;

(2) 由积分曲线 $y=\sin x$ 与直线 $x=0$, $x=2\pi$ 及 x 轴所围成的曲边梯形的面积,用定积分表示为_____;

(3) $\int_2^2 e^x dx =$ _____;

(4) $\int_1^2 \ln x dx$ _____ $\int_1^2 \ln^2 x dx$ (填"$\leqslant$"或"$\geqslant$").

2. 利用定积分表示图 4-9 中各阴影部分图形的面积:

3. 根据定积分的几何意义,求下列各式的值:

(1) $\int_{-2}^3 2 dx$;　　(2) $\int_0^4 (x-1) dx$.

4. 选择题:

(1) 定积分的值与(　　)无关.

A. 被积函数　B. 积分区间　C. 积分上下限　D. 积分变量

(2) $\int_a^d f(x) dx = ($ 　　)(如图 4-10 所示).

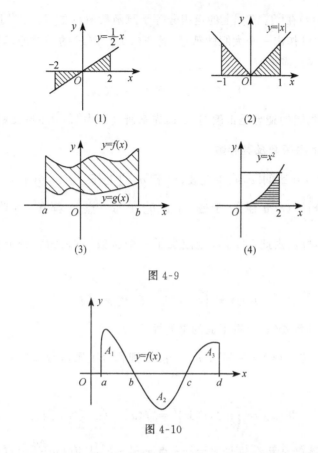

图 4-9

图 4-10

A. $A_3-A_1+A_2$ B. $A_1+A_2-A_3$ C. $A_1-A_2+A_3$ D. $A_1+A_2+A_3$

§4.2 牛顿—莱布尼茨公式

定积分定义为一种和式的极限,如果按照定义计算定积分,即便被积函数很简单,也是十分烦琐和困难的.因此,有必要寻找计算定积分的简便有效的方法.

现在再来看一下物体做变速直线运动时的路程的计算.

设一物体在时间区间$[T_1,T_2]$上做变速直线运动,路程$s(t)$和速度$v(t)$均是时间t的函数,且$v(t)$在区间$[T_1,T_2]$上连续,现要求该物体在时间区间$[T_1,T_2]$上运动的路程s.

由第一节知,$s=\int_{T_1}^{T_2}v(t)dt$;另一方面,显然这段路程s又可以用路程函数$s(t)$在时间区间$[T_1,T_2]$上的增量$s(T_2)-s(T_1)$来表示.于是,显然有

$$\int_{T_1}^{T_2}v(t)dt=s(T_2)-s(T_1).$$

我们注意到$s'(t)=v(t)$,即路程函数$s(t)$是速度函数$v(t)$的原函数.这样,上

式表明,速度 $v(t)$ 在 $[T_1,T_2]$ 上的定积分等于原函数 $s(t)$ 在 $[T_1,T_2]$ 上的增量.

由此,我们可作出一个大胆的猜想:若 $F(x)$ 是 $f(x)$ 的一个原函数且 $f(x)$ 在 $[a,b]$ 上连续,那么应该有

$$\int_a^b f(x)\mathrm{d}x = F(b) - F(a).$$

为了证明我们的猜想是正确的,下面先来研究名为"积分上限函数"的函数.

一、积分上限函数及其导数

设函数 $f(t)$ 在区间 $[a,b]$ 上连续,对于 $[a,b]$ 上任一点 x,由于 $f(t)$ 在 $[a,x]$ 上连续,则定积分 $\int_a^x f(t)\mathrm{d}t$ 存在. 于是,对 $[a,b]$ 上每一点 x,都有一个唯一确定的值 $\int_a^x f(t)\mathrm{d}t$ 与之对应,由此在 $[a,b]$ 上定义了一个函数,称之为**积分上限函数**,记为 $\Phi(x)$,即

$$\Phi(x) = \int_a^x f(t)\mathrm{d}t \quad (a \leqslant x \leqslant b).$$

积分上限函数 $\Phi(x)$ 具有下面的重要性质.

定理 1 函数 $f(x)$ 在区间 $[a,b]$ 上连续,则积分上限函数 $\Phi(x) = \int_a^x f(t)\mathrm{d}t$ 在 $[a,b]$ 上可导,且

$$\Phi'(x) = \left[\int_a^x f(t)\mathrm{d}t\right]' = f(x) \quad (a \leqslant x \leqslant b).$$

证明 按导数的定义,需证对于任一点 $x \in [a,b]$,均有 $\lim_{\Delta x \to 0}\dfrac{\Delta \Phi}{\Delta x} = f(x)$. 如图 4-11 所示,给 x 一个增量 Δx,$x + \Delta x \in [a,b]$,由 $\Phi(x)$ 的定义,有

$$\begin{aligned}\Delta \Phi(x) &= \Phi(x+\Delta x) - \Phi(x) \\ &= \int_a^{x+\Delta x} f(t)\mathrm{d}t - \int_a^x f(t)\mathrm{d}t \\ &= \int_a^{x+\Delta x} f(t)\mathrm{d}t + \int_x^a f(t)\mathrm{d}t \\ &= \int_x^{x+\Delta x} f(t)\mathrm{d}t.\end{aligned}$$

因为 $f(t)$ 连续,所以由定积分中值定理知,在 x 与 $x+\Delta x$ 之间存在点 ξ,使得

$$\Delta \Phi(x) = \int_x^{x+\Delta x} f(t)\mathrm{d}t = f(\xi)\Delta x,$$

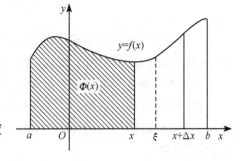

图 4-11

由 $f(t)$ 在 $[a,b]$ 上连续,并注意到当 $\Delta x \to 0$ 时,有 $\xi \to x$,得

$$\Phi'(x) = \lim_{\Delta x \to 0}\frac{\Delta \Phi}{\Delta x} = \lim_{\xi \to x} f(\xi) = f(x).$$

定理 1 表明,如果函数 $f(x)$ 在闭区间 $[a,b]$ 上连续,则 $f(x)$ 在区间 $[a,b]$ 上一

定有原函数(积分上限函数 $\Phi(x)=\int_a^x f(t)dt$ 就是 $f(x)$ 的一个原函数). 同时,这个定理也初步揭示了定积分与被积函数的原函数之间的关系,使我们在前面提出的通过原函数来计算定积分的猜想成为现实.

例1 设 $\Phi(x)=\int_{\frac{\pi}{2}}^x t\cos t dt$,求 $\Phi'(x), \Phi'(\pi)$.

解
$$\Phi'(x)=\frac{d}{dx}\int_{\frac{\pi}{2}}^x t\cos t dt = x\cos x,$$
$$\Phi'(\pi)=\Phi'(x)|_{x=\pi}=\pi\times\cos\pi=-\pi.$$

例2 求下列函数的导数:

(1) $F(x)=\int_x^0 \cos 2t dt$;

(2) $y=F(x)=\int_2^{\sqrt{x}} \sin t^2 dt, (x>0)$.

解 (1) 由于 x 为下限,不能直接应用定理1来求导数,但可以将原式变形,再求导数:
$$F'(x)=\frac{d}{dx}\left(\int_x^0 \cos 2t dt\right)=\frac{d}{dx}\left(-\int_0^x \cos 2t dt\right)=-\cos 2x;$$

(2) $y=F(x)$ 是由函数
$$y=F(u)=\int_2^u \sin t^2 dt, \quad u=\sqrt{x}$$
复合而成的复合函数,所以利用复合函数的求导法则,得
$$\frac{dy}{dx}=\frac{dy}{du}\cdot\frac{du}{dx}=\left(\int_2^u \sin t^2 dt\right)'_u\cdot(\sqrt{x})'_x=\sin u^2\cdot\frac{1}{2\sqrt{x}}=\frac{\sin x}{2\sqrt{x}}.$$

例3 设 $y=\int_x^{x^2}\sqrt{1+t^3}dt$,求 $\frac{dy}{dx}$.

解 因为积分的上、下限都是变量,先把它拆成两个积分之和,然后再求导.
$$\frac{dy}{dx}=\left(\int_x^{x^2}\sqrt{1+t^3}dt\right)'_x=\left(\int_x^a \sqrt{1+t^3}dt+\int_a^{x^2}\sqrt{1+t^3}dt\right)'_x$$
$$=-\left(\int_a^x \sqrt{1+t^3}dt\right)'_x+\left(\int_a^{x^2}\sqrt{1+t^3}dt\right)'_x$$
$$=-\sqrt{1+x^3}+\left(\int_a^{x^2}\sqrt{1+t^3}dt\right)'_{x^2}\cdot(x^2)'_x$$
$$=-\sqrt{1+x^3}+2x\sqrt{1+x^6}.$$

二、牛顿—莱布尼茨公式

定理2 设函数 $f(x)$ 在 $[a,b]$ 上连续,且 $F(x)$ 是 $f(x)$ 在 $[a,b]$ 上的一个原函数,则

$$\int_a^b f(x)\mathrm{d}x = F(b) - F(a). \qquad ①$$

证明 因为 $F(x)$ 是 $f(x)$ 一个原函数,又由定理 1 可知,函数 $\varPhi(x) = \int_a^x f(t)\mathrm{d}t$ 也是 $f(x)$ 的一个原函数,所以这两个原函数至多相差一个常数 C_0,即

$$\int_a^x f(t)\mathrm{d}t = F(x) + C_0,$$

在上式中,令 $x=a$,得

$$\int_a^a f(t)\mathrm{d}t = F(a) + C_0,$$

因为 $\int_a^a f(t)\mathrm{d}t = 0$,所以 $C_0 = -F(a)$,所以

$$\int_a^x f(t)\mathrm{d}t = F(x) - F(a),$$

在上式中,令 $x=b$,即得

$$\int_a^b f(t)\mathrm{d}t = F(b) - F(a),$$

由于定积分的值与积分变量的记号无关,仍用 x 作为积分变量,即得

$$\int_a^b f(x)\mathrm{d}x = F(b) - F(a),$$

式①称为**牛顿(Newton)—莱布尼茨(Leibniz)公式**,也叫微积分基本公式. 为书写方便,式①中的 $F(b)-F(a)$ 通常记为 $[F(x)]_a^b$ 或 $F(x)\big|_a^b$. 因此上述公式也可以写成

$$\int_a^b f(x)\mathrm{d}x = [F(x)]_a^b \quad \text{或} \quad \int_a^b f(x)\mathrm{d}x = F(x)\bigg|_a^b.$$

由牛顿—莱布尼茨公式可知,求 $f(x)$ 在区间 $[a,b]$ 上的定积分,只需求出 $f(x)$ 在区间 $[a,b]$ 上的任一原函数 $F(x)$,并计算它在两端处的函数值之差 $F(b)-F(a)$ 即可.

例 4 计算 $\int_0^1 x^2 \mathrm{d}x$.

解 因为 $\int x^2 \mathrm{d}x = \frac{1}{3}x^3 + C$,所以 $\frac{1}{3}x^3$ 是 x^2 的一个原函数,所以

$$\int_0^1 x^2 \mathrm{d}x = \left[\frac{1}{3}x^3\right]_0^1 = \frac{1}{3} \times (1^3 - 0^3) = \frac{1}{3}.$$

例 5 计算 $\int_0^\pi \sin x \mathrm{d}x$.

解 $\int_0^\pi \sin x \mathrm{d}x = -\cos x \big|_0^\pi = -\cos \pi - (-\cos 0) = 2.$

例 6 计算 $\int_0^{\sqrt{a}} x e^{x^2} \mathrm{d}x$.

解 $\int_0^{\sqrt{a}} x e^{x^2} dx = \frac{1}{2} \int_0^{\sqrt{a}} e^{x^2} dx^2 = \left[\frac{1}{2} e^{x^2}\right]_0^{\sqrt{a}} = \frac{1}{2}(e^a - 1).$

例 7 计算 $\int_{\frac{1}{2}}^{e} |\ln x| dx.$

解 因为当 $\frac{1}{2} \leqslant x \leqslant 1$ 时,$\ln x \leqslant 0$,$|\ln x| = -\ln x$;当 $1 \leqslant x \leqslant e$ 时,$\ln x \geqslant 0$,$|\ln x| = \ln x,$
所以
$$\int_{\frac{1}{2}}^{e} |\ln x| dx = \int_{\frac{1}{2}}^{1} |\ln x| dx + \int_{1}^{e} |\ln x| dx = -\int_{\frac{1}{2}}^{1} \ln x dx + \int_{1}^{e} \ln x dx,$$
又因为
$$\int \ln x dx = x \ln x - \int dx = x \ln x - x + C,$$
所以
$$\int_{\frac{1}{2}}^{1} \ln x dx = [x \ln x - x]_{\frac{1}{2}}^{1} = -\frac{1}{2}(1 - \ln 2), \quad \int_{1}^{e} \ln x dx = [x \ln x - x]_{1}^{e} = 1,$$
因此
$$\int_{\frac{1}{2}}^{e} |\ln x| dx = \frac{3}{2} - \frac{1}{2} \ln 2.$$

习 题 4.2

1. 求下列定积分:

(1) $\int_0^1 (x^2 + 2x - 1) dx;$ (2) $\int_0^{\pi} \cos x dx;$

(3) $\int_0^{\frac{1}{2}} \frac{1}{\sqrt{1 - x^2}} dx;$ (4) $\int_4^9 \sqrt{x}(\sqrt{x} + 1) dx;$

(5) $\int_{\frac{1}{\pi}}^{\frac{2}{\pi}} \frac{\sin \frac{1}{x}}{x^2} dx;$ (6) $\int_{-1}^{1} \frac{e^x}{e^x + 1} dx.$

2. 计算 $\int_0^2 |1 - x| dx.$

3. 求函数 $\Phi(x) = \int_0^{\sqrt{x}} \sin t^2 dt$ 的导数.

4. 求函数 $G(x) = \int_x^{x^2} t^2 e^{-t} dt$ 的导数.

§4.3 定积分的换元积分法与分部积分法

牛顿—莱布尼茨公式把定积分的计算与原函数直接联系起来,定积分的计算主要是求原函数,因而它的计算方法基本上与不定积分的计算方法相同,但也有不同之处,在学习时一定要注意.

一、定积分的换元积分法

我们先来看一个例子.

例 1 计算 $\int_0^4 \dfrac{1}{\sqrt{x}+1}\mathrm{d}x$.

分析 本题的难点是:被积函数中含有二次根式$\sqrt{x}$且又不能直接积分. 若能设法使被积函数中不含根式,则问题难度就会大大降低. 下面我们采用换元的方法试一试,看有什么效果.

解 设 $\sqrt{x}=t$,则 $x=t^2$,$\mathrm{d}x=2t\mathrm{d}t$,且当 $x=0$ 时,$t=0$;当 $x=4$ 时,$t=2$(注意:因为将积分变量 x 换为 t,所以积分上、下限也作了相应的变化).
于是,

$$\int_0^4 \frac{1}{\sqrt{x}+1}\mathrm{d}x = \int_0^2 \frac{1}{t+1}2t\mathrm{d}t$$
$$= 2\int_0^2 \frac{t+1-1}{t+1}\mathrm{d}t$$
$$= 2\int_0^2 \mathrm{d}t - 2\int_0^2 \frac{1}{t+1}\mathrm{d}(t+1)$$
$$= 2[t]_0^2 - 2[\ln(t+1)]_0^2 = 4-2\ln 3.$$

检验:设 $\sqrt{x}=t$,则 $x=t^2$,$\mathrm{d}x=2t\mathrm{d}t$,所以

$$\int \frac{1}{\sqrt{x}+1}\mathrm{d}x = \int \frac{1}{t+1}2t\mathrm{d}t = 2\int \frac{t+1-1}{t+1}\mathrm{d}t$$
$$= 2(t-\ln|t+1|)+C$$
$$= 2(\sqrt{x}-\ln(\sqrt{x}+1))+C.$$

于是

$$\int_0^4 \frac{1}{\sqrt{x}+1}\mathrm{d}x = [2(\sqrt{x}-\ln(\sqrt{x}+1))]_0^4 = 4-2\ln 3.$$

故前面用换元同时换积分上、下限的方法计算定积分所得的结果是正确的,说明此种计算定积分的方法是可行的.

我们可以把这种方法用定理的形式肯定下来.

定理 1 设函数 $f(x)$ 在 $[a,b]$ 上连续,令 $x=\varphi(t)$,且满足:
(1) $\varphi(\alpha)=a$,$\varphi(\beta)=b$;
(2) 当 t 从 α 变化到 β 时,$\varphi(t)$ 单调地从 a 变化到 b;
(3) $\varphi'(t)$ 在 $[\alpha,\beta]$ 上连续,则有

$$\int_a^b f(x)\mathrm{d}x = \int_\alpha^\beta f[\varphi(t)]\varphi'(t)\mathrm{d}t.$$

上式称为**定积分的换元积分法**.

证明 由于两端的被积函数都是连续的,因此这两个定积分都存在. 现在只

要证明两者相等就可以了.

设 $F(x)$ 是 $f(x)$ 的一个原函数,则
$$\int_a^b f(x)\mathrm{d}x = F(b) - F(a).$$

又根据复合函数的求导法则,有
$$\frac{\mathrm{d}}{\mathrm{d}t}F[\varphi(t)] = \frac{\mathrm{d}F}{\mathrm{d}x} \cdot \frac{\mathrm{d}x}{\mathrm{d}t} = f(x)\varphi'(t) = f[\varphi(t)]\varphi'(t).$$

这就是说,$F[\varphi(t)]$ 是 $f[\varphi(t)]\varphi'(t)$ 的一个原函数. 因此,有
$$\int_\alpha^\beta f[\varphi(t)]\varphi'(t)\mathrm{d}t = F[\varphi(t)]\Big|_\alpha^\beta$$
$$= F[\varphi(\beta)] - F[\varphi(\alpha)]$$
$$= F(b) - F(a).$$

所以
$$\int_a^b f(x)\mathrm{d}x = \int_\alpha^\beta f[\varphi(t)]\varphi'(t)\mathrm{d}t.$$

该定理说明,在应用换元积分法计算定积分时,通过变换 $x=\varphi(t)$ 把原来的积分变量 x 换成新积分变量 t 时,求出原函数后不必把它回代成原变量 x 的函数,而只需相应地改变积分上、下限即可. 这是定积分换元法与不定积分的区别所在. 所以应用定积分换元公式时必须注意:换元的同时也要换限,且下限与下限对应,上限与上限对应.

例 2 计算 $\int_{-a}^{a} \sqrt{a^2-x^2}\mathrm{d}x (a>0)$.

解 令 $x=a\sin t$,则 $\mathrm{d}x = a\cos t\mathrm{d}t$.

当 $x=-a$ 时,$t=-\frac{\pi}{2}$;当 $x=a$ 时,$t=\frac{\pi}{2}$,则有
$$\int_{-a}^{a} \sqrt{a^2-x^2}\mathrm{d}x = a^2\int_{-\frac{\pi}{2}}^{\frac{\pi}{2}} \cos^2 t\mathrm{d}t$$
$$= \frac{a^2}{2}\int_{-\frac{\pi}{2}}^{\frac{\pi}{2}} (1+\cos 2t)\mathrm{d}t$$
$$= \frac{a^2}{2}\left[t+\frac{1}{2}\sin 2t\right]_{-\frac{\pi}{2}}^{\frac{\pi}{2}} = \frac{1}{2}\pi a^2.$$

由上例看出,求含有 $\sqrt{a^2-x^2}$ 形式的被积函数的定积分时,使用定积分换元积分法仍采用了三角代换,但避免了利用辅助直角三角形回代的过程.

例 3 计算 $\int_0^{\ln 2} \sqrt{e^x-1}\mathrm{d}x$.

解 令 $\sqrt{e^x-1}=t$,则 $x=\ln(t^2+1)$,$\mathrm{d}x=\frac{2t}{t^2+1}\mathrm{d}t$,且当
$$x=0 \text{ 时},t=0; \quad x=\ln 2 \text{ 时},t=1.$$

于是

$$\int_0^{\ln 2} \sqrt{e^x - 1}\, dx = 2\int_0^1 \frac{t^2}{t^2 + 1}\, dt$$
$$= 2\int_0^1 \left(1 - \frac{1}{t^2 + 1}\right) dt$$
$$= 2[t - \arctan t]_0^1 = 2 - \frac{\pi}{2}.$$

定积分的换元公式也可以反过来用,即

$$\int_\alpha^\beta f[\varphi(x)]\varphi'(x)\, dx \xrightarrow{\varphi(x)=t} \int_a^b f(t)\, dt.$$

例 4 求定积分 $\int_0^1 2x e^{-x^2}\, dx$.

解 令 $t = -x^2$,则 $dt = -2x\, dx$,当 $x=0$ 时,$t=0$;$x=1$ 时,$t=-1$. 于是

$$\int_0^1 2x e^{-x^2}\, dx = -\int_0^{-1} e^t\, dt$$
$$= -[e^t]_0^{-1}$$
$$= -(e^{-1} - e^0) = 1 - e^{-1}.$$

在例 4 中,如果不明显地写出新积分变量 t,那么,定积分的上、下限就不要改变,直接用凑微分法来计算会更简单,即

$$\int_0^1 2x e^{-x^2}\, dx = -\int_0^1 e^{-x^2}\, d(-x^2)$$
$$= -[e^{-x^2}]_0^1 = -(e^{-1} - e^0)$$
$$= 1 - e^{-1}.$$

再如

$$\int_0^{\frac{1}{2}} \frac{x}{\sqrt{1-x^2}}\, dx = -\frac{1}{2}\int_0^{\frac{1}{2}} \frac{1}{\sqrt{1-x^2}}\, d(1-x^2)$$
$$= -\sqrt{1-x^2}\Big|_0^{\frac{1}{2}} = 1 - \frac{\sqrt{3}}{2}.$$

例 5 设 $f(x)$ 在 $[-a, a]$ 上连续,试证明:

(1) 若 $f(x)$ 为偶函数,则 $\int_{-a}^a f(x)\, dx = 2\int_0^a f(x)\, dx$;

(2) 若 $f(x)$ 为奇函数,则 $\int_{-a}^a f(x)\, dx = 0$.

(此例题的结论可以作为公式来用,是两个常用的公式,请记住.)

证明
$$\int_{-a}^a f(x)\, dx = \int_{-a}^0 f(x)\, dx + \int_0^a f(x)\, dx, \qquad ②$$

对式②右端的第一个积分作变换 $x = -t$,得

$$\int_{-a}^0 f(x)\, dx = -\int_a^0 f(-t)\, dt = \int_0^a f(-t)\, dt$$
$$= \int_0^a f(-x)\, dx.$$

(1) 当 $f(-x)=f(x)$ 时,式②即为
$$\int_{-a}^{a}f(x)\mathrm{d}x=\int_{-a}^{0}f(x)\mathrm{d}x+\int_{0}^{a}f(x)\mathrm{d}x$$
$$=\int_{0}^{a}f(x)\mathrm{d}x+\int_{0}^{a}f(x)\mathrm{d}x$$
$$=2\int_{0}^{a}f(x)\mathrm{d}x.$$

(2) 当 $f(-x)=-f(x)$ 时,式②即为
$$\int_{-a}^{a}f(x)\mathrm{d}x=-\int_{0}^{a}f(x)\mathrm{d}x+\int_{0}^{a}f(x)\mathrm{d}x=0.$$

上述结论从几何上来理解是很容易的,因为奇函数的图像关于原点对称,偶函数图像关于 y 轴对称. 利用这两个公式,可以简化奇、偶函数在关于原点对称的对称区间上的定积分计算,特别是奇函数在对称区间上的积分,不经计算就知其积分值为 0.

例 6 计算 $\int_{-\pi}^{\pi}x^{2}\sin^{7}x\mathrm{d}x.$

解 因为函数 $f(x)=x^{2}\sin^{7}x$ 在对称区间 $[-\pi,\pi]$ 上是奇函数,所以
$$\int_{-\pi}^{\pi}x^{2}\sin^{7}x\mathrm{d}x=0.$$

二、定积分的分部积分法

在计算不定积分时有分部积分法,相应地,计算定积分也有分部积分法.

定理 2 设函数 $u=u(x)$ 与 $v=v(x)$ 在区间 $[a,b]$ 上具有连续导数,则
$$\int_{a}^{b}u\mathrm{d}v=[uv]_{a}^{b}-\int_{a}^{b}v\mathrm{d}u,$$
称上述公式为**定积分的分部积分公式**.

证明 设函数 $u(x),v(x)$ 在区间 $[a,b]$ 上具有连续导数 $u'(x),v'(x)$,则 $(uv)'=u'v+v'u$,于是
$$\int_{a}^{b}(uv)'\mathrm{d}x=\int_{a}^{b}u'v\mathrm{d}x+\int_{a}^{b}v'u\mathrm{d}x.$$
即
$$[uv]_{a}^{b}=\int_{a}^{b}v\mathrm{d}u+\int_{a}^{b}u\mathrm{d}v,$$
也可以写成
$$\int_{a}^{b}u\mathrm{d}v=[uv]_{a}^{b}-\int_{a}^{b}v\mathrm{d}u.$$

注意此公式与不定积分的分部积分法相似,只是每一项都带有积分限.

例 7 计算 $\int_{0}^{1}x\mathrm{e}^{x}\mathrm{d}x.$

解 设 $u=x,\mathrm{d}v=\mathrm{e}^{x}\mathrm{d}x=\mathrm{d}(\mathrm{e}^{x})$,则 $\mathrm{d}u=\mathrm{d}x,v=\mathrm{e}^{x}$.

$$\int_0^1 x\mathrm{e}^x \mathrm{d}x = [x\mathrm{e}^x]_0^1 - \int_0^1 \mathrm{e}^x \mathrm{d}x$$
$$= \mathrm{e} - [\mathrm{e}^x]_0^1 = 1.$$

例 8 计算 $\int_1^\mathrm{e} x\ln x \mathrm{d}x$.

解
$$\int_1^\mathrm{e} x\ln x \mathrm{d}x = \int_1^\mathrm{e} \ln x \mathrm{d}\left(\frac{x^2}{2}\right)$$
$$= \left[\frac{x^2}{2}\ln x\right]_1^\mathrm{e} - \int_1^\mathrm{e} \frac{x^2}{2} \cdot \frac{1}{x}\mathrm{d}x$$
$$= \frac{\mathrm{e}^2}{2} - \frac{1}{2}\int_1^\mathrm{e} x\mathrm{d}x$$
$$= \frac{\mathrm{e}^2}{2} - \frac{1}{2}\left[\frac{x^2}{2}\right]_1^\mathrm{e} = \frac{\mathrm{e}^2+1}{4}.$$

例 9 计算 $\int_0^\pi x^2 \cos x \mathrm{d}x$.

解 利用分部积分法得
$$\int_0^\pi x^2 \cos x \mathrm{d}x = \int_0^\pi x^2 \mathrm{d}\sin x$$
$$= [x^2 \sin x]_0^\pi - 2\int_0^\pi x\sin x \mathrm{d}x$$
$$= 0 + 2\int_0^\pi x\mathrm{d}\cos x$$
$$= 2[x\cos x]_0^\pi - 2\int_0^\pi \cos x \mathrm{d}x$$
$$= -2\pi - 2[\sin x]_0^\pi = -2\pi.$$

例 10 计算 $\int_0^{\sqrt{3}} \arctan x \mathrm{d}x$.

解
$$\int_0^{\sqrt{3}} \arctan x \mathrm{d}x = [x\arctan x]_0^{\sqrt{3}} - \int_0^{\sqrt{3}} x\mathrm{d}(\arctan x)$$
$$= \sqrt{3}\arctan \sqrt{3} - \int_0^{\sqrt{3}} \frac{x}{1+x^2}\mathrm{d}x$$
$$= \frac{\sqrt{3}}{3}\pi - \frac{1}{2}\int_0^{\sqrt{3}} \frac{1}{1+x^2}\mathrm{d}(1+x^2)$$
$$= \frac{\sqrt{3}}{3}\pi - \frac{1}{2}[\ln(1+x^2)]_0^{\sqrt{3}}$$
$$= \frac{\sqrt{3}}{3}\pi - \ln 2.$$

例 11 计算 $\int_0^{\frac{\pi}{2}} \mathrm{e}^x \sin x \mathrm{d}x$.

解
$$\int_0^{\frac{\pi}{2}} \mathrm{e}^x \sin x \mathrm{d}x = \int_0^{\frac{\pi}{2}} \sin x \mathrm{d}\mathrm{e}^x$$

$$= [e^x \sin x]_0^{\frac{\pi}{2}} - \int_0^{\frac{\pi}{2}} e^x \cos x dx$$

$$= e^{\frac{\pi}{2}} - \int_0^{\frac{\pi}{2}} \cos x de^x$$

$$= e^{\frac{\pi}{2}} - [e^x \cos x]_0^{\frac{\pi}{2}} - \int_0^{\frac{\pi}{2}} e^x \sin x dx$$

$$= e^{\frac{\pi}{2}} + 1 - \int_0^{\frac{\pi}{2}} e^x \sin x dx.$$

移项,得 $2\int_0^{\frac{\pi}{2}} e^x \sin x dx = e^{\frac{\pi}{2}} + 1$,因此

$$\int_0^{\frac{\pi}{2}} e^x \sin x dx = \frac{1}{2}(e^{\frac{\pi}{2}} + 1).$$

例 12 计算 $\int_0^1 e^{\sqrt{x}} dx$.

解 先用换元法

令 $\sqrt{x} = t$,则 $x = t^2$,$dx = 2tdt$,且当 $x=0$ 时,$t=0$;当 $x=1$ 时,$t=1$. 于是

$$\int_0^1 e^{\sqrt{x}} dx = 2\int_0^1 te^t dt,$$

再由分部积分法计算上式右端的积分,由于

$$\int_0^1 te^t dt = \int_0^1 td(e^t) = [te^t]_0^1 - \int_0^1 e^t dt$$

$$= e - [e^t]_0^1 = 1.$$

所以
$$\int_0^1 e^{\sqrt{x}} dx = 2.$$

由以上例子说明,用定积分的分部积分法计算定积分,可随时把已积出的部分,代入上下限算出结果. 这比先求出全部的原函数,再代入上下限算出结果的过程要简单. 有些积分需混用换元法和分部积分法才能求出结果.

三、定积分的近似计算

我们知道,定积分 $\int_a^b f(x) dx (f(x) \geqslant 0)$ 不论在实际问题中的意义如何,在数值上都等于曲线 $y = f(x)$,直线 $x=a, x=b$ 与 x 轴所围成的曲边梯形的面积. 不管 $f(x)$ 是以什么形式给出的,只要近似地算出相应的曲边梯形的面积,就得到所给定积分的近似值,这就是所给的定积分近似计算法的基本思想.

当被积函数是用曲线或表格给出的,或者原函数不能用初等函数表达时,前面讲的定积分计算方法就无能为力. 另外,在许多实际应用的情况下,只需要求得定

积分的近似值. 下面就简单介绍常用的定积分的近似计算方法.

1. 梯形法

将区间$[a,b]$分成n等份(如图 4-12 所示),分点为
$$a = x_0 < x_1 < x_2 < \cdots < x_n = b,$$
每个小区间的长度都等于$\Delta x = \dfrac{b-a}{n}$,不妨设$f(x) \geqslant 0$,则对应于各分点的被积函数值为:$y_0$, $y_1, y_2, \cdots, y_{n-1}, y_n$.

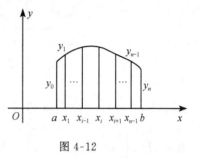

图 4-12

连接每相邻两个纵坐标线的端点,得到n个直角梯形,其面积分别为:
$$\frac{y_0+y_1}{2}\Delta x, \frac{y_1+y_2}{2}\Delta x, \cdots, \frac{y_{n-1}+y_n}{2}\Delta x.$$

这n个直角梯形面积的和就可作为定积分$\int_a^b f(x)\mathrm{d}x$的近似值,于是得到定积分的近似公式:
$$\int_a^b f(x)\mathrm{d}x \approx \frac{b-a}{n}\left(\frac{y_0+y_1}{2} + \frac{y_1+y_2}{2} + \cdots + \frac{y_{n-1}+y_n}{2}\right)$$
$$= \frac{b-a}{n}\left(\frac{y_0}{2} + y_1 + y_2 + \cdots + y_{n-1} + \frac{y_n}{2}\right).$$

这就是**梯形法的计算公式**.

2. 抛物线法

抛物线法的基本思想是:用小段抛物线(它的表达式是二次函数$y = Ax^2 + Bx + C$)近似代替相应的小段曲线,即用小段抛物线下的面积近似代替窄曲边梯形的面积,这种方法又称为**辛卜生方法**.

把积分区间$[a,b]$ n 等分,n为偶数,每个小区间的长度为$\Delta x = \dfrac{b-a}{n}$,每过 3 点作一抛物线,以这抛物线下的窄曲边梯形面积代替原曲线下窄曲边梯形的面积,再根据定积分的几何意义计算出各抛物线下的窄曲边梯形面积的和,则有
$$\int_a^b f(x)\mathrm{d}x \approx \frac{b-a}{3n}[y_0 + y_n + 2(y_2 + y_4 + \cdots + y_{n-2}) + 4(y_1 + y_3 + \cdots + y_{n-1})].$$

上式称为**辛卜生公式**.

例 13 在不少工业设备基础或工业厂房中,采用了椭圆薄壳基础技术. 根据设计和施工的要求,都需要计算椭圆的周长. 在计算基础椭圆钢筋周长的过程中,会遇到积分$\int_0^{\frac{\pi}{2}} \sqrt{1 - \dfrac{1}{2}\sin^2\theta}\,\mathrm{d}\theta$,因该积分的原函数很难用初等函数表示,所以只能

用近似计算的方法来计算该积分的值.

解 将积分区间 $\left[0, \frac{\pi}{2}\right]$ 分成 6 等份(用抛物线法必须分成偶数等份),

$$\Delta\theta = \frac{\frac{\pi}{2}-0}{6} = \frac{\pi}{12}.$$

其分点坐标及相应的函数 $y=\sqrt{1-\frac{1}{2}\sin^2\theta}$ 的值为:

i	0	1	2	3	4	5	6
θ_i	0	$\frac{\pi}{12}$	$\frac{\pi}{6}$	$\frac{\pi}{4}$	$\frac{\pi}{3}$	$\frac{5\pi}{12}$	$\frac{\pi}{2}$
y_i	1	0.9831	0.9354	0.8660	0.7906	0.7304	0.7071

下面用抛物线法计算该定积分.

由辛卜生公式,得

$$\int_0^{\frac{\pi}{2}} \sqrt{1-\frac{1}{2}\sin^2\theta}\,d\theta \approx \frac{1}{3}\cdot\frac{\pi}{12}[y_0+y_6+2(y_2+y_4)+4(y_1+y_3+y_5)]$$

$$= \frac{1}{3}\cdot\frac{\pi}{12}[1+0.7071+2(0.9354+0.7906)+$$

$$4(0.9831+0.8660+0.7304)]$$

$$\approx \frac{1}{3}\times 0.2618\times 15.4771 \approx 1.3506.$$

大家也可以用梯形法求该定积分的近似值.

说明 一般地,n 取得越大,近似程度就越好,当然计算量也越大.一般情况下,抛物线法的近似程度要比梯形法好些.

习 题 4.3

1. 用换元积分法计算下列定积分:

(1) $\int_4^9 \frac{\sqrt{x}}{\sqrt{x}-1}dx$;

(2) $\int_{-1}^1 \frac{x}{\sqrt{5-4x}}dx$;

(3) $\int_0^{\sqrt{2}} \sqrt{2-x^2}\,dx$;

(4) $\int_{\sqrt{2}}^2 \frac{1}{x\sqrt{x^2-1}}dx$;

(5) $\int_1^{e^2} \frac{1}{x\sqrt{1+\ln x}}dx$.

2. 用分部积分法计算下列定积分:

(1) $\int_0^{\frac{1}{2}} \arcsin x\,dx$;

(2) $\int_0^{\pi} x\cos x\,dx$;

(3) $\int_1^e x^2 \ln x\,dx$;

(4) $\int_0^1 x^2 e^x\,dx$;

(5) $\int_{-\frac{1}{2}}^{\frac{1}{2}} \frac{x\arcsin x}{\sqrt{1-x^2}}dx$.

3. 计算下列定积分:

(1) $\int_{-\frac{1}{2}}^{\frac{1}{2}} \frac{x^3}{\sqrt{1-x^2}} dx$;   (2) $\int_{-\frac{\pi}{2}}^{\frac{\pi}{2}} x^3 \cos x dx$.

4. 将区间[1,2]十等分,用梯形法和抛物线法计算 $\int_1^2 \frac{1}{x} dx$ 的近似值(精确到 0.000 1).

§4.4 广义积分

前面我们所讨论的定积分,其积分区间都是有限区间,且被积函数都是有界函数,这样的积分也常称为常义积分. 但在实际问题中,常常会遇到积分区间是无限区间或者被积函数是无界函数的情形,这两类积分都叫作广义积分.

一、无限区间上的广义积分

先看下面的例子:

求曲线 $y=\frac{1}{x^2}$ 与直线 $y=0, x=1$ 所围的向右无限伸展的"开口曲边梯形"的面积(如图 4-13 所示).

由于图形是"开口"的,因此不能直接用定积分计算其面积. 如果任取 $b>1$,则在区间$[1,b]$上的曲边梯形的面积为

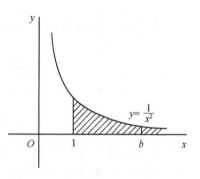

图 4-13

$$\int_1^b \frac{1}{x^2} dx = \left[-\frac{1}{x}\right]_1^b = 1 - \frac{1}{b}.$$

显然,b 越大,这个曲边梯形的面积就越接近于所求的"开口曲边梯形"的面积. 因此,当 $b \to +\infty$ 时,曲边梯形面积的极限

$$\lim_{b \to +\infty} \int_1^b \frac{1}{x^2} dx = \lim_{b \to +\infty} \left(1 - \frac{1}{b}\right) = 1,$$

就表示了所求的"开口曲边梯形"的面积.

一般地,对于积分区间是无限区间的积分,可定义如下:

定义 1 设函数 $f(x)$ 在区间$[a, +\infty]$上连续,任取 $b>a$,如果极限 $\lim_{b \to +\infty} \int_a^b f(x) dx$ 存在,则称此极限为函数 $f(x)$ 在区间$[a, +\infty]$上的广义积分,记作 $\int_a^{+\infty} f(x) dx$,即

$$\int_a^{+\infty} f(x) dx = \lim_{b \to +\infty} \int_a^b f(x) dx.$$

这时也称广义积分 $\int_a^{+\infty} f(x) dx$ **收敛**;如果上述极限不存在,则称广义积分 $\int_a^{+\infty} f(x) dx$ **发散**,这时记号 $\int_a^{+\infty} f(x) dx$ 不再表示数值.

类似地,可定义无限区间 $(-\infty,b]$ 与 $(-\infty,+\infty)$ 上的广义积分:

$$\int_{-\infty}^{b} f(x)dx = \lim_{a \to -\infty} \int_{a}^{b} f(x)dx.$$

$$\int_{-\infty}^{+\infty} f(x)dx = \int_{-\infty}^{c} f(x)dx + \int_{c}^{+\infty} f(x)dx$$

$$= \lim_{a \to -\infty} \int_{a}^{c} f(x)dx + \lim_{b \to +\infty} \int_{c}^{b} f(x)dx. (c \text{ 为任意常数})$$

注意:在上式中,只有当 $\int_{-\infty}^{c} f(x)dx$ 和 $\int_{c}^{+\infty} f(x)dx$ 都收敛时,才称 $\int_{-\infty}^{+\infty} f(x)dx$ 收敛,否则,称 $\int_{-\infty}^{+\infty} f(x)dx$ 发散.

例1 计算 $\int_{0}^{+\infty} e^{-x} dx$.

解 $\int_{0}^{+\infty} e^{-x} dx = \lim_{b \to +\infty} \int_{0}^{b} e^{-x} dx, (b > 0)$

$$= \lim_{b \to +\infty} [-e^{-x}]_{0}^{b} = \lim_{b \to +\infty} \left(1 - \frac{1}{e^b}\right) = 1.$$

为了书写简便,实际运算过程中常常省去极限记号,而形式地把 ∞ 当成一个"数",直接利用牛顿—莱布尼茨公式的计算格式. 如例 1 可写为

$$\int_{0}^{+\infty} e^{-x} dx = [-e^{-x}]_{0}^{+\infty} = 0 + 1 = 1.$$

一般地

$$\int_{a}^{+\infty} f(x)dx = [F(x)]_{a}^{+\infty} = F(+\infty) - F(a);$$

$$\int_{-\infty}^{b} f(x)dx = [F(x)]_{-\infty}^{b} = F(b) - F(-\infty);$$

$$\int_{-\infty}^{+\infty} f(x)dx = [F(x)]_{-\infty}^{+\infty} = F(+\infty) - F(-\infty),$$

其中 $F(x)$ 为 $f(x)$ 的一个原函数,记号 $F(\pm\infty)$ 应理解为极限运算

$$F(\pm\infty) = \lim_{x \to \pm\infty} F(x).$$

例2 计算广义积分 $\int_{0}^{+\infty} \frac{1}{1+x^2} dx$.

解 $\int_{0}^{+\infty} \frac{1}{1+x^2} dx = [\arctan x]_{0}^{+\infty}$

$$= \lim_{x \to +\infty} \arctan x - \arctan 0 = \frac{\pi}{2}.$$

例3 判别广义积分 $\int_{-\infty}^{+\infty} \frac{2x}{1+x^2} dx$ 的收敛性.

解 因为 $\int_{-\infty}^{+\infty} \frac{2x}{1+x^2} dx = \int_{-\infty}^{0} \frac{2x}{1+x^2} dx + \int_{0}^{+\infty} \frac{2x}{1+x^2} dx,$ 且

$$\int_0^{+\infty} \frac{2x}{1+x^2} dx = \int_0^{+\infty} \frac{1}{1+x^2} d(1+x^2)$$
$$= [\ln(1+x^2)]_0^{+\infty} = +\infty,$$

即广义积分 $\int_0^{+\infty} \frac{2x}{1+x^2} dx$ 发散，所以广义积分 $\int_{-\infty}^{+\infty} \frac{2x}{1+x^2} dx$ 发散.

例 4 讨论广义积分 $\int_1^{+\infty} \frac{1}{x^p} dx$（$p$ 为任意常数）的收敛性.

解 当 $p=1$ 时，
$$\int_1^{+\infty} \frac{1}{x^p} dx = \int_1^{+\infty} \frac{1}{x} dx = [\ln|x|]_1^{+\infty} = +\infty.$$

当 $p \neq 1$ 时，
$$\int_1^{+\infty} \frac{1}{x^p} dx = \left[\frac{x^{1-p}}{1-p}\right]_1^{+\infty} = \lim_{b \to +\infty} \frac{b^{1-p}}{1-p} - \frac{1}{1-p} = \begin{cases} +\infty, & p<1, \\ \dfrac{1}{p-1}, & p>1. \end{cases}$$

综上所述，当 $p>1$ 时，$\int_1^{+\infty} \frac{1}{x^p} dx$ 收敛，其值为 $\frac{1}{p-1}$；当 $p \leqslant 1$ 时，$\int_1^{+\infty} \frac{1}{x^p} dx$ 发散.

二、无界函数的广义积分

定义 2 设函数 $f(x)$ 在区间 $(a,b]$ 上连续，且 $\lim\limits_{x \to a^+} f(x) = \infty$，取 $\varepsilon > 0$，如果极限 $\lim\limits_{\varepsilon \to 0^+} \int_{a+\varepsilon}^b f(x) dx$ 存在，则称此极限值为函数 $f(x)$ 在区间 $(a,b]$ 上的广义积分，记作 $\int_a^b f(x) dx$，即

$$\int_a^b f(x) dx = \lim_{\varepsilon \to 0^+} \int_{a+\varepsilon}^b f(x) dx.$$

此时称广义积分收敛；若极限不存在，则称广义积分发散.

类似地，设函数 $f(x)$ 在区间 $[a,b)$ 内连续，且 $\lim\limits_{x \to b^-} f(x) = \infty$，$\varepsilon > 0$，定义

$$\int_a^b f(x) dx = \lim_{\varepsilon \to 0^+} \int_a^{b-\varepsilon} f(x) dx.$$

当极限存在时，称广义积分收敛；当极限不存在时，称广义积分发散.

设函数 $f(x)$ 在区间 $[a,b]$ 上除点 $c(a<c<b)$ 外连续，且 $\lim\limits_{x \to c} f(x) = \infty$，$\varepsilon > 0$，$\varepsilon' > 0$，定义

$$\int_a^b f(x) dx = \int_a^c f(x) dx + \int_c^b f(x) dx = \lim_{\varepsilon \to 0^+} \int_a^{c-\varepsilon} f(x) dx + \lim_{\varepsilon' \to 0^+} \int_{c+\varepsilon'}^b f(x) dx,$$

当 $\int_a^c f(x) dx$ 和 $\int_c^b f(x) dx$ 都收敛时，称广义积分 $\int_a^b f(x) dx$ 收敛；否则称广义积分 $\int_a^b f(x) dx$ 发散.

上述各广义积分统称为**无界函数的广义积分**. 在计算过程中，亦可引入牛顿—

莱布尼茨公式的记号,记

$$\int_a^b f(x)\,\mathrm{d}x = F(x)\Big|_a^b.$$

类似于无限区间上的广义积分,记号的意义根据定义的不同而不同.

例 5 证明广义积分 $\int_0^1 \dfrac{1}{x^p}\mathrm{d}x$,当 $p<1$ 时收敛;当 $p \geqslant 1$ 时发散.

证明 当 $p=1$ 时,因为 $\lim\limits_{x\to 0^+}\dfrac{1}{x}=+\infty$,于是有

$$\int_0^1 \frac{\mathrm{d}x}{x^p} = \int_0^1 \frac{\mathrm{d}x}{x} = [\ln x]_0^1 = +\infty.$$

当 $p \neq 1$ 时,有

$$\int_0^1 \frac{\mathrm{d}x}{x^p} = \left[\frac{x^{1-p}}{1-p}\right]_0^1 = \lim_{\varepsilon \to 0^+}\left[\frac{x^{1-p}}{1-p}\right]_{0+\varepsilon}^1$$

$$= \begin{cases} \dfrac{1}{1-p}, & p<1, \\ +\infty, & p>1. \end{cases}$$

因此,当 $p<1$ 时广义积分 $\int_0^1 \dfrac{1}{x^p}\mathrm{d}x$ 收敛,其值为 $\dfrac{1}{1-p}$;当 $p \geqslant 1$ 时广义积分 $\int_0^1 \dfrac{1}{x^p}\mathrm{d}x$ 发散.

例 6 计算 $\int_0^1 \dfrac{1}{\sqrt{1-x}}\mathrm{d}x$.

解 因为 $\lim\limits_{x\to 1^-}\dfrac{1}{\sqrt{1-x}}=+\infty$,于是有

$$\int_0^1 \frac{\mathrm{d}x}{\sqrt{1-x}} = -\int_0^1 \frac{\mathrm{d}(1-x)}{\sqrt{1-x}} = (-2\sqrt{1-x})\Big|_0^1$$

$$= \lim_{\varepsilon \to 0^+}[-2\sqrt{1-x}]_0^{1-\varepsilon} = 0 - (-2) = 2.$$

例 7 计算 $\int_{-1}^1 \dfrac{1}{x^2}\mathrm{d}x$.

解 因为 $\lim\limits_{x\to 0}\dfrac{1}{x^2}=+\infty$,于是有

$$\int_{-1}^1 \frac{\mathrm{d}x}{x^2} = \int_{-1}^0 \frac{\mathrm{d}x}{x^2} + \int_0^1 \frac{\mathrm{d}x}{x^2} = \left(-\frac{1}{x}\right)\Big|_{-1}^0 + \left(-\frac{1}{x}\right)\Big|_0^1.$$

由 $\lim\limits_{x\to 0}\dfrac{1}{x}=\infty$ 可知,广义积分 $\int_{-1}^0 \dfrac{1}{x^2}\mathrm{d}x$ 和 $\int_0^1 \dfrac{1}{x^2}\mathrm{d}x$ 都发散,所以广义积分 $\int_{-1}^1 \dfrac{1}{x^2}\mathrm{d}x$ 发散.

注意:若没有考虑到 $\lim\limits_{x\to 0}\dfrac{1}{x^2}=+\infty$,仍然按定积分计算,就会得到以下的错误

结果,
$$\int_{-1}^{1} \frac{\mathrm{d}x}{x^2} = \left(-\frac{1}{x}\right)\Big|_{-1}^{1} = -2.$$

习　题　4.4

计算下列广义积分:

1. $\int_{1}^{+\infty} \frac{1}{x^4} \mathrm{d}x.$
2. $\int_{-\infty}^{+\infty} \frac{1}{1+x^2} \mathrm{d}x.$
3. $\int_{-1}^{1} \frac{1}{\sqrt{1-x^2}} \mathrm{d}x.$
4. $\int_{0}^{1} \ln \frac{1}{1-x^2} \mathrm{d}x.$

本章知识精粹

本章介绍了定积分的概念、几何意义、性质,牛顿—莱布尼茨公式,定积分的换元积分法和分部积分法,无限区间上和无界函数的两种广义积分.

1. 定积分的有关概念

(1) 定积分的实际作用是解决已知变量的变化率,求它在某范围内的累积问题. 从这类问题的典型——求曲边梯形的面积,得到了通过"分割→局部以不变代变得微量近似→求和得总量近似→取极限得精确总量"的一般解决过程,最后抽象出定积分的概念,即 $\int_a^b f(x)\mathrm{d}x = \lim_{\lambda \to 0} \sum_{i=1}^{n} f(\xi_i)\Delta x_i$,其中 $\lambda = \max_{1 \leqslant i \leqslant n}\{\Delta x_i\}$,它与对 $[a,b]$ 的分法以及对点 ξ_i 的取法无关,与积分变量无关,而与被积函数 $f(x)$ 及积分区间 $[a,b]$ 有关. 且有 $\int_a^b f(x)\mathrm{d}x = -\int_b^a f(x)\mathrm{d}x, \int_a^a f(x)\mathrm{d}x = 0.$

(2) 根据定积分的定义,定积分 $\int_a^b f(x)\mathrm{d}x$ 的几何意义是表示几个曲边梯形面积的代数和.

(3) 一方面,定积分和不定积分是两个完全不同的概念,不定积分是一个函数的原函数的全体,而定积分是一个数;另一方面,定积分与原函数、不定积分又存在内在的联系,这种内在联系反映在微积分基本定理和牛顿—莱布尼茨公式上,即
$$\int f(x)\mathrm{d}x = \int_a^x f(t)\mathrm{d}t + C, \quad \int_a^b f(x)\mathrm{d}x = \left[\int f(x)\mathrm{d}x\right]_a^b = F(b) - F(a).$$

2. 变上限的定积分

$$\left[\int_a^x f(t)\mathrm{d}t\right]' = f(x) \quad (a \leqslant x \leqslant b),$$

$$\left[\int_a^{g(x)} f(t)\mathrm{d}t\right]' = f[g(x)]g'(x) \quad (g(x) \text{ 可导}).$$

3. 定积分的计算

(1) 定积分的直接积分法. 运用牛顿—莱布尼茨公式, 求 $f(x)$ 在区间 $[a,b]$ 上的定积分, 只需求出 $f(x)$ 在区间 $[a,b]$ 上的任一原函数 $F(x)$, 并计算它在两端处的函数值之差 $F(b)-F(a)$ 即可. 另外, 定积分的性质在定积分的计算中也有着重要应用.

(2) 定积分的第一类换元法和第二类换元法.

第一类换元法:

不用写出新变量, 定积分的上下限也不需改变.

第二类换元法:

$$\int_a^b f(x)\mathrm{d}x \xrightarrow[\varphi'(t)\neq 0, t\in(\alpha,\beta)]{\diamondsuit x=\varphi(t), \text{且 } \varphi(\alpha)=a, \varphi(\beta)=b,} \int_\alpha^\beta f[\varphi(t)]\varphi'(t)\mathrm{d}t.$$

在应用第二类换元法计算定积分时, 通过变换 $x=\varphi(t)$ 把原来的积分变量 x 换成新积分变量 t 时, 求出原函数后不必把它回代成原变量 x 的函数, 而只需相应地改变积分上、下限即可.

(3) 定积分的分部积分法. 若函数 $u=u(x)$ 与 $v=v(x)$ 在 $[a,b]$ 上具有连续导数, 则

$$\int_a^b u\,\mathrm{d}v = (uv)\Big|_a^b - \int_a^b v\,\mathrm{d}u.$$

用定积分的分部积分法计算定积分, 可随时把已积出的部分代入上下限算出结果.

(4) 设 $f(x)$ 在 $[-a,a]$ 上连续, 若 $f(x)$ 为偶函数, 则 $\int_{-a}^a f(x)\mathrm{d}x = 2\int_0^a f(x)\mathrm{d}x$; 若 $f(x)$ 为奇函数, 则 $\int_{-a}^a f(x)\mathrm{d}x = 0$. 利用这个结论, 可以简化奇、偶函数在关于原点对称的对称区间上的定积分计算.

4. 广义积分

(1) 无限区间上的广义积分:

$$\int_a^{+\infty} f(x)\mathrm{d}x = \lim_{b\to+\infty}\int_a^b f(x)\mathrm{d}x; \int_{-\infty}^b f(x)\mathrm{d}x = \lim_{a\to-\infty}\int_a^b f(x)\mathrm{d}x;$$

$$\int_{-\infty}^{+\infty} f(x)\mathrm{d}x = \int_{-\infty}^c f(x)\mathrm{d}x + \int_c^{+\infty} f(x)\mathrm{d}x, \text{其中 } c \text{ 为常数}.$$

(2) 无界函数的广义积分:

$$\int_a^b f(x)\mathrm{d}x = \lim_{\varepsilon\to 0^+}\int_{a+\varepsilon}^b f(x)\mathrm{d}x, \lim_{x\to a^+} f(x) = \infty;$$

$$\int_a^b f(x)dx = \lim_{\varepsilon \to 0^+}\int_a^{b-\varepsilon} f(x)dx, \lim_{x \to b^-}f(x) = \infty;$$

$$\int_a^b f(x)dx = \int_a^c f(x)dx + \int_c^b f(x)dx, \lim_{x \to c}f(x) = \infty(a < c < b).$$

第四章习题

1. 填空题：

(1) $\int_e^\pi dx =$ _____ ； (2) $\int_e^e dx =$ _____ ；

(3) $\int_{-3}^3 \dfrac{x^2 \arctan x}{1+x^2}dx =$ _____ ； (4) $\left(\int_1^{x^2} \dfrac{t-1}{\sqrt{t}}dt\right)' =$ _____ ；

(5) 已知 $\int_0^3 f(x)dx = 5, \int_2^3 f(x)dx = 3$，则 $\int_0^2 f(x)dx =$ _____ ；

(6) $\int_{-a}^a \left(\dfrac{x^3}{x^4+2x^2+1} + 1\right)dx =$ _____ .

2. $\int_0^1 \sqrt{1-x^2}dx$ 表示什么图形的面积? 并据此求出定积分的值.

3. 求函数 $F(x) = \int_{\sqrt{x}}^2 \sin t^2 dt \quad (x > 0)$ 的导数.

4. 用适当的方法求下列定积分：

(1) $\int_0^1 \dfrac{x^2}{x^2+1}dx$；

(2) $\int_0^1 \dfrac{1}{\sqrt{x}+2}dx$；

(3) $\int_0^1 x^2 \sqrt{1-x^2}dx$；

(4) $\int_0^2 xe^{2x}dx$；

(5) $\int_{-1}^2 |x|dx$；

(6) $\int_0^1 \dfrac{x^2-x+1}{x+1}dx$；

(7) $\int_0^1 \dfrac{dx}{x^2+5x+4}$；

(8) $\int_0^1 x^3 e^{x^2}dx$；

(9) $\int_1^3 \ln x\, dx$；

(10) $\int_0^{\frac{\pi}{2}} e^x \cos x\, dx$；

(11) $\int_0^\pi e^x \cdot \sin 2x\, dx$；

(12) $\int_0^\pi \sin^4 \dfrac{x}{2} dx$；

(13) $\int_1^4 \dfrac{dx}{\sqrt{x}(1+x)}$;

(14) $\int_0^1 x(1+2x^2)^3 dx$.

5. 选择题：

(1) $\dfrac{d}{dx}\int_a^b f(x)dx = ($ $)$.

A. $f(x)$　　B. 0　　C. $f(b)-f(a)$　　D. $f(a)-f(b)$

(2) 设 $\int_0^a \dfrac{1}{\sqrt{1+t^2}}dt = m$，则 $\int_{-a}^a \dfrac{1}{\sqrt{1+t^2}}dt = ($ $)$.

A. 0　　B. $-m$　　C. $2m$　　D. $2m+c$

(3) 定积分 $\int_a^b dx (a<b)$ 在几何上表示(　　).

A. 线段 $b-a$　　　　　　B. 线段长 $a-b$
C. 矩形面积 $(b-a) \times 1$　　D. 矩形面积 $(a-b) \times 1$

(4) 已知 $\Phi(x) = \int_{x^2}^0 \sin t\, dt$，则 $\Phi'(x) = ($ $)$.

A. $2x\sin x^2$　　B. $\sin x^2$　　C. $-2x\sin x^2$　　D. $\sin x$

习题参考答案

习题 4.1

1. (1) $3, 1, [1,3]$;　　(2) $\int_0^\pi \sin x\,dx - \int_\pi^{2\pi} \sin x\,dx$;

   (3) 0;　　(4) $\geqslant$.

2. (1) $-\int_{-2}^0 \dfrac{1}{2}x\,dx + \int_0^2 \dfrac{1}{2}x\,dx$;　　(2) $\int_{-1}^0 (-x)\,dx + \int_0^1 x\,dx$;

   (3) $\int_a^b [f(x)-g(x)]\,dx$;　　(4) $\int_0^2 x^2\,dx$.

3. (1) 10;　　(2) 4.

4. (1) D;　　(2) C.

习题 4.2

1. (1) $\dfrac{1}{3}$;　　(2) 0;　　(3) $\arcsin \dfrac{1}{2}$;　　(4) $45\dfrac{1}{6}$;

   (5) 1;　　(6) 1.

2. 1.

3. $\dfrac{1}{2\sqrt{x}} \sin x$.

4. $2x^5 e^{-x^2} - x^2 e^{-x}$.

习题 4.3

1. (1) $7+2\ln 2$;　　(2) $\dfrac{1}{6}$;　　(3) $\dfrac{\pi}{2}$;　　(4) $\dfrac{\pi}{12}$;　　(5) $2\sqrt{3}-2$.

2. (1) $\dfrac{\pi}{12}+\dfrac{\sqrt{3}}{2}-1$;　(2) -2;　(3) $\dfrac{1}{9}(1+2e^3)$;　(4) $e-2$;

(5) $1-\dfrac{\sqrt{3}}{6}\pi$.

3. (1) 0;　(2) 0.

4. 0.693 8, 0.693 2.

习题 4.4

1. $\dfrac{1}{3}$.　2. π.　3. π.　4. $2(1-\ln 2)$.

第四章习题

1. (1) $\pi-e$;　(2) 0;　(3) 0;　(4) $2x^2-2$;　(5) 2;　(6) $2a$.

2. 半径为 1 的四分之一圆, $\dfrac{\pi}{4}$.

3. $-\dfrac{\sin x}{2\sqrt{x}}$.

4. (1) $1-\dfrac{\pi}{4}$;　(2) $2\left(1+2\ln\dfrac{2}{3}\right)$;　(3) $\dfrac{\pi}{16}$;　(4) $\dfrac{1}{4}(3e^4+1)$;

(5) $\dfrac{5}{2}$;　(6) $3\ln 2-\dfrac{3}{2}$;　(7) $\dfrac{1}{3}\ln\dfrac{8}{5}$;　(8) $\dfrac{1}{2}$;

(9) $3\ln 3-2$;　(10) $\dfrac{1}{2}(e^{\frac{\pi}{2}}-1)$;　(11) $\dfrac{2}{5}(1-e^{\pi})$;　(12) $\dfrac{3\pi}{8}$;

(13) $2\arctan 2-\dfrac{\pi}{2}$;　(14) 5.

5. (1) B;　(2) C;　(3) C;　(4) C.

应用模块

第五章 导数的应用

导数在自然科学与工程技术上有着极其广泛的应用.本章将在介绍微分中值定理的基础上,给出计算未定型极限的洛必达法则,研究函数及其图形的性态,解决一些常见的应用问题.

§5.1 微分中值定理

下面将要介绍的三个定理统称为微分中值定理,是微分学的基本定理,它是利用导数研究函数性态的理论依据.

一、罗尔定理

观察图 5-1 所示的连续光滑曲线,可以发现当 $f(a)=f(b)$ 时,在 (a,b) 内总存在横坐标为 ξ_1,ξ_2 的 C 点与 D 点,它们的切线为水平切线.

定理 1(罗尔定理) 如果函数 $f(x)$ 在闭区间 $[a,b]$ 上连续,在开区间 (a,b) 内可导,且 $f(a)=f(b)$,那么在 (a,b) 内至少存在一点 $\xi\in(a,b)$,使得 $f'(\xi)=0$.

注意:若罗尔定理的三个条件中有一个不满足,则其结论可能不成立.

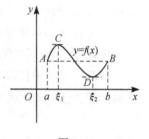

图 5-1

例如,$f(x)=|x|,x\in[-2,2]$,在 $[-2,2]$ 上除 $f'(0)$ 不存在外,满足罗尔定理的一切条件,但在区间 $[-2,2]$ 内找不到一点能使 $f'(x)=0$.

例 1 证明方程 $5x^4-4x+1=0$ 在 0 与 1 之间至少有一个实根.

证明 不难发现方程左端 $5x^4-4x+1$ 是函数 $f(x)=x^5-2x^2+x$ 的导数,即 $f'(x)=5x^4-4x+1$.

函数 $f(x)=x^5-2x^2+x$ 在 $[0,1]$ 上连续,在 $(0,1)$ 内可导,且 $f(0)=f(1)$,由罗尔定理可知,在 0 与 1 之间至少有一点 c,使 $f'(c)=0$,即方程 $5x^4-4x+1=0$ 在 0 与 1 之间至少有一个实根.

二、拉格朗日中值定理

在罗尔定理中,第三个条件 $f(a)=f(b)$ 对一般的函数不易满足,现将该条件去掉,保留前两个条件,结论相应地要改变,这就是**拉格朗日中值定理**.

在图 5-1 中,将 AB 弦右端抬高一点,便成为图 5-2 中的形状,此时存在切线 l_1 与 l_2 平行于 AB,即至少存在一点 $\xi \in (a,b)$,使得

$$\frac{f(b)-f(a)}{b-a} = f'(\xi).$$

定理 2(拉格朗日中值定理) 如果函数 $f(x)$ 在闭区间 $[a,b]$ 上连续,在开区间 (a,b) 内可导,那么至少存在一点 $\xi \in (a,b)$,使得 $f(b)-f(a)=f'(\xi)(b-a)$.

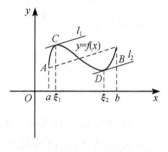

图 5-2

结论也可写成: $\dfrac{f(b)-f(a)}{b-a} = f'(\xi).$

拉格朗日公式精确地表达了函数在一个区间上的增量与函数在该区间内某点处的导数之间的关系.

设在点 x 处有一个增量 Δx,得到点 $x+\Delta x$,在以 x 和 $x+\Delta x$ 为端点的区间上应用拉格朗日中值定理,有

$$f(x+\Delta x)-f(x)=f'(x+\theta \Delta x) \cdot \Delta x \quad (0<\theta<1),$$

即 $\Delta y = f'(x+\theta \Delta x) \cdot \Delta x$. 这准确地表达了 Δy 和 Δx 这两个增量间的关系,故该定理又称为**微分中值定理**.

作为拉格朗日中值定理的应用,我们证明如下推论.

推论 如果函数 $f(x)$ 在区间 I 内的导数恒为零,那么 $f(x)$ 在 I 内是一个常数.

证明 在 I 中任取一点 x_0,然后再取一个异于 x_0 的任一点 x,在以 x_0, x 为端点的区间 J 上,$f(x)$ 满足:①连续;②可导;从而在 J 内部存在一点 ξ,使得

$$f(x)-f(x_0)=f'(\xi)(x-x_0),$$

且在 I 上,$f'(x) \equiv 0 \Rightarrow f'(\xi)=0.$
所以 $f(x)-f(x_0)=0 \Rightarrow f(x)=f(x_0).$

可见,$f(x)$ 在 I 上的每一点都有 $f(x)=C.$

例 2 证明 $\arcsin x + \arccos x = \dfrac{\pi}{2}$ $(-1 \leqslant x \leqslant 1).$

证明 令 $f(x)=\arcsin x + \arccos x$,因为 $f'(x)=\dfrac{1}{\sqrt{1-x^2}} - \dfrac{1}{\sqrt{1-x^2}} = 0,$

由推论知 $f(x)=C$,而且 $f(0)=\dfrac{\pi}{2},$

故 $\arcsin x + \arccos x = \dfrac{\pi}{2}.$

例 3 证明:当 $x>0$ 时,$\dfrac{x}{1+x} < \ln(1+x) < x.$

证明 设 $f(x)=\ln(1+x),f(x)$ 在 $[0,x]$ 上满足拉格朗日中值定理的条件,所以
$$f(x)-f(0)=f'(\xi)(x-0) \quad (0<\xi<x),$$

又
$$f(0)=0, \quad f'(x)=\frac{1}{1+x},$$
所以
$$\ln(1+x)=\frac{x}{1+\xi}.$$

又因为 $0<\xi<x$, $1<1+\xi<1+x$, $\frac{1}{1+x}<\frac{1}{1+\xi}<1$,

所以
$$\frac{x}{1+x}<\frac{x}{1+\xi}<x,$$

即 $x>0$ 时, $\frac{x}{1+x}<\ln(1+x)<x$.

用拉格朗日中值定理证明不等式,关键是构造一个辅助函数,并给出适当的区间,使该辅助函数在所给的区间上满足定理的条件,然后放大和缩小 $f'(\xi)$,推出要证的不等式.

三、柯西中值定理

定理 3 如果函数 $f(x)$ 及 $F(x)$ 在闭区间 $[a,b]$ 上连续,在开区间 (a,b) 内可导,且 $F'(x)$ 在 (a,b) 内恒不为 0,那么至少存在一点 $\xi\in(a,b)$,使得

$$\frac{f'(\xi)}{F'(\xi)}=\frac{f(b)-f(a)}{F(b)-F(a)}.$$

注:(1) 拉格朗日中值定理是罗尔定理的推广;

(2) 柯西中值定理是拉格朗日中值定理的推广. 事实上,令 $F(x)=x$,那么 $F(b)-F(a)=b-a, F'(x)=1$,因而柯西中值公式就可以写成:

$$f(b)-f(a)=f'(\xi)(b-a) \quad (a<\xi<b),$$

这样就变成了拉格朗日中值公式了.

习 题 5.1

1. 验证罗尔定理对函数 $y=\ln\sin x$ 在区间 $\left[\frac{\pi}{6},\frac{5\pi}{6}\right]$ 上的正确性.

2. 验证拉格朗日中值定理对函数 $y=x^3$ 在区间 $[0,4]$ 上的正确性.

3. 证明:对函数 $y=px^2+qx+r$ 应用拉氏中值定理时所求得的点 ξ 总是位于区间的正中间.

4. 代数学基本定理告诉我们,n 次多项式至多有 n 个实根,利用此结论及罗尔定理,不求函数 $f(x)=(x-1)(x-2)(x-3)(x-4)$ 的导数,说明方程 $f'(x)=0$ 有几个实根,并指出它们所在的区间.

5. 证明不等式:
$$|\arctan a-\arctan b|\leqslant|a-b|.$$

§5.2 洛必达法则

前面章节介绍过一些求极限的运算方法,本节将借助导数来介绍一种新的求

极限的方法——洛必达法则.

如果当 $x \to a$(或 $x \to \infty$)时,两个函数 $f(x)$ 与 $g(x)$ 都趋于零或都趋于无穷大,那么 $\lim\limits_{\substack{x \to a \\ (x \to \infty)}} \dfrac{f(x)}{g(x)}$ 可能存在,也可能不存在,通常把这种极限称为 $\dfrac{0}{0}$ (或 $\dfrac{\infty}{\infty}$)型未定式.

例如,$\lim\limits_{x \to 0} \dfrac{\tan x}{x}$ 属 $\dfrac{0}{0}$ 型未定式,$\lim\limits_{x \to 0} \dfrac{\ln \sin ax}{\ln \sin bx}$ 属 $\dfrac{\infty}{\infty}$ 型未定式.

对于这样的极限,即使极限存在也不一定能用极限的运算法则来求解,就算能求解,也往往需要经过适当的变形转化成可以利用极限运算法则求解或两个重要极限的形式.而这种方法有时很难把握,所以我们在这里介绍一种针对性强、简便、可行、具有一般性的求未定式极限的方法.但同时注意,这种方法也不是万能的.

一、$\dfrac{0}{0}$ 型未定式

洛必达法则 1 如果 $f(x), g(x)$ 在点 x_0 的某空心邻域内可导,$g'(x) \neq 0$,且满足条件:

(1) $\lim\limits_{x \to x_0} f(x) = \lim\limits_{x \to x_0} g(x) = 0$;

(2) $\lim\limits_{x \to x_0} \dfrac{f'(x)}{g'(x)}$ 存在或为 ∞,

那么 $\lim\limits_{x \to x_0} \dfrac{f(x)}{g(x)} = \lim\limits_{x \to x_0} \dfrac{f'(x)}{g'(x)}$.

洛必达法则求极限的方法就是在一定条件下通过对 $\dfrac{0}{0}$ (或 $\dfrac{\infty}{\infty}$) 未定式的分子、分母分别求导再求极限,来确定未定式的极限值.

二、$\dfrac{\infty}{\infty}$ 型未定式

洛必达法则 2 如果 $f(x), g(x)$ 在点 x_0 的某空心邻域内可导,$g'(x) \neq 0$,且满足条件:

(1) $\lim\limits_{x \to x_0} f(x) = \lim\limits_{x \to x_0} g(x) = \infty$;

(2) $\lim\limits_{x \to x_0} \dfrac{f'(x)}{g'(x)}$ 存在或为 ∞,

那么 $\lim\limits_{x \to x_0} \dfrac{f(x)}{g(x)} = \lim\limits_{x \to x_0} \dfrac{f'(x)}{g'(x)}$.

说明 (1) 如果 $\lim\limits_{x \to x_0} \dfrac{f'(x)}{g'(x)}$ 仍属 $\dfrac{0}{0}$ (或 $\dfrac{\infty}{\infty}$) 型未定式,且 $f'(x), g'(x)$ 满足定理的条件,可以继续使用洛必达法则,即

$$\lim\limits_{x \to x_0} \dfrac{f(x)}{g(x)} = \lim\limits_{x \to x_0} \dfrac{f'(x)}{g'(x)} = \lim\limits_{x \to x_0} \dfrac{f''(x)}{g''(x)}.$$

(2) 若 $x \to x_0$ 改成 $x \to x_0^+, x \to x_0^-, x \to \infty, x \to +\infty, x \to -\infty$,只要把定理条件

相应改动，结论仍成立．

例1 求 $\lim\limits_{x\to 0}\dfrac{x-\sin x}{x^3}$．

当 $x\to 0$ 时，$x-\sin x\to 0$，$x^3\to 0$，这是 $\dfrac{0}{0}$ 型未定式，可用洛必达法则求此极限．

解 $\lim\limits_{x\to 0}\dfrac{x-\sin x}{x^3}=\lim\limits_{x\to 0}\dfrac{(x-\sin x)'}{(x^3)'}=\lim\limits_{x\to 0}\dfrac{1-\cos x}{3x^2}=\lim\limits_{x\to 0}\dfrac{\sin x}{6x}=\dfrac{1}{6}$．

例2 求 $\lim\limits_{x\to +\infty}\dfrac{\dfrac{\pi}{2}-\arctan x}{\dfrac{1}{x}}$．

当 $x\to +\infty$ 时，$\dfrac{\pi}{2}-\arctan x\to 0$，$\dfrac{1}{x}\to 0$，这是 $\dfrac{0}{0}$ 型未定式，可用洛必达法则计算．

解 $\lim\limits_{x\to +\infty}\dfrac{\dfrac{\pi}{2}-\arctan x}{\dfrac{1}{x}}=\lim\limits_{x\to +\infty}\dfrac{-\dfrac{1}{1+x^2}}{-\dfrac{1}{x^2}}=\lim\limits_{x\to +\infty}\dfrac{x^2}{1+x^2}=1$．

例3 求 $\lim\limits_{x\to +\infty}\dfrac{\ln x}{x^n}$ $(n>0)$．

当 $x\to +\infty$ 时，$\ln x\to\infty$ 且 $x^n\to\infty$，这是 $\dfrac{\infty}{\infty}$ 型未定式，可用洛必达法则计算．

解 原式 $=\lim\limits_{x\to +\infty}\dfrac{\dfrac{1}{x}}{nx^{n-1}}=\lim\limits_{x\to +\infty}\dfrac{1}{nx^n}=0$．

注意：使用洛必达法则时，$\dfrac{0}{0}$ 型与 $\dfrac{\infty}{\infty}$ 型可能交替出现．

洛必达法则是求未定式的一种有效方法，若与其他求极限方法结合使用，效果更好．

例4 求 $\lim\limits_{x\to 0}\dfrac{\tan x-x}{x^2\tan x}$．

解 $\lim\limits_{x\to 0}\dfrac{\tan x-x}{x^2\tan x}=\lim\limits_{x\to 0}\dfrac{\sec^2 x-1}{3x^2}$

$=\lim\limits_{x\to 0}\dfrac{2\sec^2 x\tan x}{6x}=\dfrac{1}{3}\lim\limits_{x\to 0}\dfrac{\tan x}{x}=\dfrac{1}{3}$．

例5 求 $\lim\limits_{x\to 0^+}\dfrac{\ln\sin x}{\ln x}$．

解 这是 $\dfrac{\infty}{\infty}$ 型未定式．由洛必达法则即得

$$\lim\limits_{x\to 0^+}\dfrac{\ln\sin x}{\ln x}=\lim\limits_{x\to 0^+}\dfrac{\dfrac{\cos x}{\sin x}}{\dfrac{1}{x}}$$

$$= \lim_{x \to 0^+} \frac{x\cos x}{\sin x} = \lim_{x \to 0^+} \frac{x}{\sin x} \cdot \lim_{x \to 0^+} \cos x = 1.$$

三、$0 \cdot \infty, \infty - \infty$ 型未定式

对于这两类未定式,可通过恒等变形转化为 $\dfrac{0}{0}$ 或 $\dfrac{\infty}{\infty}$ 型未定式,然后运用洛必达法则求解.

例 6 求 $\lim\limits_{x \to 0^+} x \ln x.$

解 这是 $0 \cdot \infty$ 型未定式. 将其转化为 $\dfrac{\infty}{\infty}$ 型未定式,然后用洛必达法则,即得

$$\lim_{x \to 0^+} x \ln x$$

$$= \lim_{x \to 0^+} \frac{\ln x}{\dfrac{1}{x}} = \lim_{x \to 0^+} \frac{\dfrac{1}{x}}{-\dfrac{1}{x^2}}$$

$$= \lim_{x \to 0^+} (-x) = 0.$$

例 7 求 $\lim\limits_{x \to 1} \left(\dfrac{1}{\ln x} - \dfrac{1}{x-1} \right).$

解 这是 $\infty - \infty$ 型未定式. 通分化成 $\dfrac{0}{0}$ 型未定式,然后用洛必达法则,即得

$$\lim_{x \to 1} \left(\frac{1}{\ln x} - \frac{1}{x-1} \right) = \lim_{x \to 1} \frac{x - 1 - \ln x}{(x-1)\ln x}$$

$$= \lim_{x \to 1} \frac{1 - \dfrac{1}{x}}{\ln x + \dfrac{x-1}{x}}$$

$$= \lim_{x \to 1} \frac{x-1}{x\ln x + x - 1}$$

$$= \lim_{x \to 1} \frac{1}{\ln x + 2} = \frac{1}{2}.$$

四、$0^0, \infty^0, 1^\infty$ 型未定式

$0^0, \infty^0, 1^\infty$ 型未定式是幂指形式 u^v,可通过恒等变形 $u^v = e^{v \ln u}$ 化为指数式,使其出现 $0 \cdot \infty$ 型未定式,再把它化为 $\dfrac{0}{0}$ 或 $\dfrac{\infty}{\infty}$ 型未定式,然后运用洛必达法则求解.

例 8 求 $\lim\limits_{x \to 0^+} x^{\sin x}.$

解 这是 0^0 型未定式.

$$\lim_{x\to 0^+} x^{\sin x} = \lim_{x\to 0^+} e^{\sin x \cdot \ln x},$$

其中
$$\lim_{x\to 0^+} \sin x \cdot \ln x = \lim_{x\to 0^+} \frac{\ln x}{\csc x} = \lim_{x\to 0^+} \frac{\frac{1}{x}}{-\csc x \cdot \cot x}$$
$$= \lim_{x\to 0^+} \frac{-\sin^2 x}{x \cos x} = -\lim_{x\to 0^+} \frac{x}{\cos x} = 0.$$

所以 $\lim\limits_{x\to 0^+} x^{\sin x} = e^0 = 1.$

例9 能否用洛必达法则求 $\lim\limits_{x\to +\infty} \dfrac{x+\sin x}{x-\sin x}$？

解 若用洛必达法则，则有

$$\lim_{x\to +\infty} \frac{x+\sin x}{x-\sin x} = \lim_{x\to +\infty} \frac{1+\cos x}{1-\cos x} \text{ 不存在},$$

但

$$\lim_{x\to +\infty} \frac{x+\sin x}{x-\sin x} = \lim_{x\to +\infty} \frac{1+\dfrac{\sin x}{x}}{1-\dfrac{\sin x}{x}} = \frac{1+0}{1-0} = 1.$$

这说明对本题洛必达法则不适合．

习 题 5.2

1. 用洛必达法则求下列极限：

(1) $\lim\limits_{x\to 0} \dfrac{\ln(1+x)}{2x}$；

(2) $\lim\limits_{x\to 0} \dfrac{e^x - e^{-x}}{\sin x}$；

(3) $\lim\limits_{x\to a} \dfrac{\sin x - \sin a}{x-a}$；

(4) $\lim\limits_{x\to \pi} \dfrac{\sin 3x}{\tan 5x}$；

(5) $\lim\limits_{x\to \pi} \dfrac{\sin x}{\pi - x}$；

(6) $\lim\limits_{x\to 0} x \cot 3x$；

(7) $\lim\limits_{x\to 1} \left(\dfrac{2}{x^2-1} - \dfrac{1}{x-1} \right)$；

(8) $\lim\limits_{x\to \frac{\pi}{2}} (\sec x - \tan x)$；

(9) $\lim\limits_{x\to 0^+} (\tan x)^{\sin x}$；

(10) $\lim\limits_{x\to 0^+} \left(\dfrac{1}{x} \right)^{\tan x}$．

2. 验证极限 $\lim\limits_{x\to \infty} \dfrac{x+\sin x}{x}$ 存在，但不能用洛必达法则得出．

3. 验证极限 $\lim\limits_{x\to 0} \dfrac{x^2 \sin \dfrac{1}{x}}{\sin x}$ 存在，但不能用洛必达法则得出．

§5.3 函数的单调性

一、函数单调性的判别法

一个函数在某个区间上的单调增减性变化规律，是我们研究函数图像时首先要考虑的,第一章已经介绍了单调性的定义,现在介绍利用导数判定函数单调性的方法.

如图 5-3 所示,从几何直观上分析,当曲线上的任一点的切线与 x 轴的夹角都是锐角,切线的斜率大于零,也就是说 $f(x)$ 的导数大于零时,曲线是上升的. 如图 5-4 所示,当曲线上的任一点的切线与 x 轴的夹角都是钝角,切线的斜率小于零,也就是说 $f(x)$ 的导数小于零时,曲线是下降的. 由此可见,函数的单调性与导数的符号有着密切的关系. 我们可以用导数的符号来判定函数的单调性.

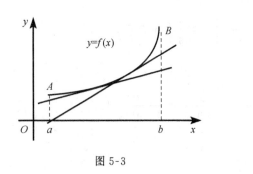

图 5-3

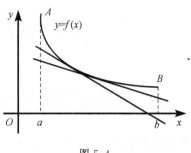

图 5-4

定理(函数单调性的判定法)　设函数 $y=f(x)$ 在 $[a,b]$ 上连续,在 (a,b) 内可导,

(1) 如果在 (a,b) 内有 $f'(x)>0$,则 $f(x)$ 在 (a,b) 内单调增加;

(2) 如果在 (a,b) 内有 $f'(x)<0$,则 $f(x)$ 在 (a,b) 内单调减少.

证明　只证(1),(2)可类似证得.

在 $[a,b]$ 上任取两点 $x_1,x_2(x_1<x_2)$,应用拉格朗日中值定理,得到

$$f(x_2)-f(x_1)=f'(\xi)(x_2-x_1) \quad (x_1<\xi<x_2).$$

由于在上式中 $x_2-x_1>0$,因此,如果在 (a,b) 内有 $f'(x)>0$,那么也有 $f'(\xi)>0$,于是

$$f(x_2)-f(x_1)=f'(\xi)(x_2-x_1)>0.$$

从而 $f(x_1)<f(x_2)$,因此函数 $y=f(x)$ 在 (a,b) 内单调增加.

例1　讨论 $y=e^x-x-1$ 的单调性.

解　因函数的定义域为 $(-\infty,+\infty)$,且 $y'=e^x-1$,

在 $(-\infty,0)$ 内, $y'<0$, $y=e^x-x-1$ 在 $(-\infty,0)$ 内单调减少;

在 $(0,+\infty)$ 内, $y'>0$, $y=e^x-x-1$ 在 $[0,+\infty)$ 内单调增加.

函数的单调性是一个区间上的性质,要用导数在这一区间上的符号来判定,而不能用一点处的导数符号来判别函数在一个区间上的单调性.

二、单调区间求法

如上例,函数在定义区间上不是单调的,但在各个部分区间上单调.

定义 若函数在其定义域的某个区间内是单调的,则该区间称为函数的单调区间.

导数等于零的点和不可导点,可能是单调区间的分界点.用 $f'(x)=0$ 及 $f'(x)$ 不存在的点来划分 $f(x)$ 的定义区间,然后判断区间内导数的符号,就能保证 $f'(x)$ 在各个部分区间内保持固定的符号,因而函数 $f(x)$ 在每个部分区间上单调.

例 2 确定函数 $f(x)=(2x-5)x^{\frac{2}{3}}$ 的单调区间.

解 函数的定义域为 $(-\infty,+\infty)$,$f'(x)=\dfrac{10}{3}x^{\frac{2}{3}}-\dfrac{10}{3}x^{-\frac{1}{3}}=\dfrac{10}{3}(x-1)\cdot x^{-\frac{1}{3}}(x\neq 0)$,

当 $x=0$ 时,导数不存在;当 $x=1$ 时,$f'(x)=0$.

用 $x=0$ 及 $x=1$ 将 $(-\infty,+\infty)$ 划分为三个部分区间:$(-\infty,0)$,$[0,1)$,$[1,+\infty)$.

现将每个部分区间上导数的符号与函数单调性列表如下:

x	$(-\infty,0)$	0	$(0,1)$	1	$(1,+\infty)$
$f'(x)$	+	不存在	−	0	+
$f(x)$	↗		↘		↗

由上表讨论知,该函数在 $(-\infty,0)$ 和 $(1,+\infty)$ 内是增函数,在 $(0,1)$ 内是减函数.

例 3 证明当 $x>1$ 时,$e^x>ex$.

证 设 $f(x)=e^x-ex$,当 $x>1$ 时,有 $f'(x)=e^x-e>0$,所以 $f(x)$ 在 $(1,+\infty)$ 内单调增.又 $f(x)$ 在 $[1,+\infty)$ 内连续,从而有:当 $x>1$ 时,$f(x)>f(1)=0$.因此,当 $x>1$ 时,$e^x>ex$.

习 题 5.3

1. 判定下列函数的单调性:

   (1) $y=x-\ln(1+x^2)$;   (2) $y=\sin x-x$.

2. 求下列函数的单调区间:

   (1) $y=\dfrac{x^2}{1+x}$;   (2) $y=2x^2-\ln x$;

   (3) $y=(x-1)^2(x+1)^3$;   (4) $y=x-\dfrac{3}{2}x^{\frac{2}{3}}$.

3. 利用单调性证明下列不等式:

   (1) 当 $x>0$ 时,$1+\dfrac{1}{2}x>\sqrt{1+x}$;

   (2) 当 $x>0$ 时,$x>\ln(1+x)$.

§5.4 函数的极值与最值

一、函数的极值及其求法

1. 函数极值的定义

定义 设 $y=f(x)$ 在 x_0 的某邻域内有定义,若对于该邻域内的任一点 $x(x\neq x_0)$,都有 $f(x)<f(x_0)$ ($f(x)>f(x_0)$),则称 $f(x_0)$ 是 $f(x)$ 的一个**极大值**(**极小值**),点 x_0 是 $f(x)$ 的一个**极大值点**(**极小值点**).极大值、极小值统称为**极值**,极大值点、极小值点统称为**极值点**.如图 5-5 所示,x_1,x_3,x_5 都是函数 $y=f(x)$ 的极小值点,x_2,x_4 是 $y=f(x)$ 的极大值点.

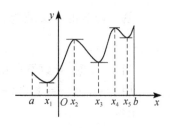

图 5-5

应当指出,函数的极值是一个局部概念,它只是与极值点邻近的点处的函数值相比是较大或较小,而不意味着在整个区间是最大或最小.有时极大值比极小值还要小,如图 5-5 所示,x_5 处的函数值 $f(x_5)$ 比 x_2 处的函数值 $f(x_2)$ 还要大.

2. 极值的判定与求法

定理 1(极值存在的必要条件) $f(x)$ 在点 x_0 处可导,且在 x_0 处取得极值,则 $f'(x_0)=0$.

通常把 $f'(x_0)=0$ 的点,即导数为零的点称为**驻点**.

关于定理的说明:

(1) $f'(x_0)=0$ 只是 $f(x)$ 在 x_0 点的必要条件,而不是充分条件.事实上,我们知道 $y=x^3$ 在 $x=0$ 时,导数等于零,但该点不是极值点.

(2) 定理的条件之一是函数在 x_0 点可导,而导数不存在的点也可能是极值点.例如 $y=x^{\frac{2}{3}}$,$y=|x|$,显然 $f'(0)$ 不存在,但在 $x=0$ 处取得极小值 $f(0)=0$.

极值点(如果导数存在)是驻点,但驻点不一定是极值点.

定理 2(第一充分条件) 设 $f(x)$ 在点 x_0 处连续,在 x_0 的某一邻域内可导,

(1) 如果当 $x<x_0$ 时,$f'(x)>0$;而当 $x>x_0$ 时,$f'(x)<0$,则 $f(x)$ 在 x_0 处取得极大值;

(2) 如果当 $x<x_0$ 时,$f'(x)<0$;而当 $x>x_0$ 时,$f'(x)>0$,则 $f(x)$ 在 x_0 处取得极小值;

(3) 如果在 x_0 的左右两侧,$f'(x)$ 符号相同,则 $f(x)$ 在 x_0 处无极值.

定理 3(第二充分条件) 设 $f(x)$ 在点 x_0 处具有二阶导数,且 $f'(x_0)=0$,$f''(x_0)\neq 0$,则

(1) 当 $f''(x_0)<0$ 时，$f(x)$ 在点 x_0 处取得极大值；

(2) 当 $f''(x_0)>0$ 时，$f(x)$ 在点 x_0 处取得极小值.

关于定理的说明：

(1) 如果函数 $f(x)$ 在驻点 x_0 处的二阶导数 $f''(x_0)\neq 0$，那么该点 x_0 一定是极值点，并可以按 $f''(x_0)$ 的符号来判定 $f(x_0)$ 是极大值还是极小值. 但如果 $f''(x_0)=0$，定理 3 就不能应用；

(2) 当 $f''(x_0)=0$ 时，$f(x)$ 在点 x_0 处不一定取得极值，此时仍用定理 2 判断.

根据上面的两个定理，可知求极值的步骤为：

(1) 确定函数的定义域；

(2) 求导数 $f'(x)$；

(3) 求驻点（即 $f'(x)=0$ 的根）或导数不存在的点；

(4) 应用定理 2 或定理 3，判断极值点；

(5) 计算极值.

例 1 求出函数 $f(x)=x^3-3x^2-9x+5$ 的极值.

解 (1) $f(x)$ 的定义域为 $(-\infty,+\infty)$；

(2) $f'(x)=3x^2-6x-9$；

(3) 令 $f'(x)=0$，得驻点 $x_1=-1, x_2=3$；

(4) 列表讨论：

x	$(-\infty,-1)$	-1	$(-1,3)$	3	$(3,+\infty)$
$f'(x)$	+	0	−	0	+
$f(x)$	↗	极大值 $f(-1)=10$	↘	极小值 $f(3)=-22$	↗

例 2 求函数 $f(x)=(x^2-1)^3+1$ 的极值.

解 $f'(x)=6x(x^2-1)^2$，令 $f'(x)=0$，求得驻点 $x_1=-1, x_2=0, x_3=1$.

又 $f''(x)=6(x^2-1)(5x^2-1)$，所以 $f''(0)=6>0$.

因此 $f(x)$ 在 $x=0$ 处取得极小值，极小值为 $f(0)=0$.

因为 $f''(-1)=f''(1)=0$，所以用定理 3 无法判别. 而 $f(x)$ 在 $x=-1$ 处的左右两旁均有 $f'(x)<0$. 所以 $f(x)$ 在 $x=-1$ 处没有极值；同理，$f(x)$ 在 $x=1$ 处也没有极值.

二、函数的最大值与最小值

在工农业生产、工程技术及科学实验中，常常会遇到这样一类问题：在一定条件下，怎样使"产品最多""用料最省""成本最低""效率最高"等，这类问题在数学上有时可归结为求某一函数的最大值或最小值问题.

对于一个闭区间上的连续函数 $f(x)$，它的最大值与最小值只能在极值点和端点取得，因此，只要求出所有的极值及端点值，它们之中最大的就是最大值，最小的就是最小值.

求函数最大(小)值的步骤：

(1) 求驻点和不可导点；

(2) 求区间端点及驻点和不可导点的函数值，比较大小，最大者就是最大值，最小者就是最小值.

例 3 求函数 $y=2x^3+3x^2-12x+14$ 在 $[-3,4]$ 上的最大值与最小值.

解 令 $f'(x)=6(x+2)(x-1)=0$，得驻点 $x_1=-2, x_2=1$.

$$f(-3)=23, \quad f(-2)=34, \quad f(1)=7, \quad f(4)=142,$$

比较得最大值为 $f(4)=142$，最小值为 $f(1)=7$.

特别值得指出的是：$f(x)$ 在一个区间（有限或无限，开或闭）内可导且只有一个驻点 x_0，并且这个驻点 x_0 是函数 $f(x)$ 的极值点，那么，当 $f(x_0)$ 是极大值时，$f(x_0)$ 就是 $f(x)$ 在该区间上的最大值；当 $f(x_0)$ 是极小值时，$f(x_0)$ 就是 $f(x)$ 在该区间上的最小值（如图 5-6 和图 5-7 所示）.

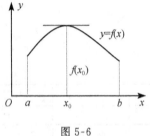

图 5-6

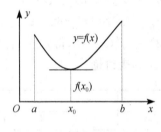

图 5-7

实际问题中，往往根据问题的性质就可以断定函数 $f(x)$ 确有最大值或最小值，而且一定是在定义区间内部取得. 这时如果 $f(x)$ 在定义区间内部只有一个驻点 x_0，那么不必讨论 $f(x_0)$ 是否是极值，就可以断定 $f(x_0)$ 是最大值或最小值.

例 4 边长为 a 的正方形铁皮，各角剪去同样大小的方块，做无盖长方体盒子，如何剪法可使盒子的容积最大？

解 设剪去的正方形的边长为 x，其体积为 V.

$$V=x(a-2x)^2 \quad \left(0<x<\frac{a}{2}\right),$$

$$V'=(a-2x)^2+x\cdot 2(a-2x)\cdot(-2)=(a-2x)(a-6x),$$

令 $V'=0$，得唯一驻点 $x=\frac{a}{6}$.

由问题本身可知，它一定有最大值，故 $V\big|_{x=\frac{a}{6}}=\frac{2}{27}a^3$ 是最大值. 所以，当各角剪去边长为 $\frac{a}{6}$ 的小正方形时，能使无盖长方体铁盒的容积最大.

例5 工厂铁路线上 AB 段的距离为 100 km. 工厂 C 距 A 处为 20 km,AC 垂直于 AB. 为了运输需要,要在 AB 线上选定一点 D 向工厂修筑一条公路(如图 5-8 所示). 已知铁路每公里货运的运费与公路上每公里货运的运费之比为 3:5. 为了使货物从供应站 B 运到工厂 C 的运费最省,问:D 点应选在何处?

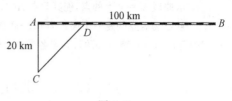

图 5-8

解 设 $AD=x$,则 $DB=100-x$,$CD=\sqrt{20^2+x^2}=\sqrt{400+x^2}$. 设从 B 点到 C 点需要的总运费为 y,那么

$$y = 5k \cdot CD + 3k \cdot DB \quad (k \text{ 是某个正数}),$$

即

$$y = 5k\sqrt{400+x^2} + 3k(100-x) \quad (0 \leqslant x \leqslant 100).$$

现在,问题就归结为:x 在 $[0,100]$ 内取何值时,y 的值最小.

先求 y 对 x 的导数:

$$y' = k\left(\frac{5x}{\sqrt{400+x^2}} - 3\right).$$

解方程 $y'=0$,得 $x=15$(km).

由于 $y\big|_{x=0}=400k$,$y\big|_{x=15}=380k$,$y\big|_{x=100}=500k\sqrt{1+\frac{1}{5^2}}$,其中以 $y\big|_{x=15}=380k$ 为最小,因此当 $AD=x=15$ km 时,总运费最省.

习 题 5.4

1. 判断下列各题是否正确:
   (1) 若 x_0 为极值点,则 $f'(x_0)=0$;
   (2) 若 $f'(x_0)=0$,则 x_0 为极值点;
   (3) 若 x_0 为极值点且 $f'(x_0)$ 存在,则 $f'(x_0)=0$;
   (4) 极值点可以是端点;
   (5) 在区间 (a,b) 内,函数 $f(x)$ 是单调增加的,且导数存在,则 $f'(x)>0$.
   (6) 极大值一定大于极小值;
   (7) 闭区间上连续函数的最大(或最小)值就是函数在该区间上各极值中的最大(或最小)者.

2. 求下列函数的极值:
   (1) $f(x)=x^4-10x^2+5$;   (2) $f(x)=x^2 e^{-x}$.

3. 设函数 $f(x)=a\ln x+bx^2+x$ 在 $x=1,x=2$ 时都取得极值,试求 a 与 b 的值.

4. 求下列函数在所给区间上的最大值和最小值:
   (1) $f(x)=x^4-2x^2+5$,$[-2,2]$;
   (2) $f(x)=\sin x+\cos x$,$[0,2\pi]$.

5. 在半径为 r 的半圆内,作一个内接梯形,其底为半圆的直径,其他三边为半圆的弦. 问:怎样作,梯形的面积最大?

6. 求曲线 $y^2 = x$ 上的点,使其到点 $A(3,0)$ 的距离最短.

7. 某农场需要围建一个面积为 512 m^2 的矩形晒谷场,一边可以利用原有的石条墙,其余三边需砌石条墙,问:晒谷场的长和宽各为多少时,才能使石条墙材料用得最少?

§5.5 曲线的凹凸性及拐点

在研究函数图像的变化状况时,了解它上升和下降的规律是重要的,但是只了解这一点是不够的,上升和下降还不能完全反映图像的变化,因为连接两点的曲线可以向上或向下弯曲,由此我们给出如下定义.

一、凹凸性的概念

如图 5-9 所示,曲线弧是向上弯曲的,曲线位于切线的上方;如图 5-10 所示,曲线弧是向下弯曲的,这时曲线位于切线的下方.

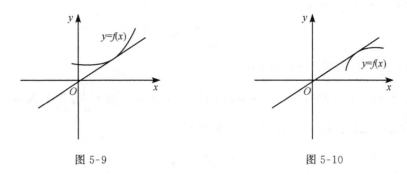

图 5-9   图 5-10

关于曲线的弯曲方向,给出如下定义.

定义 1 在某一区间内,如果曲线弧总是位于其任一点切线的上方,则称这条曲线弧在该区间内是凹的;如果曲线弧总是位于其任一点切线的下方,则称这条曲线弧在该区间内是凸的.

二、凹凸性的判别法

定理 设函数 $f(x)$ 在 (a,b) 内具有二阶导数.

(1) 如果在 (a,b) 内,$f''(x) > 0$,那么曲线在 (a,b) 内是凹的;

(2) 如果在 (a,b) 内,$f''(x) < 0$,那么曲线在 (a,b) 内是凸的.

例 1 判断曲线 $y = x^3$ 的凹凸性.

解 因为 $y' = 3x^2$,$y'' = 6x$,

所以当 $x \in (-\infty, 0)$ 时,$y'' < 0$,此时曲线是凸的.

当 $x \in (0, +\infty)$ 时,$y'' > 0$,此时曲线是凹的.

定义 2 连续曲线 $y = f(x)$ 上凹的曲线弧与凸的曲线弧的分界点,称为曲线 $y = f(x)$ 的拐点.

例如,$(0,0)$是曲线 $y=x^3$ 的拐点.

由上述定理可知,通过 $f''(x)$ 的符号可以判断曲线的凹凸. 如果 $f''(x)$ 连续,那么当 $f''(x)$ 的符号由正变负或由负变正时,必定有一点 x_0,使 $f''(x_0)=0$. 这样,点 $(x_0, f(x_0))$ 就是曲线的一个拐点.另外,二阶导数不存在的点对应的曲线上的点也有可能为拐点.

判定曲线 $y=f(x)$ 的拐点的一般步骤：

(1) 确定 $y=f(x)$ 的定义域；

(2) 求 $f'(x), f''(x)$,令 $f''(x)=0$,求出所有可能的拐点 x_0；

(3) 考察 $f''(x)$ 在每个可能拐点 x_0 左右两侧的符号,如果 $f''(x)$ 的符号相反,则点 $(x_0, f(x_0))$ 是拐点,否则就不是.

例 2 求 $y=3x^4-4x^3+1$ 的凹凸性与拐点.

解 $y'=12x^3-12x^2, y''=36x\left(x-\dfrac{2}{3}\right)$.

令 $y''=0$,解得 $x_1=0, x_2=\dfrac{2}{3}$.

列表讨论：

x	$(-\infty, 0)$	0	$\left(0, \dfrac{2}{3}\right)$	$\dfrac{2}{3}$	$\left(\dfrac{2}{3}, +\infty\right)$
y''	+	0	−	0	+
曲线 $y=f(x)$	凹的	拐点$(0,1)$	凸的	拐点$\left(\dfrac{2}{3}, \dfrac{11}{27}\right)$	凹的

例 3 问曲线 $y=x^4$ 是否有拐点.

解 $y'=4x^3, y''=12x^2$.

当 $x\ne 0$ 时,$y''>0$,在区间 $(-\infty, +\infty)$ 内曲线是凹的,因此曲线无拐点.

例 4 求曲线 $y=\sqrt[3]{x}$ 的拐点.

解 函数的定义域为 $(-\infty, +\infty)$,

$$y'=\dfrac{1}{3\sqrt[3]{x^2}}, \quad y''=-\dfrac{2}{9x\sqrt[3]{x^2}};$$

无二阶导数为零的点,二阶导数不存在的点为 $x=0$；

所以当 $x<0$ 时,$y''>0$；当 $x>0$ 时,$y''<0$. 因此,点 $(0,0)$ 是曲线的拐点.

习 题 5.5

1. 求下列曲线的凹凸区间和拐点：

(1) $y=x^3-3x^2+1$；　　(2) $y=xe^{-x}$；

(3) $y=\ln(1+x^2)$；　　(4) $y=x^3(1-x)$.

2. a 及 b 为何值时,点 $(1,-2)$ 为曲线 $y=ax^3+bx^2$ 的拐点？

§5.6 函数图形的描绘

一、渐近线

有些函数的定义域和值域都是有限区间,此时函数的图像局限于一定的范围之内,如圆、椭圆等,而有些函数的定义域是无穷区间,此时函数的图像向无穷远处延伸,如双曲线、抛物线等.向无穷远处延伸的曲线常常会无限接近某一条直线.

如果曲线上的一点沿着曲线趋于无穷远时,该点与某条直线 l 的距离趋于零,则称直线 l 为该曲线的一条**渐近线**.用极限定义如下:

1. 垂直渐近线(垂直于 x 轴的渐近线)

如果 $\lim\limits_{x \to x_0} f(x) = \infty$(或 $\lim\limits_{x \to x_0^+} f(x) = \infty$,$\lim\limits_{x \to x_0^-} f(x) = \infty$),则称直线 $x = x_0$ 为曲线 $y = f(x)$ 的一条**垂直渐近线**.

2. 水平渐近线

如果 $\lim\limits_{x \to \infty} f(x) = b$(或 $\lim\limits_{x \to +\infty} f(x) = b$,$\lim\limits_{x \to -\infty} f(x) = b$)($b$ 为常数),则称直线 $y = b$ 为曲线 $y = f(x)$ 的一条**水平渐近线**.

例 1 求曲线 $y = \dfrac{1}{(x+2)(x-3)}$ 的渐近线.

解 因为 $\lim\limits_{x \to -2} \dfrac{1}{(x+2)(x-3)} = \infty$,

$\lim\limits_{x \to 3} \dfrac{1}{(x+2)(x-3)} = \infty$,

所以有垂直渐近线 $x = -2, x = 3$.

又 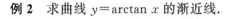$\lim\limits_{x \to \infty} \dfrac{1}{(x+2)(x-3)} = 0$,所以有水平渐近线 $y = 0$.该函数的图像如图 5-11 所示.

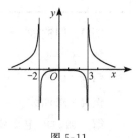

图 5-11

例 2 求曲线 $y = \arctan x$ 的渐近线.

解 $\lim\limits_{x \to -\infty} \arctan x = -\dfrac{\pi}{2}$,所以有水平渐近线 $y = -\dfrac{\pi}{2}$.

$\lim\limits_{x \to +\infty} \arctan x = \dfrac{\pi}{2}$,所以有水平渐近线 $y = \dfrac{\pi}{2}$.

该函数的图像如图 5-12 所示.

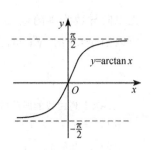

图 5-12

二、函数图像的描绘

利用函数特性描绘函数图像,其步骤为:

(1) 确定函数 $f(x)$ 的定义域,对函数进行奇偶性、周期性等性态的讨论;

(2) 求出函数一阶导数 $f'(x)$ 和二阶导数 $f''(x)$,求出方程 $f'(x)=0$ 和 $f''(x)=0$ 在函数定义域内的全部实根,用这些根和函数的间断点或导数不存在的点把函数的定义域分成若干个子区间,列表确定函数在各子区间上的单调性、凹凸性、函数的极值点、曲线的拐点;

(3) 确定函数图像的渐近线;

(4) 有时根据需要须补充一些作图用的辅佐点;

(5) 根据上述讨论,在直角坐标平面上画出渐近线,标出曲线上的极值点、拐点,以及所补充的辅佐点,再依曲线的单调性、凹凸性,将这些点用光滑的曲线连接起来.

例 3 画出函数 $y=x^3-x^2-x+1$ 的图形.

解 (1) 函数的定义域为 $(-\infty,+\infty)$;

(2) $y'=3x^2-2x-1=(3x+1)(x-1)$,$f''(x)=6x-2=2(3x-1)$,令 $y'=0$ 得 $x=-\dfrac{1}{3}$,$x=1$,再令 $y''=0$ 得 $x=\dfrac{1}{3}$;

(3) 列表分析得:

x	$(-\infty,-1/3)$	$-1/3$	$(-1/3,1/3)$	$1/3$	$(1/3,1)$	1	$(1,+\infty)$
y'	$+$	0	$-$	$-$	$-$	0	$+$
y''	$-$	$-$	$-$	0	$+$	$+$	$+$
y	$\cap\nearrow$	极大	$\cap\searrow$	拐点	$\cup\searrow$	极小	$\cup\nearrow$

(4) 因为当 $x\to+\infty$ 时,$y\to+\infty$;当 $x\to-\infty$ 时,$y\to-\infty$,故无水平渐近线;

(5) 计算特殊点:$f\left(-\dfrac{1}{3}\right)=\dfrac{32}{27}$,$f\left(\dfrac{1}{3}\right)=\dfrac{16}{27}$,$f(1)=0$,$f(0)=1$,$f(-1)=0$,$f\left(\dfrac{3}{2}\right)=\dfrac{5}{8}$.

(6) 描点连线画出图形(如图 5-13 所示).

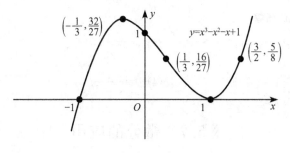

图 5-13

例 4 作函数 $f(x)=\dfrac{4(x+1)}{x^2}-2$ 的图像.

解 $D=\{x\,|\,x\neq 0\}$, $y=f(x)$ 为非奇非偶函数,且无对称性.

$$f'(x)=-\frac{4(x+2)}{x^3}, \quad f''(x)=\frac{8(x+3)}{x^4}.$$

令 $f'(x)=0$,得驻点 $x=-2$.

令 $f''(x)=0$,得特殊点 $x=-3$.

列表确定函数的升降区间,凹凸区间及极值点和拐点:

x	$(-\infty,-3)$	-3	$(-3,-2)$	-2	$(-2,0)$	0	$(0,\infty)$
y'	$-$	$-$	$-$	0	$+$	不存在	$-$
y''	$-$	0	$+$		$+$		$+$
$f(x)$	$\cap\searrow$	拐点 $\left(-3,-\dfrac{26}{9}\right)$	$\cup\searrow$	极小值 $(-2,-3)$	$\cup\nearrow$	间断点	$\cup\searrow$

因为 $\lim\limits_{x\to\infty}f(x)=\lim\limits_{x\to\infty}\left[\dfrac{4(x+1)}{x^2}-2\right]=-2$,所以得水平渐近线 $y=-2$;

$$\lim_{x\to 0}f(x)=\lim_{x\to 0}\left[\frac{4(x+1)}{x^2}-2\right]=+\infty,$$

从而得垂直渐近线 $x=0$.

补充点 $(1-\sqrt{3},0)$,$(1+\sqrt{3},0)$,并连接点

$A(-1,-2)$, $B(1,6)$, $C(2,1)$,

作图,得如图 5-14 所示的曲线.

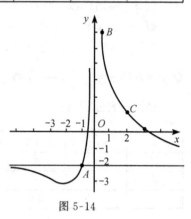

图 5-14

习 题 5.6

1. 求下列曲线的垂直与水平渐近线:

(1) $y=\dfrac{1}{x-2}$;

(2) $y=\dfrac{\ln x}{x}$;

(3) $y=\dfrac{e^x}{1+x}$;

(4) $y=\dfrac{\ln x}{x(x-1)}$.

2. 作下列函数的图像:

(1) $y=x^3+3x^2-9x+1$;

(2) $y=\dfrac{1}{\sqrt{2\pi}}e^{-\frac{x^2}{2}}$;

(3) $y=\dfrac{2x-1}{(x-1)^2}$;

(4) $y=\dfrac{x}{x^2+1}$.

§5.7 微分的应用

一、函数的近似计算

在工程问题中,经常会遇到一些复杂的计算公式.如果直接用这些公式进行计

算,那是很费力的.利用微分往往可以把一些复杂的计算公式用简单的近似公式来代替.

如果函数 $y=f(x)$ 在点 x_0 处的导数 $f'(x)\neq 0$,且 $|\Delta x|$ 很小,我们有
$$\Delta y \approx \mathrm{d}y = f'(x_0)\Delta x,$$
$$\Delta y = f(x_0+\Delta x) - f(x_0) \approx \mathrm{d}y = f'(x_0)\Delta x,$$
$$f(x_0+\Delta x) \approx f(x_0) + f'(x_0)\Delta x.$$

若令 $x=x_0+\Delta x$,即 $\Delta x = x - x_0$,那么又有
$$f(x) \approx f(x_0) + f'(x_0)(x-x_0).$$

特别当 $x_0=0$ 时,有
$$f(x) \approx f(0) + f'(0)x.$$

这些都是近似计算公式.

例 1 有一批半径为 1 cm 的球,为了提高球面的光洁度,要镀上一层铜,厚度定为 0.01 cm.估计一下每只球需用铜多少克(铜的密度是 8.9 g/cm³).

解 已知球体体积为 $V=\dfrac{4}{3}\pi R^3$,$R_0=1$ cm,$\Delta R=0.01$ cm.

镀层的体积为
$$\Delta V = V(R_0+\Delta R) - V(R_0) \approx V'(R_0)\Delta R = 4\pi R_0^2 \Delta R$$
$$= 4 \times 3.14 \times 1^2 \times 0.01 = 0.13 (\mathrm{cm}^3).$$

于是镀每只球需用的铜约为 $0.13 \times 8.9 = 1.16$ (g).

例 2 利用微分计算 $\sin 30°30'$ 的近似值.

解 已知 $30°30' = \dfrac{\pi}{6} + \dfrac{\pi}{360}$,$x_0 = \dfrac{\pi}{6}$,$\Delta x = \dfrac{\pi}{360}$.
$$\sin 30°30' = \sin(x_0 + \Delta x) \approx \sin x_0 + \Delta x \cos x_0$$
$$= \sin \frac{\pi}{6} + \cos \frac{\pi}{6} \cdot \frac{\pi}{360}$$
$$= \frac{1}{2} + \frac{\sqrt{3}}{2} \cdot \frac{\pi}{360} = 0.5076.$$

常用的近似公式有(假定 $|x|$ 是较小的数值):

(1) $\sqrt[n]{1+x} \approx 1 + \dfrac{1}{n}x$;

(2) $\sin x \approx x$;

(3) $\tan x \approx x$;

(4) $\mathrm{e}^x \approx 1 + x$;

(5) $\ln(1+x) \approx x$.

证明 (1) 取 $f(x) = \sqrt[n]{1+x}$,那么 $f(0)=1$,$f'(0) = \dfrac{1}{n}(1+x)^{\frac{1}{n}-1}\Big|_{x=0} = \dfrac{1}{n}$,

代入 $f(x) \approx f(0) + f'(0)x,$

便得 $\sqrt[n]{1+x} \approx 1 + \frac{1}{n}x$.

(2) 取 $f(x) = \sin x$，那么 $f(0) = 0, f'(0) = \cos x \big|_{x=0} = 1$,

代入 $f(x) \approx f(0) + f'(0)x$,

便得 $\sin x \approx x$.

例 3 计算 $\sqrt{1.05}$ 的近似值.

解 已知 $\sqrt[n]{1+x} \approx 1 + \frac{1}{n}x$，故

$$\sqrt{1.05} = \sqrt{1+0.05} \approx 1 + \frac{1}{2} \times 0.05 = 1.025.$$

直接开方的结果是 $\sqrt{1.05} = 1.02470$.

二、误差估计

在生产实践中，经常要测量各种数据. 但是有的数据不易直接测量，这时我们就通过测量其他有关数据后，根据某种公式算出所要的数据. 由于测量仪器的精度、测量的条件和测量的方法等各种因素的影响，测得的数据往往带有误差，而根据带有误差的数据计算所得的结果也会有误差，我们把它叫作间接测量误差.

下面就讨论怎样用微分来估计间接测量误差.

绝对误差与相对误差：如果某个量的精确值为 A，它的近似值为 a，那么 $|A-a|$ 叫作 a 的**绝对误差**，而绝对误差 $|A-a|$ 与 $|a|$ 的比值 $\frac{|A-a|}{|a|}$ 叫作 a 的**相对误差**.

在实际工作中，某个量的精确值往往是无法知道的，于是绝对误差和相对误差也就无法求得. 但是根据测量仪器的精度等因素，有时能够确定误差在某一个范围内.

如果某个量的精确值是 A，测得它的近似值是 a，又知道它的误差不超过 δ_A：$|A-a| \leqslant \delta_A$，则 δ_A 叫作测量 A 的绝对误差限，$\frac{\delta_A}{|a|}$ 叫作测量 A 的相对误差限.

例 4 设测得圆钢截面的直径 $D = 60.03$ mm，测量 D 的绝对误差限 $\delta_D = 0.05$. 利用公式 $A = \frac{\pi}{4}D^2$ 计算圆钢的截面面积时，试估计面积的误差.

解 $\Delta A \approx dA = A' \cdot \Delta D = \frac{\pi}{2}D \cdot \Delta D$,

$$|\Delta A| \approx |dA| = \frac{\pi}{2}D \cdot |\Delta D| \leqslant \frac{\pi}{2}D \cdot \delta_D.$$

已知 $D = 60.03, \delta_D = 0.05$，所以

$$\delta_A = \frac{\pi}{2}D \cdot \delta_D = \frac{\pi}{2} \times 60.03 \times 0.05 = 4.715 (\text{mm}^2),$$

$$\frac{\delta_A}{A} = \frac{\frac{\pi}{2}D \cdot \delta_D}{\frac{\pi}{4}D^2} = 2 \cdot \frac{\delta_D}{D} = 2 \times \frac{0.05}{60.03} \approx 0.17\%.$$

若已知 A 由函数 $y=f(x)$ 确定：$A=y$，测量 x 的绝对误差是 δ_x，那么测量 y 的绝对误差 δ_y 由以下方法给出：

由于 $\Delta y \approx dy = y'\Delta x$，

$$|\Delta y| \approx |dy| = |y'| \cdot |\Delta x| \leqslant |y'| \cdot \delta_x,$$

所以测量 y 的绝对误差 $\delta_y = |y'| \cdot \delta_x$，

测量 y 的相对误差为 $\dfrac{\delta_y}{|y|} = \left|\dfrac{y'}{y}\right| \cdot \delta_x.$

习 题 5.7

1. 利用微分求近似值：

(1) $\sqrt[3]{998}$；　　　(2) $\arccos 0.4995$；　　　(3) $\cos 61°$；

(4) $e^{-0.03}$；　　　(5) $\sqrt{65}$.

2. 计算当 x 由 $45°$ 变到 $45°30'$ 时，函数 $y=f(x)=\cos x$ 的增量的近似值.

3. 一立方体铁块，棱长为 10 cm，受热后其棱长增加 0.1 cm，求此铁块体积增加的精确值和近似值.

4. 扩音器插头为圆柱形，截面半径为 0.15 cm，长度为 4 cm，为了提高它的导电性能，要在这个圆柱的侧面镀上一层厚为 0.001 cm 的纯铜，问：每个插头约要多少克纯铜？

5. 有一立方形的铁箱，它的边长为 (70 ± 0.1) cm，求出它的体积，并估计绝对误差和相对误差.

§5.8　曲线的曲率

在建筑设计、土木施工和机械制造中，常需要考虑曲线的弯曲程度．这里先对曲线的弯曲程度给出定量的表达式，即曲率的概念，然后给出其计算方法．

一、曲率的概念

看下面两图，图 5-15 中，$AB=AC$，A,B,C 都是切点，而 $\Delta\alpha_2 > \Delta\alpha_1$，显然 AB 弧比 AC 弧弯曲程度大，这表明了当弧长一定时，切线转角越大，曲线弧弯曲程度越大；图 5-16 中，转角 $\Delta\alpha$ 一定，AB 弧长小于 CD 弧长，显然 AB 弧比 CD 弧弯曲程度大，这表明当转角一定时，转过的弧长越长，曲线弧弯曲程度越小．

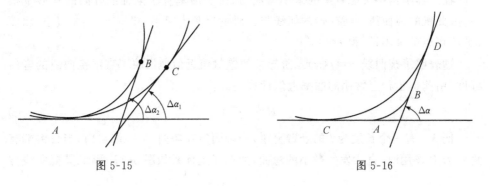

图 5-15　　　　　　　　　　　　图 5-16

综上所述，曲线弧的弯曲程度与切线的转角有关，也与曲线弧的长度有关。我们认为：如果曲线弧的长度不变，那么，弯曲程度与转角成正比；如果曲线弧的转角不变，那么弯曲程度与弧长成反比。因此我们用 $\dfrac{\Delta \alpha}{\Delta s}$ 来表示上述图中弧 AB 的平均弯曲程度。而 A 点的平均弯曲程度则用极限 $\lim\limits_{B \to A}\dfrac{\Delta \alpha}{\Delta s}$ 表示，称为在 A 点的曲率 k。

二、曲率计算公式

曲率
$$k = \left| \frac{y''}{(1+y'^2)^{\frac{3}{2}}} \right|. \qquad ①$$

例1 求半径为 R 的圆的曲率。

解 用定义来计算，因为圆每个点的曲率是一样的，所以平均曲率为在该点的曲率，我们取整圆，对应的弧长为 $2\pi R$，所转过的角为 2π，所以

$$k = \frac{\Delta \alpha}{\Delta s} = \frac{2\pi}{2\pi R} = \frac{1}{R}.$$

也可以用式①来求，曲率也是 $\dfrac{1}{R}$。由此可见，圆的半径越大，曲率越小。直线如果作为一种特殊的圆，曲率为零。

例2 计算双曲线 $xy=1$ 在点 $(1,1)$ 处的曲率。

解 由 $y = \dfrac{1}{x}$，得

$$y' = -\frac{1}{x^2}, \quad y'' = \frac{2}{x^3}.$$

因此
$$y'|_{x=1} = -1, \quad y''|_{x=1} = 2.$$

曲线 $xy=1$ 在点 $(1,1)$ 处的曲率为

$$K = \frac{|y''|}{(1+y'^2)^{3/2}} = \frac{2}{[1+(-1)^2]^{3/2}} = \frac{1}{\sqrt{2}} = \frac{\sqrt{2}}{2}.$$

在工程结构中考虑直梁的微小弯曲时，由于沿垂直于梁轴线方向的变形 y 很小，因此梁的挠曲线 $y=f(x)$ 的切线与 x 轴的夹角也很小，即 $y'=\tan\alpha$ 很小，因而 $(y')^2$ 可以略去不计，得 $k \approx |y''|$。

这表明了挠曲线 $y=f(x)$ 二阶导数的绝对值近似地反映了直梁挠曲线的弯曲程度，由此得工程上常用的曲率近似计算公式：

$$k \approx |y''|. \qquad ②$$

例3 有一个长度为 l 的悬臂直梁，一端固定在墙内，另一端自由，当自由端有集中力 P 作用时，直梁发生微小的弯曲，如选择坐标系如图 5-17 所示，其挠曲线方

程为

$$y = \frac{|\boldsymbol{P}|}{EI}\left(\frac{1}{2}lx^2 - \frac{1}{6}x^3\right),$$

其中 EI 为确定的常数,试求该梁的挠曲线 $x=0, \frac{l}{2}, l$ 处的曲率.

解 $y' = \frac{|\boldsymbol{P}|}{EI}\left(lx - \frac{1}{2}x^2\right), y'' = \frac{|\boldsymbol{P}|}{EI}(l-x).$

由于梁的弯曲变形很小,用式②,得 $k \approx |y''| = \frac{|\boldsymbol{P}|}{EI}|l-x|.$

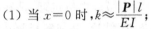

图 5-17

(1) 当 $x=0$ 时,$k \approx \frac{|\boldsymbol{P}|l}{EI}$;

(2) 当 $x=\frac{l}{2}$ 时,$k \approx \frac{|\boldsymbol{P}|l}{2EI}$;

(3) 当 $x=l$ 时,$k \approx 0$.

计算结果表明,当悬臂梁的自由端有集中荷载作用时,越靠近固定端弯曲越厉害,自由端几乎不弯曲,对弯曲厉害的部分,设计与施工时必须注意加强强度.

三、曲率圆与曲率半径

用曲率来描述曲线的弯曲程度,能够给出一个数字特征,k 越大,说明弯曲的程度越大,但是曲率不能给出一个弯曲的直观形象,为此我们引入曲率圆的概念.

考虑到圆在每一点的曲率都是常数 $\frac{1}{R}$,即半径的倒数,因此可以对照圆的弯曲程度来考虑在该点的弯曲程度,所以定义曲线在某点的曲率半径 R 为曲线在该点的曲率 k 的倒数,即

$$R = \frac{1}{k}.$$

曲线上点 M 处的曲率圆圆心定义在曲线在该点的法线上,且处于曲线弧的凹向一侧.

如图 5-18 所示,该圆为 $y=f(x)$ 在 B 点的曲率圆,l 为 $y=f(x)$ 在 B 点的切线,AB 为 $y=f(x)$ 在 B 点的法线,其中 AB(即圆的半径)为 $y=f(x)$ 在 B 点的曲率的倒数.

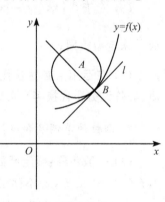

图 5-18

习 题 5.8

1. 计算直线 $y=ax+b$ 上任一点的曲率.
2. 抛物线 $y=ax^2+bx+c$ 上哪一点处的曲率最大?

3. 设工件表面的截线为抛物线 $y=0.4x^2$. 现在要用砂轮磨削其内表面. 问:用多大直径的砂轮才比较合适?

本章知识精粹

本章在介绍微分中值定理的基础上,讨论了导数在求未定型极限、函数的单调性和极值的判定、函数最值的求法、曲线的凹凸性和拐点的判定以及函数图形的描绘等方面的应用.

1. 微分中值定理

罗尔定理、拉格朗日中值定理及柯西中值定理统称为微分中值定理,是利用导数研究函数性态的理论依据. 所以,应当明确它们的条件、结论、几何解释及其内在联系. 从内容看,柯西中值定理中取 $F(x)=x \Rightarrow$ 拉格朗日中值定理,取 $f(a)=f(b) \Rightarrow$ 罗尔定理;从证明看,用罗尔定理可以证明拉格朗日中值定理和柯西中值定理.

2. 未定型极限的计算

洛必达法则是求未定型极限的重要方法,在运用时须注意以下几个问题:

(1) 运用之前先判断所求极限是不是 $\frac{0}{0}\left(\text{或}\frac{\infty}{\infty}\right)$ 未定型;

(2) 只要满足条件,洛必达法则可连续运用(每次运用前注意化简);

(3) 对于 $0 \cdot \infty, \infty-\infty, 0^0, \infty^0, 1^\infty$ 等未定型极限,用适当方法将其变形为 $\frac{0}{0}$ 或 $\frac{\infty}{\infty}$ 未定型极限;

(4) 在运用洛必达法则的过程中,配合运用其他极限运算方法(如无穷小性质、等价无穷小代换等),可以简化运算.

3. 函数的单调性和极值及曲线的凹凸性和拐点的判定

(1) 一般步骤:确定函数 $f(x)$ 的定义域→求出 $f'(x), f''(x)$ →求出使 $f'(x)=0, f''(x)=0$ 及 $f'(x)$ 不存在的点→将定义区间划分为若干子区间,列表讨论 $f'(x)$ 和 $f''(x)$ 在各个子区间内的符号,从而判定 $f(x)$ 在各个子区间内的单调性和凹凸性,进而确定 $f(x)$ 的极值点、极值及拐点.

(2) 极值的第二充分条件并非适用于所有函数. 运用时应首先判断函数是否符合其前提条件.

(3) 判定函数 $y=f(x)$ 的单调性与判定曲线 $y=f(x)$ 的凹凸性在基本思想和步骤上是类似的,不同的是判断的依据,前者是依据 $f'(x)$ 的符号,而后者是依据 $f''(x)$ 的符号.

4. 函数最值的求法

若要求连续函数 $y=f(x)$ 在闭区间 $[a,b]$ 上的最大值和最小值,只要求出 $[a,b]$ 上的全部极值嫌疑点和两个端点处的函数值,然后加以比较,最大的就是最大值,最小的就是最小值.

在实际问题中,若分析得知函数 $y=f(x)$ 确实存在最大值或最小值,而所讨论的区间内仅有一个极值嫌疑点 x_0,则 $f(x)$ 就是所要求的最大值或最小值.

5. 函数图形的描绘

利用导数研究函数性态,进而描绘函数的图形的一般步骤:确定函数的定义域,并考察其奇偶性、周期性→求出 $f'(x),f''(x)$,令 $f'(x)=0,f''(x)=0$,确定所有可能的极值点和拐点→列表讨论函数的单调性、极值及函数图形的凹凸性和拐点→讨论函数图形的水平渐近线和垂直渐近线→根据需要补充函数图形上的若干特殊点(如与坐标轴的交点等)→描图.

第五章习题

1. 填空题:

(1) 函数 $f(x)=x+\dfrac{1}{x}$ 在区间____内是单调减少的;

(2) 函数 $f(x)=\dfrac{1}{3}x^3-x$ 在区间 $(0,2)$ 内的驻点为 $x=$____;

(3) 当 $x=4$ 时,$y=x^2+px+q$ 取得极值,则 $p=$____;

(4) 若 $f(x)$ 在 $[a,b]$ 内恒有 $f'(x)<0$,则 $f(x)$ 在 $[a,b]$ 上的最小值为____;

(5) 曲线 $y=\dfrac{x^3}{2x-1}$ 的渐近线方程是____;

(6) 函数 $y=x^3-3x^2-9x+7$ 的极大值点为____,极小值点为____;

(7) $\lim\limits_{x\to 0}\dfrac{\sin 7x}{\sin 9x}=$____,是____型未定式;

(8) 曲线 $f(x)=x^3-x$ 的拐点是____;

(9) 曲线 $f(x)=\ln x$ 的凸区间是____.

2. 选择题:

(1) 下列函数在指定区间 $(-\infty,+\infty)$ 内单调上升的有( ).

A. $\sin x$ B. x^2 C. e^x D. $3-x$

(2) 下列结论正确的有( ).

A. x_0 是 $f(x)$ 的极值点,且 $f'(x_0)$ 存在,则必有 $f'(x_0)=0$

B. x_0 是 $f(x)$ 的极值点,则 x_0 必是 $f(x)$ 的驻点

C. 若 $f'(x_0)=0$,则 x_0 必是 $f(x)$ 的极值点

D. 使 $f'(x)$ 不存在的点 x_0,一定是 $f(x)$ 的极值点

(3) 设函数 $f(x)$ 满足以下条件：当 $x < x_0$ 时，$f'(x) > 0$；当 $x > x_0$ 时，$f'(x) < 0$，则 x_0 必是函数 $f(x)$ 的（　　）.

A. 驻点　　　　B. 极大值点　　C. 极小值点　　D. 不能确定

(4) 设函数 $f(x)$ 在 $x = x_0$ 处连续，若 x_0 为 $f(x)$ 的极值点，则必有（　　）.

A. $f'(x_0) = 0$　　　　　　　　B. $f'(x_0) \neq 0$

C. $f'(x_0) = 0$ 或 $f'(x_0)$ 不存在　　D. $f'(x_0)$ 不存在

(5) 若 $\lim\limits_{x \to \infty} f(x) = c$，则（　　）.

A. $y = f(x)$ 有水平渐近线 $y = c$　　B. $y = f(x)$ 有垂直渐近线 $x = c$

C. $f(x) = c$　　　　　　　　　　　D. $f(x)$ 为有界函数

(6) 设 $f(x)$ 在 $x = x_0$ 处连续且 $f'(x_0)$ 不存在，则 $y = f(x)$ 在 $(x_0, f(x_0))$ 处（　　）.

A. 没有切线

B. 有一条不垂直于 x 轴的切线

C. 有一条垂直于 x 轴的切线

D. 或者不存在切线或者有一条垂直于 x 轴的切线

(7) 函数 $y = \dfrac{x}{\ln x}$ 的单调增加区间为（　　）.

A. $(0, e)$　　B. $(1, e)$　　C. $(e, +\infty)$　　D. $(0, +\infty)$

(8) 函数 $y = x^3 + 12x + 1$ 在定义域内（　　）.

A. 单调增加　　B. 单调减少　　C. 图形上凹　　D. 图形下凹

(9) 条件 $f''(x_0) = 0$ 是 $f(x)$ 的图形在点 $x = x_0$ 处有拐点的（　　）条件.

A. 必要　　　　　　　　　　B. 充分

C. 充分必要　　　　　　　　D. 以上三项都不是

3. 用洛比达法则求下列极限：

(1) $\lim\limits_{x \to 0} \left(\dfrac{1}{x} - \dfrac{1}{e^x - 1} \right)$;　　(2) $\lim\limits_{x \to 0} \dfrac{x - \arctan x}{x^3}$;

(3) $\lim\limits_{x \to 0} \dfrac{\ln(1 + x^2)}{\ln(1 + x^4)}$;　　(4) $\lim\limits_{x \to 0} \sqrt{x} \ln x$.

4. 试问：a 为何值时，函数 $f(x) = a \sin x + \dfrac{1}{3} \sin 3x$ 在 $x = \dfrac{\pi}{3}$ 处取得极值？它是极大值还是极小值？并求此极值.

5. 求函数 $f(x) = |x - 2| e^x$ 在 $[0, 3]$ 上的最大值和最小值.

6. 设 $y = \dfrac{x^3 + 4}{x^2}$，讨论函数的单调区间、极值、凹凸性和拐点.

7. 要做一个容积为 V 的圆柱形罐头筒，怎样设计才能使所用材料最省？

8. 一个外直径为 10 cm 的球，球壳厚度为 $\dfrac{1}{16}$ cm. 试求球壳体积的近似值.

习题参考答案

习题 5.1

1~3　略.

4. 有三个根,分别在(1,2),(2,3),(3,4)内.
5. 略.

习题 5.2

1. (1) $\frac{1}{2}$；　(2) 2；　(3) $\cos a$；　(4) $-\frac{3}{5}$；　(5) 1；　(6) $\frac{1}{3}$；

   (7) $-\frac{1}{2}$；　(8) 0；　(9) 1；　(10) 1.

2. 1.

3. 0.

习题 5.3

1. (1) 单调增加；　(2) 单调减少.

2. (1) 在区间 $(-\infty,-2),(0,+\infty)$ 内单调增加,

    在区间 $(-2,-1),(-1,0)$ 内单调减少；

   (2) 在区间 $\left(\frac{1}{2},+\infty\right)$ 内单调增加,在区间 $\left(0,\frac{1}{2}\right)$ 内单调减少；

   (3) 在区间 $\left(-\infty,\frac{1}{5}\right),(1,+\infty)$ 内单调增加,在区间 $\left(\frac{1}{5},1\right)$ 内单调减少；

   (4) 在区间 $(-\infty,0),(1,+\infty)$ 内单调增加,在区间 $(0,1)$ 内单调减少.

3. 略.

习题 5.4

1. 略.

2. (1) 极大值为 $f(0)=5$,极小值为 $f(\pm\sqrt{5})=-20$；

   (2) 极大值为 $f(2)=4e^{-2}$,极小值为 $f(0)=0$.

3. $a=-\frac{2}{3},b=-\frac{1}{6}$.

4. (1) 最大值为 $f(\pm 2)=13$,最小值为 $f(\pm 1)=4$；

   (2) 最大值为 $f\left(\frac{\pi}{4}\right)=\sqrt{2}$,最小值为 $f\left(\frac{5\pi}{4}\right)=-\sqrt{2}$.

5. 上底长为半圆的半径 r,高为 $\frac{\sqrt{3}}{2}r$ 时,梯形的面积最大.

6. $\left(\frac{5}{2},\frac{\sqrt{10}}{2}\right),\left(\frac{5}{2},-\frac{\sqrt{10}}{2}\right)$.

7. 长为 32 m,宽为 16 m 时用料最少.

习题 5.5

1. (1) $[1,+\infty)$ 为凹区间,$(-\infty,1]$ 为凸区间,$(1,-1)$ 为拐点；

   (2) $(2,+\infty)$ 为凹区间,$(-\infty,2)$ 为凸区间,$\left(2,\frac{2}{e^2}\right)$ 为拐点；

   (3) $[-1,1]$ 为凹区间,$(-\infty,-1]$ 与 $[1,+\infty)$ 为凸区间,$(-1,\ln 2)$ 与 $(1,\ln 2)$ 为拐点；

   (4) $(-\infty,0)$ 与 $\left(\frac{1}{2},+\infty\right)$ 为凸区间,$\left(0,\frac{1}{2}\right)$ 为凹区间,$(0,0)$ 与 $\left(\frac{1}{2},\frac{1}{16}\right)$ 为拐点.

2. $a=1,b=-3$.

习题 5.6

1. (1) $y=0$ 为水平渐近线，$x=2$ 为垂直渐近线；
   (2) $y=0$ 为水平渐近线，$x=0$ 为垂直渐近线；
   (3) $y=0$ 为水平渐近线，$x=-1$ 为垂直渐近线；
   (4) $y=0$ 为水平渐近线，$x=0$ 为垂直渐近线．

2. 略．

习题 5.7

1. (1) 9.9933； (2) $\dfrac{\pi}{3}+\dfrac{\sqrt{3}}{3000}$； (3) 0.485； (4) 0.97； (5) 8.063．

2. $-\dfrac{\sqrt{2}\pi}{720}$．

3. 体积增加的精确值为：$\Delta V=30.301(\text{cm}^3)$，体积增加的近似值 $\Delta V\approx 30(\text{cm}^3)$．

4. 0.03355(g)．

5. 绝对误差为 1472.101 cm³；相对误差为 0.43%．

习题 5.8

1. 0．

2. $x=-\dfrac{b}{2a}$ 处的曲率最大，对应的点为抛物线的顶点，最大曲率为 $k=|2a|$．

3. 抛物线顶点处的曲率半径为 1.25，所以选用砂轮的半径不得超过 1.25 单位长，即直径不得超过 2.50 单位长．

第五章习题

1. (1) $(-1,0),(0,1)$； (2) 1； (3) -8； (4) $f(b)$； (5) $x=\dfrac{1}{2}$；
   (6) $x=-1,x=3$； (7) $\dfrac{7}{9},\dfrac{0}{0}$； (8) $(0,0)$； (9) $(0,+\infty)$．

2. (1) C； (2) A； (3) B； (4) C； (5) A； (6) D； (7) C； (8) A； (9) D．

3. (1) $\dfrac{1}{2}$； (2) $\dfrac{1}{3}$； (3) ∞； (4) 0．

4. $a=2, f\left(\dfrac{\pi}{3}\right)=\sqrt{3}$ 为极大值．

5. 最大值为 $f(3)=e^3$，最小值为 $f(2)=0$．

6. 单调增区间为 $(-\infty,0),(2,+\infty)$；单调减区间为 $(0,2)$；$x=2$ 为极小值点，极小值为 $y=3$；在 $(-\infty,0)\cup(0,+\infty)$ 内为凹，无拐点．

7. 当高和底直径相等，即 $h=2r=2\cdot\sqrt[3]{\dfrac{V}{2\pi}}$ 时，所用材料最省．

8. 19.63 cm³．

第六章 定积分的应用

前面我们学习了定积分的概念、性质、计算,本章将利用这些知识,解决一些实际问题.主要介绍用定积分解决实际问题的方法——微元法,介绍平面图形的面积计算、旋转体的体积计算以及定积分在物理、经济等方面的应用.

§6.1 定积分在几何中的应用

一、定积分的微元法

我们先回顾一下求曲边梯形面积 A 的方法与步骤:

(1) 分割,将区间 $[a,b]$ 分成 n 个小区间,相应地得到 n 个小曲边梯形,设第 i 个小曲边梯形的面积为 ΔA_i;

(2) 计算 ΔA_i 的近似值

$$\Delta A_i \approx f(\xi_i)\Delta x_i \quad (x_{i-1} < \xi_i < x_i);$$

(3) 求和,得 A 的近似值

$$A \approx \sum_{i=1}^{n} f(\xi_i)\Delta x_i;$$

(4) 取极限,得

$$A = \lim_{\lambda \to 0} \sum_{i=1}^{n} f(\xi_i)\Delta x_i = \int_a^b f(x)\mathrm{d}x.$$

为简便起见,在关键的第(2)步中省略下标 i,用 ΔA 表示 $[a,b]$ 内任一小区间 $[x, x+\mathrm{d}x]$ 上的小曲边梯形的面积(如图 6-1 所示),取 $[x, x+\mathrm{d}x]$ 的左端点为 ξ,那么,以点 x 处的函数值 $f(x)$ 为高、$\mathrm{d}x$ 为底的小矩形面积 $f(x)\mathrm{d}x$ 就是 ΔA 的近似值,即

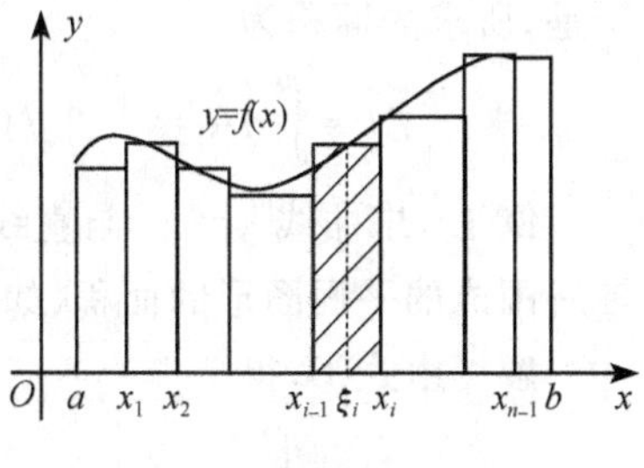

$$\Delta A \approx f(x)\mathrm{d}x,$$

其中 $f(x)\mathrm{d}x$ 称为面积 A 的微元,记作

$$\mathrm{d}A = f(x)\mathrm{d}x.$$

图 6-1

这正好与(4)中定积分 $\int_a^b f(x)\mathrm{d}x$ 的被积表达式 $f(x)\mathrm{d}x$ 相同.由此可见,可以把上述四步简化为两步:

(1) 选取 x 为积分变量,积分区间为 $[a,b]$,在区间 $[a,b]$ 上任取一代表区间 $[x, x+\mathrm{d}x]$. 以 x 处的函数值 $f(x)$ 为高、$\mathrm{d}x$ 为底的小矩形的面积 $f(x)\mathrm{d}x$ 作为

$[x, x+dx]$ 上小曲边梯形面积 ΔA 的近似值,即
$$\Delta A \approx f(x)dx.$$
即得面积 A 的微元(也称面积元素)
$$dA = f(x)dx.$$

(2) 将面积微元在 $[a,b]$ 上积分,得
$$A = \int_a^b f(x)dx.$$

一般地,对于某一个所求量 Q,如果选好了积分变量 x 和积分区间 $[a,b]$,求出 Q 的微元 $dQ = f(x)dx$,便可求得 $Q = \int_a^b f(x)dx$. 这种方法称为**定积分的微元法**.

应用这种方法需注意以下两点:

(1) 所求量 Q 对区间 $[a,b]$ 具有可加性,即 Q 可以分解成每个小区间上部分量的和;

(2) 部分量 ΔQ 与微元 $dQ = f(x)dx$ 相差一个 dx 的高阶无穷小(在实际问题中,所求出来的近似值 $f(x)dx$ 一般都具有这种性质).

二、定积分在几何上的应用

1. 平面图形的面积

设平面图形由连续曲线 $y = f(x)$ 与直线 $x = a, x = b$ 及 x 轴围成,求其面积 $A(a < b)$.

取 $x \in [a,b]$ 为积分变量,任取一子区间 $[x, x+dx]$,相应的部分面积可以用以 $|f(x)|$ 为高,dx 为底的小矩形的面积近似代替,即面积微元为
$$dA = |f(x)|dx.$$
于是,所求的面积为
$$A = \int_a^b dA = \int_a^b |f(x)|dx. \qquad ①$$

例 1 求曲线 $y = x^3$ 与直线 $x = -1, x = 2$ 及 x 轴所围成的平面图形的面积(如图 6-2 所示).

解 由式①,得
$$A = \int_{-1}^2 |x^3|dx$$
$$= \int_{-1}^0 (-x^3)dx + \int_0^2 x^3 dx$$
$$= \frac{17}{4}.$$

例 2 求椭圆 $\dfrac{x^2}{a^2} + \dfrac{y^2}{b^2} = 1$ 的面积.

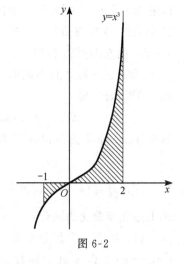

图 6-2

解 画出图形,如图 6-3 所示,由 $\dfrac{x^2}{a^2}+\dfrac{y^2}{b^2}=1$,得

$$y = \pm \dfrac{b}{a}\sqrt{a^2-x^2}.$$

根据椭圆的对称性,得

$$A = 4\int_0^a \dfrac{b}{a}\sqrt{a^2-x^2}\,\mathrm{d}x = \dfrac{4b}{a}\int_0^a \sqrt{a^2-x^2}\,\mathrm{d}x$$

$$\xrightarrow{x=a\sin t} \dfrac{4b}{a}\int_0^{\frac{\pi}{2}} a^2\cos^2 t\,\mathrm{d}t$$

$$= \pi ab.$$

特别当 $a=b=r$ 时,得圆的面积公式:$A=\pi r^2$.

下面讨论由连续曲线 $y=f(x),y=g(x)$ 与直线 $x=a,x=b$ 所围成的平面图形的面积的求法$(a<b)$.

取 $x\in[a,b]$ 为积分变量,任取一子区间 $[x,x+\mathrm{d}x]$,相应的部分面积可以用以 $|f(x)-g(x)|$ 为高、$\mathrm{d}x$ 为底的小矩形的面积近似代替,如图 6-4 所示.即面积微元为

$$\mathrm{d}A = |f(x)-g(x)|\,\mathrm{d}x,$$

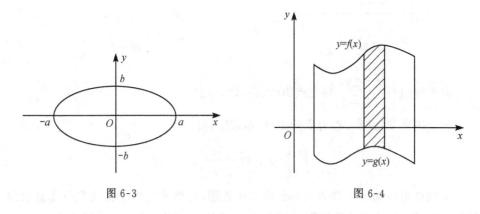

图 6-3   图 6-4

于是

$$A = \int_a^b |f(x)-g(x)|\,\mathrm{d}x. \qquad ②$$

例 3 求由抛物线 $y=x^2$ 及 $y^2=x$ 所围成的平面图形的面积.

解 作出图形(如图 6-5 所示).

解方程组 $\begin{cases} y^2=x, \\ y=x^2, \end{cases}$

得两条抛物线的交点为 $(0,0),(1,1)$.

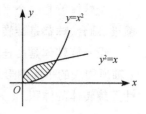

图 6-5

由式②,得
$$A = \int_0^1 (\sqrt{x} - x^2) \mathrm{d}x = \frac{1}{3}.$$

如果用定积分的几何意义可直接得
$$A = \int_0^1 \sqrt{x}\,\mathrm{d}x - \int_0^1 x^2\,\mathrm{d}x.$$

类似地,如图 6-6 所示. 求由连续曲线 $x = \varphi(y), x = \psi(y)$ 与直线 $y = c, y = d(c < d)$ 所围成的平面图形的面积,则选择 y 作为积分变量,得

$$A = \int_c^d | \varphi(y) - \psi(y) |\,\mathrm{d}y \qquad ③$$

例 4 求抛物线 $y^2 = 2x$ 与直线 $y = x - 4$ 所围成的平面图形的面积.

解 作出图形(如图 6-7 所示).

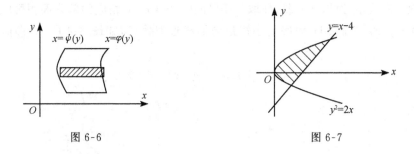

图 6-6　　　　　　　　图 6-7

解方程组 $\begin{cases} y^2 = 2x, \\ y = x - 4, \end{cases}$ 得交点为 $(8, 4), (2, -2)$.

分析图形知选择 y 作为积分变量,由式③,得

$$A = \int_{-2}^4 \left[(y + 4) - \frac{y^2}{2} \right] \mathrm{d}y = 18.$$

大家也可以选择 x 作为积分变量求解此题,但会比选择 y 作为积分变量求解复杂得多. 因此,在求平面图形的面积时,一定注意对积分变量的适当选择.

2. 旋转体的体积

旋转体就是一个平面图形绕着该平面的一条直线旋转一周而成的立体. 圆柱、圆锥、圆台、球都是旋转体.

设一旋转体是由连续曲线 $y = f(x)$ ($f(x) \geq 0$),直线 $x = a, x = b$ ($a < b$)及 x 轴所围成的平面图形绕 x 轴旋转一周而成的立体(如图 6-8 所示). 利用定积分计算旋转体的体积.

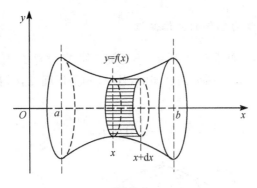

图 6-8

取横坐标 x 为积分变量,它的变化区间为 $[a,b]$,相应于 $[a,b]$ 上的任取一个小区间 $[x,x+\mathrm{d}x]$ 的小曲边梯形绕 x 轴旋转一周而成的薄片的体积,它近似于以 $y=f(x)$ 为底半径,$\mathrm{d}x$ 为高的扁圆柱体的体积. 即体积微元为

$$\mathrm{d}V = \pi [f(x)]^2 \mathrm{d}x.$$

以 $\pi[f(x)]^2\mathrm{d}x$ 为被积表达式,在 $[a,b]$ 上求定积分,便得所求旋转体的体积,即

$$V_x = \pi \int_a^b f^2(x)\mathrm{d}x \qquad ④$$

类似地,还可以得到 $[c,d]$ 上由连续曲线 $x=f^{-1}(y)$ 绕 y 轴旋转而成的体积公式

$$V_y = \pi \int_c^d [f^{-1}(y)]^2 \mathrm{d}y. \qquad ⑤$$

例 5 求椭圆 $\dfrac{x^2}{a^2}+\dfrac{y^2}{b^2}=1$ 绕 x 轴旋转一周而成的旋转体(叫旋转椭球体,如图 6-9 所示)体积.

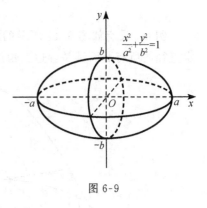

图 6-9

解 由椭圆方程得

$$y^2 = b^2\left(1-\frac{x^2}{a^2}\right).$$

由式④知所求立体的体积为

$$V = \pi \int_{-a}^{a} b^2\left(1-\frac{x^2}{a^2}\right)\mathrm{d}x$$
$$= \frac{4}{3}\pi ab^2.$$

特别地,当 $a=b$ 时,旋转椭球体就变成了半径为 a 的球体,其体积为

$$V = \frac{4}{3}\pi a^3.$$

思考训练 用所学的微积分知识求底面半径为 r,高为 h 的圆锥体的体积. $\left(\text{结论}:V=\dfrac{1}{3}\pi r^2 h\right)$(提示:先要建立合适的坐标系)

3. 平行截面面积为已知的立体体积

如果一个立体 Ω（如图 6-10 所示）不是旋转体，但立体 Ω 上垂直于 x 的各个平行截面的面积 $A(x)(a \leqslant x \leqslant b)$ 是已知的，且 $A(x)$ 是区间 $[a,b]$ 上的连续函数，那么立体 Ω 的体积为

$$V = \int_a^b A(x)\mathrm{d}x \qquad ⑥$$

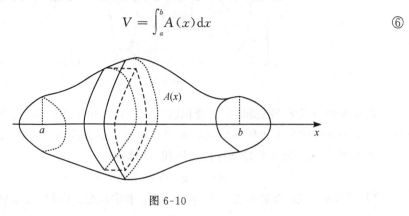

图 6-10

实际上，取 $x \in [a,b]$ 为积分变量，任取一子区间 $[x, x+\mathrm{d}x]$，相应的小薄片的体积近似于底面积为 $A(x)$、高为 $\mathrm{d}x$ 的扁柱体的体积，从而得体积微元

$$\mathrm{d}V = A(x)\mathrm{d}x.$$

所以

$$V = \int_a^b A(x)\mathrm{d}x.$$

例 6 设有如图 6-11 所示的沙堆。它的底面是半径为 R 的圆，垂直于一条固定直径的所有截面都是等边三角形，求该沙堆的体积。

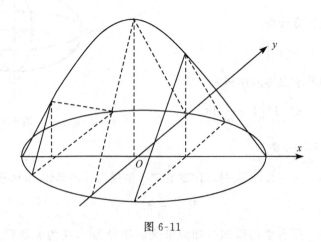

图 6-11

解 底圆的方程为 $x^2 + y^2 = R^2.$

选定 x 为积分变量,则积分区间为 $[-R,R]$,任取一点 $x\in[-R,R]$,依题设知,过点 x 且垂直于 x 轴的截面是一等边三角形,其边长为 $2|y|=2\sqrt{R^2-x^2}$.

故,该截面的面积

$$A(x)=\frac{1}{2}\cdot 2\sqrt{R^2-x^2}\cdot 2\sqrt{R^2-x^2}\sin\frac{\pi}{3}$$

$$=\sqrt{3}(R^2-x^2).$$

由式⑥得:$V=\int_{-R}^{R}A(x)\mathrm{d}x=\frac{4\sqrt{3}}{3}R^3$.

因此,该沙堆的体积为 $\frac{4\sqrt{3}}{3}R^3$ 体积单位.

4. 平面曲线的弧长

生产实践中不仅要计算直线段的长度,有时还需要计算曲线弧的长度.例如,建造鱼腹式钢筋混凝土梁,为了确定钢筋的下料长度,就需要计算出鱼腹部分曲线型钢筋的长度.下面给出曲线弧长的计算公式(推导从略).

利用对弧长的微元法可得平面曲线弧长 s 的计算公式:

(1) 当曲线弧是由直角坐标方程

$$y=f(x)\quad(a\leqslant x\leqslant b)$$

给出,则这段曲线弧的长度为

$$s=\int_a^b\sqrt{1+y'^2}\mathrm{d}x. \qquad ⑦$$

(2) 当曲线弧是由参数方程

$$\begin{cases}x=\varphi(t),\\ y=\psi(t),\end{cases}(\alpha\leqslant t\leqslant\beta)$$

给出,则这段曲线弧的长度为

$$s=\int_\alpha^\beta\sqrt{[\varphi'(t)]^2+[\psi'(t)]^2}\mathrm{d}t. \qquad ⑧$$

注意:为使弧长为正,定限时要使上述式⑦和式⑧中的积分上限大于积分下限.

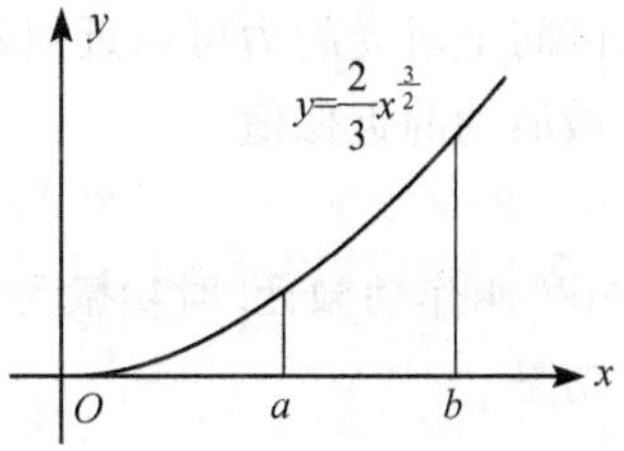

例7 计算曲线 $y=\frac{2}{3}x^{\frac{3}{2}}$ 上相应于 x 从 a 到 b 的一段弧(如图 6-12 所示)的长度.

解 因为

$$y'=x^{\frac{1}{2}},$$

图 6-12

则 $\quad s=\int_a^b\sqrt{1+y'^2}\mathrm{d}x=\int_a^b\sqrt{1+x}\mathrm{d}x=\frac{2}{3}[(1+b)^{\frac{3}{2}}-(1+a)^{\frac{3}{2}}].$

习 题 6.1

1. 求下列各曲线所围成的图形的面积：
(1) $y=1-x^2, y=0$；
(2) $y=x^3, y=x$；
(3) $y=\ln x, y=\ln 2, y=\ln 7, x=0$；
(4) $y^2=2x, x-y=4$.

2. 求下列曲线所围成的图形绕指定轴旋转所得的旋转体的体积：
(1) $2x-y+4=0, x=0, y=0$，绕 x 轴；
(2) $y=x^2-4, y=0$，绕 x 轴；
(3) $y^2=x, x^2=y$，绕 y 轴.

3. 求曲线 $y=\ln x$ 上对应于 $\sqrt{3} \leqslant x \leqslant \sqrt{8}$ 的一段弧的弧长.

§6.2 定积分在物理和经济中的应用

一、变力沿直线所做的功

由物理学知道，物体在常力 F 的作用下沿力的方向做直线运动，当物体移动一段距离 S 时，力 F 所做的功为

$$W = F \cdot S.$$

但在实际问题中，常常会遇到变力做功的问题.

如图 6-13 所示，设物体受到一个水平方向的力 F 的作用而沿水平方向做直线运动，已知在 x 轴上的不同点处，力 F 的大小不同，即 F 是 x 的函数，记为 $F=F(x)$. 当物体在这个力 F 的作用下，由点 a 移到点 b 时，求变力 F 所做的功.

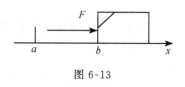

图 6-13

下面我们仍然采用微元法来研究.

在区间 $[a,b]$ 上任取一个小区间 $[x, x+\mathrm{d}x]$，由于 $\mathrm{d}x$ 很小，于是物体在这一小区间上所受的力可以近似地看成一个常力，从而得到物体从点 x 移到点 $x+\mathrm{d}x$ 所做的功的近似值

$$\mathrm{d}W = F(x)\mathrm{d}x.$$

$\mathrm{d}W$ 叫作**功微元**. 对功微元在区间 $[a,b]$ 上求定积分，便得到力 F 在 $[a,b]$ 上所做的功是

$$W = \int_a^b F(x)\mathrm{d}x.$$

例1 一圆台蓄水池高 5 m，上底圆与下底圆的直径分别为 6 m 和 4 m. 问：将池内盛满的水抽出需要做多少功？

解 这也是一个克服重力做功的问题. 因为抽出不同深度的水, 其位移距离是不同的, 所以, 我们也需要用定积分来计算. 选取坐标系如图 6-14 所示.

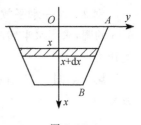

图 6-14

取积分变量为 $x \in [0,5]$, 任取一子区间 $[x, x+\mathrm{d}x]$. 因为直线 AB 的方程为 $y = 3 - \dfrac{x}{5}$, 水的密度为 $\rho = 1\,000\ \mathrm{kg/m^3}$, 则相应的薄水层的重量的近似值为

$$P = 9.8\rho \cdot \pi y^2 \mathrm{d}x = 9.8 \times 1\,000\pi \left(3 - \dfrac{x}{5}\right)^2 \mathrm{d}x,$$

这层水抽出池外的位移为 x, 则功的微元为

$$\mathrm{d}W = 9.8 \times 1\,000\pi x \left(3 - \dfrac{x}{5}\right)^2 \mathrm{d}x.$$

于是 $W = \displaystyle\int_0^5 \mathrm{d}W \approx 2\,116\,648 (\mathrm{J})$.

二、液体的压力

由物理学知道, 一水平放置在液体中的薄片, 若其面积为 A, 距离液体表面的深度为 h, 则该薄片一侧所受的压力 P 等于以 A 为底、h 为高的液体柱的重量, 即

$$P = \gamma g A h,$$

式中, γ 为液体的密度(单位: $\mathrm{kg/m^3}$).

但在实际问题中, 常常要计算液体中与液面垂直的薄片的一侧所受的压力. 由于薄片上每个位置距离液体表面的深度不一样, 因此不能简单地利用上述公式进行计算.

如图 6-15 所示, 有一块形状似曲边梯形(曲线方程为 $y = f(x)$)的平面薄片, 铅直地放置在液体中(液体的密度为 γ), 最上端的一边平行于液面并与液面的距离为 a, 最下端的一边平行于液面并与液面的距离为 b, 怎样求该薄片一侧所受的压力呢?

下面利用定积分来解决这个问题.

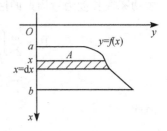

图 6-15

建立直角坐标系, 如图 6-15 所示, 在区间 $[a, b]$ 上任取一小区间 $[x, x+\mathrm{d}x]$, 由于 $\mathrm{d}x$ 很小, 一方面, 其对应的小条块可近似地看作一个以 $f(x)$ 为长、以 $\mathrm{d}x$ 为宽的小矩形, 其面积为 $f(x)\mathrm{d}x$; 另一方面, 小条块距液面的深度近似地看作不变, 都等于 x, 因此小条块上受到的压力近似地等于 $9.8 \cdot \gamma \cdot f(x)\mathrm{d}x \cdot x$, 即压力微元.

所以, 曲边梯形上所受的侧压力为

$$P = \int_a^b 9.8\gamma x f(x) \mathrm{d}x.$$

例 2 设一水平放置的水管,其断面是直径为 6 m 的圆,求当水半满,水管一端的竖立闸门上所受的压力。

解 如图 6-16 所示,建立直角坐标系,则圆的方程为
$$x^2 + y^2 = 9.$$

取 x 为积分变量,积分区间为 $[0,3]$,于是竖立闸门上所受的压力为

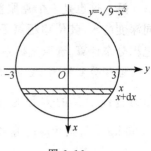

图 6-16

$$P = 2\int_0^3 9.8 \times 10^3 x \sqrt{9-x^2}\,\mathrm{d}x = 176\,400.$$

三、平均值

若函数 $y = f(x)$ 在闭区间 $[a,b]$ 上连续,则称 $\dfrac{1}{b-a}\int_a^b f(x)\mathrm{d}x$ 为函数 $y = f(x)$ 在 $[a,b]$ 上的平均值,记作 $\bar{y}$,即

$$\bar{y} = \frac{1}{b-a}\int_a^b f(x)\mathrm{d}x.$$

例 3 求纯电阻电路中正弦交流电 $i = I_m \sin \omega t$ 在一个周期上功率的平均值(简称平均功率).

解 设电阻为 R,则电路中电压为
$$V = iR = I_m R \sin \omega t,$$
而功率
$$P = Vi = I_m^2 R \sin^2 \omega t,$$
故功率在长度为一周期的区间 $\left[0, \dfrac{2\pi}{\omega}\right]$ 上的平均值为

$$\bar{P} = \frac{\omega}{2\pi}\int_0^{\frac{2\pi}{\omega}} I_m^2 R \sin^2 \omega t\,\mathrm{d}t = \frac{I_m^2 R}{2\pi}\int_0^{\frac{2\pi}{\omega}} \sin^2 \omega t\,\mathrm{d}(\omega t)$$
$$= \frac{1}{2}I_m^2 R.$$

因此
$$\bar{P} = \frac{I_m V_m}{2}\quad (V_m = I_m R).$$

即纯电阻电路中正弦交流电的平均功率等于电流、电压的峰值乘积的二分之一. 通常交流电器上标明的功率就是指平均功率.

通常,将 $\sqrt{\dfrac{1}{b-a}\int_a^b f^2(x)\mathrm{d}x}$ 叫作函数 $f(x)$ 在 $[a,b]$ 上的均方根.

日常使用的电器上标明的电流值,实际上是一种特定的平均值,习惯上称为有效值.

对周期性非恒定电流 i 的有效值的定义是:当 $i(t)$ 在它的一个周期内在负载 R

上消耗的平均功率,等于取固定值 I 的恒定电流在 R 上消耗的功率时,称这个 I 值为 $i(t)$ 的有效值.

电流 $i(t)$ 在 R 上消耗的功率为 $u(t)i(t)=Ri^2(t)$,它在 $[0,T]$ 上的平均值为

$$\frac{1}{T}\int_0^T Ri^2(t)\mathrm{d}t.$$

而取固定值 I 的恒定电流在电阻 R 上消耗的功率为 I^2R,所以

$$I^2R = \frac{1}{T}\int_0^T Ri^2(t)\mathrm{d}t,$$

即

$$I^2 = \frac{1}{T}\int_0^T i^2(t)\mathrm{d}t,$$

于是

$$I = \sqrt{\frac{1}{T}\int_0^T i^2(t)\mathrm{d}t}.$$

当 $i(t)=I_m\sin\omega t$ 时,有效值

$$I = \sqrt{\frac{\omega}{2\pi}\int_0^{\frac{2\pi}{\omega}} I_m^2\sin^2\omega t\,\mathrm{d}t} = \frac{I_m}{\sqrt{2}},$$

这就是说,正弦交流电的有效值等于它的峰值的 $\frac{1}{\sqrt{2}}$.

显然,周期性交流电 $i(t)$ 的有效值是它在一个周期上的均方根.

四、定积分在经济上的应用

利用定积分可以解决由边际函数求总函数的改变量和其他一些经济分析的问题.

例 4 某产品边际成本为 $C'(x)=10+0.02x$,边际收益为 $R'(x)=15-0.01x$ (C 和 R 的单位均为万元,产量 x 的单位为百台),试求产量由 15 增加到 18 单位的总利润.

解 利润函数 $L(x)=$ 收益函数 $R(x)-$ 成本函数 $C(x)$.

当产量由 15 增加到 18 时的总成本为

$$C = \int_{15}^{18}(10+0.02x)\mathrm{d}x = 30.99(\text{万元}).$$

这时,总收益为

$$R = \int_{15}^{18}(15-0.01x)\mathrm{d}x = 44.505(\text{万元}).$$

因此,总利润为

$$L = R - C = 44.505 - 30.99 = 13.515(\text{万元}).$$

例 5 某企业生产的产品的需求量 Q 与产品价格 P 的关系为 $Q=Q(P)$. 若已知需求量对价格的边际需求函数为 $f(P)=-3000P^{-2.5}+36P^{0.2}$(单位:元),试求产品价格由 1.2 元浮动到 1.5 元时,对市场的需求量的影响.

解 已知 $Q'(P)=f(P)$，即
$$dQ = f(P)dP,$$
所以，价格由 1.20 元浮动到 1.50 元时，总需求量为
$$\begin{aligned}Q &= \int_{1.2}^{1.5} f(P)dP = \int_{1.2}^{1.5}(-3\,000P^{-2.5}+36P^{0.2})dP \\ &= [2\,000P^{-1.5}+36P^{1.2}]_{1.2}^{1.5} \\ &\approx 1\,137.5 - 1\,558.8 \\ &= -421.3(单位).\end{aligned}$$
即当价格由 1.2 元浮动到 1.5 元时，该产品的市场需求量减少了 421.3 单位.

习 题 6.2

1. 弹簧原长 0.30 m，每压缩 0.01 m 需用力 2 N，求把弹簧从 0.25 m 压缩到 0.20 m 所做的功.
2. 求下列函数在指定区域上的平均值：
   (1) $y=\sin x, x\in[1,3]$；
   (2) $y=3t^2+t-1, x\in[1,3]$.
3. 某产品在时刻 t 的总产量的变化率为 $f(t)=100+12t-0.6t^2$（单位：小时），求从 $t=2$ 到 $t=4$ 这两小时内的总产量.

本章知识精粹

本章从定积分的定义和实际背景出发，归纳得出具有较强实用性的微元法，并应用微元法讨论了定积分在几何、物理、经济等方面的一些简单应用.

1. 微元法

通过简化定积分定义中的区间分割、求和、求极限，突出累积量的微量近似，得出微元法. 即在区间 $[a,b]$ 内任取一子区间 $[x,x+dx]$，求出累积总量 A 的微元 $dA=f(x)dx$，然后在 $[a,b]$ 上积分就得到累积总量 $A=\int_a^b f(x)dx$.

运用微元法解决实际问题时，关键是求出微元.

2. 定积分在几何中的简单应用

(1) 平面图形面积的计算. 由连续曲线 $y=f(x)$ 与直线 $x=a, x=b$ 及 x 轴所围成的面积 $A=\int_a^b dA=\int_a^b |f(x)|dx$；由连续曲线 $y=f(x), y=g(x)$ 与直线 $x=a, x=b(a<b)$ 所围成的平面图形的面积 $A=\int_a^b |f(x)-g(x)|dx$；由连续曲线 $x=\varphi(y), x=\psi(y)$ 与直线 $y=c, y=d(c<d)$ 所围成的平面图形的面积

$A = \int_c^d |\varphi(y) - \psi(y)| \, dy$. 在运用中注意选择适当的积分变量.

(2) 旋转体体积的计算. 由曲线 $y=f(x)$ 与直线 $x=a, x=b(a<b)$ 及 x 轴所围成的曲边梯形绕 x 轴旋转而成的旋转体的体积为 $V_x = \pi \int_a^b f^2(x) \, dx$. 由曲线 $x = f^{-1}(y)$ 与直线 $y=c, y=d(c<d)$ 及 y 轴所围成的曲边梯形绕 y 轴旋转而成的旋转体的体积为 $V_y = \pi \int_c^d [f^{-1}(y)]^2 \, dy$.

3. 定积分在物理、经济中的简单应用

通过实例,介绍了运用微元法求解变力做功、液体压力、平均值以及由边际函数求总函数的改变量等经济问题的方法.

第六章习题

1. 选择题：

(1) 设 $f(x)$ 在 $[a,b]$ 上连续,则 $f(x)$ 与 $x=a, x=b, y=0$ 围成的图形的面积是(　　).

A. $\int_a^b f(x) \, dx$　　B. $\int_a^b |f(x)| \, dx$　　C. $\left|\int_a^b f(x) \, dx\right|$　　D. $f(\xi)(b-a)$

(2) 由两曲线 $x=f(y), x=g(y)$ 及直线 $y=a, y=b, (a<b)$ 所围成的平面图形的面积为(　　).

A. $\int_a^b |f(y) - g(y)| \, dy$　　　　B. $\int_a^b [f(y) - g(y)] \, dy$

C. $\int_a^b [g(y) - f(y)] \, dy$　　　　D. $\left|\int_a^b [f(y) - g(y)] \, dy\right|$

(3) 由两曲线 $y=f(x), y=g(x)$ 及直线 $x=a, x=b, (a<b)$ 所围成的平面图形的面积为(　　).

A. $\int_a^b |f(x) - g(x)| \, dx$　　　　B. $\int_a^b [f(x) - g(x)] \, dx$

C. $\int_a^b [g(x) - f(x)] \, dx$　　　　D. $\left|\int_a^b [f(x) - g(x)] \, dx\right|$

(4) 若变力为 $f(x)$,则从 $x=a$ 到 $x=b$ 变力所做的功为(　　).

A. $\int_a^b x f(x) \, dx$　　B. $\int_a^b f(x) \, dx$　　C. $\int_a^b \rho x f(x) \, dx$　　D. $\int_a^b \rho f(x) \, dx$

(5) 由曲线 $y=\cos x, y=0, x=-\frac{\pi}{2}, x=\pi$ 围成的面积可表示为(　　).

A. $\int_{-\frac{\pi}{2}}^{\pi} \cos x \, dx$　　　　B. $2 \int_0^{\frac{\pi}{2}} \cos x \, dx - \int_{\frac{\pi}{2}}^{\pi} \cos x \, dx$

C. $2 \int_0^{\frac{\pi}{2}} \cos x \, dx + \int_{\frac{\pi}{2}}^{\pi} \cos x \, dx$　　D. $\left|\int_{-\frac{\pi}{2}}^{\pi} \cos x \, dx\right|$

2. 求下列各曲线所围成的图形的面积：

(1) 曲线 $y = 9 - x^2, y = x^2$,直线 $x=0, x=1$;

(2) 抛物线 $y=\frac{1}{4}x^2$,直线 $3x-2y-4=0$;

(3) 曲线 $y=x^3$,y 轴,直线 $y=8$;

(4) 抛物线 $5x^2=32y$,直线 $16y-5x=20$.

3. 求下列曲线所围成的图形绕指定轴旋转所得的旋转体的体积:

(1) 在第一象限中,$xy=9$ 与 $x+y=10$ 之间的平面图形,绕 y 轴;

(2) 在抛物线 $y^2=4x$ 与 $y^2=8x-4$ 之间的平面图形,绕 x 轴;

(3) 在 $y=e^x$ 与 x 轴之间从 $x=0$ 到 $x=1$ 的平面图形,绕 y 轴;

(4) 在双曲线 $16x^2-9y^2=144$ 与直线 $x=6$ 之间的平面图形,绕 y 轴.

4. 半径为 2 m 的圆柱形水池充满了水,现在要将水从池中汲出,使水面降低 5 m,问:需做多少功?

习题参考答案

习题 6.1

1. (1) $\frac{4}{3}$; (2) $\frac{1}{2}$; (3) 5; (4) 18.

2. (1) $\frac{32}{3}\pi$; (2) $\frac{512}{15}\pi$; (3) $\frac{3}{10}\pi$.

3. $1+\frac{1}{2}\ln\frac{3}{2}$.

习题 6.2

1. 0.75(J).

2. (1) 0.765 1; (2) 14.

3. 260.8.

第六章习题

1. (1) B; (2) A; (3) A; (4) B; (5) B.

2. (1) $\frac{25}{3}$; (2) $\frac{1}{3}$; (3) 12; (4) $\frac{45}{8}$.

3. (1) $\frac{512}{3}\pi$; (2) π; (3) 2π; (4) $144\sqrt{3}\pi$.

4. 490 000 J.

第七章 常微分方程

在很多实际问题中,常常需要寻求与问题有关的变量之间的函数关系,这些函数关系有时不能直接找到,但是根据问题所提供的条件,可以列出要找的函数及其导数的等式,这样的等式就是微分方程.本章主要介绍微分方程的基本概念以及可分离变量的微分方程、齐次微分方程、一阶线性微分方程、可降阶的高阶微分方程、二阶常系数齐次线性微分方程和二阶常系数非齐次线性微分方程等常用的、简单的微分方程的解法.

§7.1 微分方程的概念

一、引例

例 如果一曲线上任意一点处的切线斜率等于这个点横坐标的两倍,且该曲线通过点(1,5),求该曲线方程.

分析:第一步,确定自变量与未知函数. 此问题是在直角坐标系中求曲线方程,故可设自变量为 x,未知函数(曲线方程)为 $y=f(x)$;

第二步,利用已学的有关知识,建立自变量、未知函数之间直接或间接(如未知函数的导数或微分)的关系式. 设 $M(x,y)$ 为曲线 $y=f(x)$ 上的任意一点,运用导数的几何意义(曲线 $y=f(x)$ 在点 $M(x,y)$ 处的切线斜率为 y'),就可得关系式
$$y' = 2x;$$
第三步,对上式两端积分,得
$$y = \int 2x \mathrm{d}x,$$
即
$$y = x^2 + C \quad (C \text{ 为任意常数}).$$
第四步,根据问题中给定的其他条件,确定上式中的任意常数 C. 由曲线通过定点(1,5),即 $y|_{x=1}=5$,有 $5=1+C$,从而确定 $C=4$. 所以,所求曲线方程为
$$y = x^2 + 4.$$
上例就是一个建立微分方程并求解微分方程的问题.下面给出微分方程的有关概念.

二、微分方程的概念

定义 含有未知函数的导数或微分的等式,称为**微分方程**. 这里必须指出,在

微分方程中,自变量及未知函数可以不出现,但未知函数的导数(或微分)必须出现.

例如,上例中的 $y'=2x$ 就是微分方程.

未知函数是一元函数的微分方程,称为**常微分方程**;未知函数是多元函数的微分方程,称为**偏微分方程**. 本书只研究常微分方程,简称为微分方程.

微分方程中未知函数导数的最高阶数,称为该**微分方程的阶**.

例如,$y'=2x$ 是一阶微分方程,$y^{(4)}-4xy^2=\sin x$ 是四阶微分方程.

如果函数 $y=f(x)$ 满足一个微分方程,则称此函数是该微分方程的**解**. 上例中,函数 $y=x^2+C$ 和 $y=x^2+4$ 都是微分方程 $\dfrac{\mathrm{d}y}{\mathrm{d}x}=2x$ 的解.

如果微分方程的解中含有任意常数,且独立的任意常数的个数与微分方程的阶数相同,则称这样的解为微分方程的**通解**. 上例中,函数 $y=x^2+C$ 是 $\dfrac{\mathrm{d}y}{\mathrm{d}x}=2x$ 的通解.

确定了微分方程通解中任意常数值的解称为微分方程的**特解**. 上例中,函数 $y=x^2+4$ 是 $\dfrac{\mathrm{d}y}{\mathrm{d}x}=2x$ 的特解.

用来确定微分方程通解中任意常数的条件,称为**初始条件**(也称**定解条件**). 上例中 $y=x^2+4$ 是 $y'=2x$ 满足初始条件 $y|_{x=1}=5$ 的特解.

由微分方程寻找它的解的过程叫作**解微分方程**.

例 1 解微分方程 $y''=6x+4$.

解 对方程两边积分,得
$$\int y''\mathrm{d}x = \int(6x+4)\mathrm{d}x.$$
即
$$y' = 3x^2+4x+C_1.$$
对上式两边再积分,得
$$y = x^3+2x^2+C_1x+C_2.$$
所以,所求微分方程的通解为
$$y = x^3+2x^2+C_1x+C_2.$$

例 2 求微分方程 $\mathrm{d}y=(x+\cos x)\mathrm{d}x$ 满足初始条件 $y|_{x=0}=-3$ 的特解.

解 对方程两端积分,得
$$\int \mathrm{d}y = \int(x+\cos x)\mathrm{d}x.$$
即
$$y = \frac{1}{2}x^2+\sin x+C.$$

将初始条件 $y|_{x=0}=-3$ 代入上述通解中,得 $C=-3$. 因此,满足初始条件的特解为

$$y = \frac{1}{2}x^2 + \sin x - 3.$$

习 题 7.1

1. 下列方程中,哪些是微分方程? 哪些不是微分方程?

(1) $y''-8y'+3xy=0$; (2) $(y')^2+2y-\sin x=0$;

(3) $y^2-8y+3x=0$;   (4) $x\mathrm{d}y+3y\mathrm{d}x=0$;

(5) $\dfrac{\mathrm{d}^2 x}{\mathrm{d}t^2}=x\sin t$.

2. 指出下列各微分方程的阶数:

(1) $y''-y'+3y=0$; (2) $(y')^2+2y'-\sin x=0$;

(3) $L\dfrac{\mathrm{d}^2 Q}{\mathrm{d}t^2}+R\dfrac{\mathrm{d}Q}{\mathrm{d}t}+\dfrac{Q}{C}=0$; (4) $(x^2-y^2)\mathrm{d}y+(x^2+y^2)\mathrm{d}x=0$.

3. 解下列微分方程:

(1) $\dfrac{\mathrm{d}y}{\mathrm{d}x}=\dfrac{1}{x}$; (2) $y''=\sin x$;

(3) $\dfrac{\mathrm{d}^2 y}{\mathrm{d}t^2}=t+\cos t$.

4. 验证下列函数是否为所给微分方程的解:

(1) $y=C_1 e^{kx}+C_2 e^{-kx}$, $y''-k^2 y=0$;

(2) $y=3\sin x-4\cos x$, $y''+y=0$.

§7.2 一阶微分方程

一、可分离变量的微分方程

定义 形如

$$\frac{\mathrm{d}y}{\mathrm{d}x} = f(x)g(y) \qquad ①$$

的微分方程,称为可分离变量的微分方程.

此类微分方程的特点是

$$\frac{\mathrm{d}y}{\mathrm{d}x} = f(x)g(y)$$

可化成

$$\frac{\mathrm{d}y}{g(y)} = f(x)\mathrm{d}x \quad (g(y) \neq 0)$$

的形式,两个变量 x 和 y 是分离的,它们分别各自处在方程的左右两端,即变量分

离. 所以,称方程①为可分离变量的微分方程.

一般地,求解可分离变量的微分方程$\dfrac{\mathrm{d}y}{\mathrm{d}x}=f(x)g(y)$的步骤如下.

第一步,分离变量,得

$$\frac{\mathrm{d}y}{g(y)}=f(x)\mathrm{d}x \quad (g(y)\neq 0).$$

第二步,对两边同时积分(如果可积),得

$$\int\frac{\mathrm{d}y}{g(y)}=\int f(x)\mathrm{d}x.$$

第三步,求出积分. 若$\dfrac{1}{g(y)}$和$f(x)$的原函数都存在且分别为$G(y)$和$F(x)$,则方程①的通解为

$$G(y)=F(x)+C \quad (C\text{是任意常数}).$$

注意:若有实数y_0使得$g(y_0)=0$,则$y=y_0$也是方程①的解,此解可能不包含在通解中.

例1 求解微分方程$\dfrac{\mathrm{d}y}{\mathrm{d}x}=2\sqrt{y}$.

解 这是可分离变量的微分方程,分离变量得

$$\frac{\mathrm{d}y}{2\sqrt{y}}=\mathrm{d}x \quad (y\neq 0),$$

两边积分,得

$$\sqrt{y}=x+C,$$

方程的通解为

$$y=(x+C)^2.$$

另外,$y=0$也是方程$\dfrac{\mathrm{d}y}{\mathrm{d}x}=2\sqrt{y}$的解.

显然,无论C取怎样的常数,解$y=0$均不能由通解表达式$y=(x+C)^2$得出,称这样的解为奇解.

注意:在求解微分方程的过程中,求出通解以后该方程可能还存在奇解.

例2 求微分方程$y^2\mathrm{d}x+(1+x^2)\mathrm{d}y=0$满足初始条件$y|_{x=0}=1$的特解.

解 原方程可化为

$$(1+x^2)\mathrm{d}y=-y^2\mathrm{d}x.$$

分离变量,得

$$-\frac{\mathrm{d}y}{y^2}=\frac{\mathrm{d}x}{1+x^2},$$

两边积分,得

$$\int \frac{\mathrm{d}y}{y^2} = -\int \frac{\mathrm{d}x}{1+x^2},$$

$$\frac{1}{y} = \arctan x + C.$$

把初始条件 $y|_{x=0}=1$ 代入上式,求得 $C=1$. 所以,所求微分方程满足初始条件 $y|_{x=0}=1$ 的特解为

$$y = \frac{1}{\arctan x + 1}.$$

例 3 求微分方程 $y'=2xy$ 的通解.

解 分离变量得
$$\frac{\mathrm{d}y}{y} = 2x\mathrm{d}x,$$

两边积分得
$$\ln|y| = x^2 + C_1,$$

即
$$y = \pm \mathrm{e}^{C_1}\mathrm{e}^{x^2}.$$

记 $C=\pm \mathrm{e}^{C_1}$,则 $y=C\mathrm{e}^{x^2}$ 即为微分方程 $y'=2xy$ 的通解.

二、齐次方程

形如
$$y' = f\left(\frac{y}{x}\right) \qquad ②$$

的微分方程叫作齐次方程. 例如,$\frac{\mathrm{d}y}{\mathrm{d}x}=\mathrm{e}^{\frac{y}{x}}+\frac{y}{x}$ 就是一个齐次方程.

对于齐次方程,一个很自然的想法是:把 $\frac{y}{x}$ 看作一个整体,以简化方程右端的函数式. 为此,作简单变量代换 $u=\frac{y}{x}$, 即 $y=xu$, 则

$$y' = u + x\frac{\mathrm{d}u}{\mathrm{d}x}.$$

代入方程②,得
$$x\frac{\mathrm{d}u}{\mathrm{d}x} + u = f(u),$$

从而
$$x\frac{\mathrm{d}u}{\mathrm{d}x} = f(u) - u.$$

这是一个可分离变量的微分方程. 假设 $f(u)-u \neq 0$,分离变量得

$$\frac{\mathrm{d}u}{f(u)-u} = \frac{\mathrm{d}x}{x}.$$

两边积分即可得解,再用 $\frac{y}{x}$ 代替 u,便得方程②的通解.

例4 求解微分方程 $xy\dfrac{dy}{dx}=x^2+y^2$.

解 原方程可化为 $\dfrac{dy}{dx}=\dfrac{x}{y}+\dfrac{y}{x}$,这是一个齐次方程. 作变量代换 $u=\dfrac{y}{x}$,即 $y=xu$,代入原方程得

$$x\dfrac{du}{dx}+u=\dfrac{1}{u}+u,\text{即} x\dfrac{du}{dx}=\dfrac{1}{u}.$$

分离变量并积分得

$$u^2=2\ln|x|+2C \quad (C\text{为任意常数}).$$

再用 $\dfrac{y}{x}$ 代替 u,便得原方程的通解:

$$y^2=2x^2\ln|x|+2Cx^2 \quad (C\text{为任意常数}).$$

三、一阶线性微分方程

形如

$$\dfrac{dy}{dx}+P(x)y=Q(x) \qquad ③$$

的微分方程称为一阶线性微分方程,其中 $P(x),Q(x)$ 都是自变量为 x 的函数,$Q(x)$ 叫作自由项. 所谓"自由项",指的是不含未知函数及其导数(微分)的项;所谓"线性",指的是方程③中的未知函数 y 及其导数 y' 都是一次式.

(1) 若 $Q(x)\equiv 0$,方程③变为

$$\dfrac{dy}{dx}+P(x)y=0, \qquad ④$$

称方程④为一阶齐次线性微分方程.

方程④是可分离变量的微分方程,分离变量,得

$$\dfrac{dy}{y}=-P(x)dx,$$

积分得

$$\ln|y|=-\int P(x)dx+C_1.$$

即

$$y=Ce^{-\int P(x)dx} \quad (C=\pm e^{C_1}). \qquad ⑤$$

方程⑤即为一阶齐次线性微分方程④的通解.

(2) 若 $Q(x)\neq 0$,方程③称为一阶非齐次线性微分方程,现在我们用常数变易法来求其通解. 这种方法是把方程⑤中的常数 C 换成 $C(x)$ 后代入方程③求出 $C(x)$. 得到方程③的通解为

$$y=Ce^{-\int P(x)dx}+e^{-\int P(x)dx}\int Q(x)e^{\int P(x)dx}dx \qquad ⑥$$

上式右端第一项是对应的齐次线性方程④的通解,第二项是非齐次线性方程③的通解中 $C=0$ 时的特解.由此可知,一阶非齐次线性方程的通解等于对应的齐次线性方程的通解与它本身的一个特解之和.

例 5 求微分方程 $y'+2xy=x$ 的通解.

解法 1 该方程为一阶非齐次线性微分方程,可用公式法求解.

因为 $P(x)=2x, Q(x)=x$,所以由方程⑥得非齐次线性微分方程的通解为

$$y = Ce^{-\int 2x dx} + e^{-\int 2x dx}\int x e^{\int 2x dx} dx = Ce^{-x^2} + e^{-x^2}\int x e^{x^2} dx$$

$$= Ce^{-x^2} + \frac{1}{2}e^{-x^2}\int e^{x^2} d(x^2) = Ce^{-x^2} + \frac{1}{2}e^{-x^2}e^{x^2} = Ce^{-x^2} + \frac{1}{2}.$$

解法 2 对应的齐次方程为 $\dfrac{dy}{dx}+2xy=0$.

这是可分离变量的微分方程,得其通解为 $y=Ce^{-x^2}$.

用常数变易法把 C 换成 $C(x)$,即 $y=C(x)e^{-x^2}$,

代入原方程得　　$C'(x)e^{-x^2}+C(x)e^{-x^2}(-2x)+2xC(x)e^{-x^2}=x$,

$$C'(x)=xe^{x^2}.$$

积分得
$$C(x)=\frac{1}{2}e^{x^2}+C.$$

得所给方程的通解为 $y=Ce^{-x^2}+\dfrac{1}{2}$.

习　题　7.2

1. 求下列微分方程的通解:

(1) $\dfrac{dy}{dx}=2xy^2$;　　　　　　　(2) $x(1+y^2)dx-y(1+x^2)dy=0$;

(3) $y\ln x dx + x\ln y dy = 0$;　　(4) $x\dfrac{dy}{dx}-y\ln y=0$;

(5) $(1+y)dx-(1-x)dy=0$;　　(6) $\dfrac{dy}{dx}=\dfrac{\sqrt{1-y^2}}{\sqrt{1-x^2}}$;

(7) $\dfrac{dy}{dx}=\dfrac{y}{y-x}$;　　　　　　(8) $(x^2+y^2)dx-xydy=0$;

(9) $y+\dfrac{dy}{dx}=e^{-x}$;　　　　　(10) $(y^2+1)\dfrac{dy}{dx}+x^3=0$.

2. 求下列微分方程满足初始条件的特解:

(1) $\dfrac{dy}{dx}=e^{2x-y}, y|_{x=0}=0$;　　(2) $y'-\dfrac{1}{x}y=1, y|_{x=1}=0$;

(3) $y'-4y=e^{3x}, y|_{x=0}=0$;　　(4) $y'+y\cot x=5e^{\cos x}, y|_{x=\frac{\pi}{2}}=-4$.

3. 已知曲线在任意一点处的切线斜率等于 $2x+y$,且曲线通过点 $(0,0)$,求该曲线的方程.

§7.3 可降阶的高阶微分方程

一般来说,对于一个高阶方程自然就会想到能否把方程的阶数降低,直到降到一阶微分方程来求解,这种求解微分方程的方法称为降阶法. 下面介绍几种容易降阶的高阶微分方程的解法.

一、$y^{(n)}=f(x)$ 型的微分方程

对方程
$$y^{(n)} = f(x)$$
积分一次,可以得到一个 $n-1$ 阶方程
$$y^{(n-1)} = \int f(x)\,dx + C_1,$$
再积分一次,可以得到一个 $n-2$ 阶方程
$$y^{(n-2)} = \int \left(\int f(x)\,dx + C_1 \right) dx + C_2.$$
依次积分 n 次,可以得到原方程的通解.

例1 求微分方程 $y'''=x+\sin x$ 的通解.

解 对方程两端连续积分三次,得
$$y'' = \int (x + \sin x)\,dx = \frac{1}{2}x^2 - \cos x + C_1,$$
$$y' = \int \left(\frac{1}{2}x^2 - \cos x + C_1 \right) dx = \frac{1}{6}x^3 - \sin x + C_1 x + C_2,$$
$$y = \int \left(\frac{1}{6}x^3 - \sin x + C_1 x + C_2 \right) dx$$
$$= \frac{1}{24}x^4 + \cos x + \frac{1}{2}C_1 x^2 + C_2 x + C_3 \quad (C_1, C_2, C_3 \text{ 为任意常数}).$$

二、$y''=f(x,y')$ 型的微分方程

方程
$$y'' = f(x, y').$$
此类方程的特点是:方程中不显含未知函数 y.

解这类方程的一般方法是:令 $y'=P$(P 是 x 的函数,$P=P(x)$),则 $y''=(y')'=P'$,原方程可降阶为以 x 为自变量、P 为未知函数的一阶微分方程
$$P' = f(x, P).$$
若可求出其通解 $P=\varphi(x,C_1)$,则对 $y'=\varphi(x,C_1)$ 再积分,便可得到原方程的通解.

例2 求微分方程 $xy''+y'=0$ 的通解.

解 所给方程是 $y''=f(x,y')$ 型. 设 $y'=P$,则 $y''=P'$,代入原方程,得

即
$$xP' + P = 0,$$
即
$$x\frac{\mathrm{d}P}{\mathrm{d}x} + P = 0.$$

分离变量,得
$$\frac{\mathrm{d}P}{P} = -\frac{\mathrm{d}x}{x},$$

两边积分,得
$$\ln|P| = -\ln|x| + \ln|C_1|,$$
即
$$P = \frac{C_1}{x},$$
即得
$$y' = \frac{C_1}{x}.$$

两边再积分,便得方程的通解为
$$y = C_1 \ln|x| + C_2.$$

三、$y''=f(y,y')$ 型的微分方程

方程
$$y'' = f(y, y').$$

此类型方程的特点是:方程中不显含自变量 x.

解这类方程的一般方法是:令 $y'=P$,则
$$y'' = \frac{\mathrm{d}P}{\mathrm{d}x} = \frac{\mathrm{d}P}{\mathrm{d}y}\frac{\mathrm{d}y}{\mathrm{d}x} = P\frac{\mathrm{d}P}{\mathrm{d}y},$$

于是,将所给的方程化为一阶微分方程
$$P\frac{\mathrm{d}P}{\mathrm{d}y} = f(y, P).$$

若能求得其解 $P=\varphi(y,C_1)$,再解一阶微分方程 $y'=\varphi(y,C_1)$,即可求得原方程的通解.

例 3 求微分方程 $yy'' - (y')^2 = 0$ 的通解.

解 所给方程不显含自变量 x,属于 $y''=f(y,y')$ 型. 故令 $y'=P$,则 $y''=P\dfrac{\mathrm{d}P}{\mathrm{d}y}$,代入原方程,得
$$yP\frac{\mathrm{d}P}{\mathrm{d}y} - P^2 = 0,$$
即
$$y\frac{\mathrm{d}P}{\mathrm{d}y} = P \quad (\text{若 } P \neq 0).$$

分离变量,得
$$\frac{dP}{P} = \frac{dy}{y},$$
两边积分,得
$$\ln|P| = \ln|y| + \ln|C_1|,$$
即
$$P = C_1 y,$$
得
$$y' = C_1 y.$$
分离变量,得
$$\frac{dy}{y} = C_1 dx,$$
再两边积分,得
$$\ln|y| = C_1 x + C_2,$$
于是,得原方程的通解为
$$y = Ce^{C_1 x} \quad (C = \pm e^{C_2}).$$

若 $P=0$,则 $y'=0, y=C$,此解已包含在上式中(只需 $C_1=0$),所以原方程的通解为
$$y = Ce^{C_1 x}.$$

习 题 7.3

求下列微分方程的通解:

1. $y'' = \dfrac{1}{1+x^2}$.
2. $y'' - 1 = y'^2$.
3. $(1+x^2) y'' = 2xy'$.
4. $yy'' + y'^2 = y'$.

§7.4 二阶常系数线性微分方程

形如
$$y'' + py' + qy = f(x) \qquad ①$$
的二阶微分方程,由于方程中未知函数 y 及其各阶导数 y'', y' 都是一次(线性)的,且它们的系数都是常数,故称为**二阶常系数线性微分方程**. 其中 p, q 都是常数.

当 $f(x) \equiv 0$ 时,方程①变为
$$y'' + py' + qy = 0, \qquad ②$$
称为二阶常系数**齐次**线性微分方程.

当 $f(x)\neq 0$ 时,原方程①称为二阶常系数**非齐次**线性微分方程.

一、二阶线性微分方程解的结构

定理 1(齐次线性微分方程解的叠加原理) 如果函数 y_1,y_2 都是微分方程②的解,则 $y=C_1y_1+C_2y_2$ 也是方程②的解,其中 C_1,C_2 是任意常数.

定义 设 $y_1=y_1(x)$ 和 $y_2=y_2(x)$ 都是关于 x 的函数,若 $\dfrac{y_1}{y_2}\neq$ 常数,则称函数 y_1 和 y_2 线性无关.

定理 2(齐次线性微分方程的通解结构) 设 $y_1=y_1(x)$ 和 $y_2=y_2(x)$ 是齐次线性方程②的两个解,如果 y_1 和 y_2 线性无关 $\left(\dfrac{y_1}{y_2}\neq 常数\right)$,则函数 $y=C_1y_1+C_2y_2$(其中 C_1,C_2 是任意常数)是齐次线性方程②的通解.

此定理表明,求齐次线性微分方程通解的关键是:能找到该方程的两个线性无关的解.

定理 3(非齐次线性微分方程的通解结构) 如果 y^* 是二阶非齐次线性微分方程①的一个特解,$Y=C_1y_1+C_2y_2$ 是其相应的齐次方程②的通解,则
$$y=Y+y^*=C_1y_1+C_2y_2+y^*$$
是方程①的通解.

此定理表明,求非齐次线性微分方程通解的关键是找到该方程的一个特解和该方程对应的齐次线性微分方程的通解.

二、二阶常系数齐次线性微分方程的解法

由齐次方程
$$y''+py'+qy=0$$
知,y,y',y'' 呈线性关系. 由此可以推测函数 y 的一阶导数 y',二阶导数 y'' 的主体与 y 是相同的,只相差常数倍. 根据函数 $y=\mathrm{e}^{rx}$ 的求导特点,可以猜想齐次方程②有形如 $y=\mathrm{e}^{rx}$ 的解,其中 r 是待定常数.

将 $y=\mathrm{e}^{rx},y'=r\mathrm{e}^{rx},y''=r^2\mathrm{e}^{rx}$ 代入方程 $y''+py'+qy=0$,得
$$r^2\mathrm{e}^{rx}+pr\mathrm{e}^{rx}+q\mathrm{e}^{rx}=0,$$
即
$$(r^2+pr+q)\mathrm{e}^{rx}=0.$$
因 $\mathrm{e}^{rx}>0$,所以
$$r^2+pr+q=0. \qquad ③$$
由此可见,只要常数 r 满足方程③,函数 $y=\mathrm{e}^{rx}$ 就是方程②的解. 方程③叫作方程②的**特征方程**. 特征方程的根叫作**特征根**. 根据特征方程 $r^2+pr+q=0$ 的特征根的三种情况,对应的齐次方程②的通解有下列三种情形:

情形 1 当 $p^2-4q>0$ 时，特征方程 $r^2+pr+q=0$ 有两个不相等的实根 $r_1 \neq r_2$，$y_1=e^{r_1 x}, y_2=e^{r_2 x}$ 是方程②的两个特解，且线性无关，则通解为 $y=C_1 e^{r_1 x}+C_2 e^{r_2 x}$.

情形 2 当 $p^2-4q=0$ 时，特征方程 $r^2+pr+q=0$ 有两个相等的实根 $r=r_1=r_2$，$y_1=e^{rx}$ 是方程②的一个特解，还需要求出另一个特解 y_2，且与 $y_1=e^{rx}$ 线性无关，设 $y_2=u(x)e^{rx}$，用常数变易法代入方程②并化简得

$$e^{rx}[u''+(2r+p)u'+(r^2+pr+q)u]=0,$$

由于 $e^{rx}>0$，因此 $u''+(2r+p)u'+(r^2+pr+q)u=0$，

由于 $r=r_1=r_2$ 是 $r^2+pr+q=0$ 的二重根，因此 $2r+p=0, r^2+pr+q=0$，

从而有
$$u''=0,$$

因此，不妨取 $u(x)=x$ 得方程②的另一个特解 $y_2=xe^{rx}$，则方程②的通解为

$$y=C_1 e^{rx}+C_2 x e^{rx};$$

情形 3 当 $p^2-4q<0$ 时，特征方程 $r^2+pr+q=0$ 有一对共轭的复数根 $r=\alpha\pm\beta i$，利用复数运算及欧拉公式 $e^{ix}=\cos x+i\sin x$ 可得方程②的通解为 $y=e^{\alpha x}(C_1\cos \beta x+C_2\sin \beta x)$.

总结上述三种情况列表得表 7-1.

表 7-1

特征方程 $r^2+pr+q=0$ 的特征根 r_1, r_2	$y''+py'+qy=0(p,q$ 为常数$)$ 的通解
两个不相等的实根 $r_1 \neq r_2$	$y=C_1 e^{r_1 x}+C_2 e^{r_2 x}$
两个相等的实根 $r=r_1=r_2$	$y=C_1 e^{rx}+C_2 x e^{rx}$
一对共轭的复数根 $r=\alpha\pm\beta i$	$y=e^{\alpha x}(C_1\cos \beta x+C_2\sin \beta x)$

例 1 求方程 $y''+3y'+2y=0$ 的通解.

解 （1）写出方程 $y''+3y'+2y=0$ 的特征方程
$$r^2+3r+2=0;$$

（2）求出特征根
$$r_1=-1,\quad r_2=-2;$$

（3）原方程的通解为
$$y=C_1 e^{-x}+C_2 e^{-2x}.$$

例 2 求方程 $y''-8y'+16y=0$ 的通解.

解 方程 $y''-8y'+16y=0$ 的特征方程为
$$r^2-8r+16=0.$$

解得特征根
$$r=r_1=r_2=4.$$

故所求方程的通解为
$$y=C_1 e^{4x}+C_2 x e^{4x}.$$

例 3 求方程 $y''+2y'+5y=0$ 的通解.

解 方程 $y''+2y'+5y=0$ 的特征方程为

解得特征根
$$r = -1 \pm 2i.$$
故原方程的通解为
$$y = e^{-x}(C_1 \cos 2x + C_2 \sin 2x).$$

三、二阶常系数非齐次线性微分方程的解法

由定理 3 知道,二阶常系数线性非齐次微分方程 $y'' + py' + qy = f(x)$ 的通解是对应的线性齐次方程的通解与其自身的一个特解之和,而求二阶常系数线性齐次方程的通解的问题已解决,所以求二阶线性非齐次方程的通解之关键在于求其一个特解.

下面仅就 $f(x) = P_n(x)$(其中 $P_n(x)$ 为 x 的一个 n 次多项式)这一特殊类型讨论方程的特解.

这时方程 $y'' + py' + qy = f(x)$ 变成
$$y'' + py' + qy = P_n(x). \qquad ④$$

此方程式右端是多项式,而多项式的一阶导数、二阶导数仍为多项式,所以此方程的特解也应该是多项式,且有以下特征:

(1) 若 $q \neq 0$,方程④的特解 $\bar{y}$ 与 $P_n(x)$ 是同次多项式,这时 $\bar{y} = Q_n(x)$($\bar{y}$ 与 $P_n(x)$ 是同次多项式);

(2) 若 $q = 0, p \neq 0$,方程④的特解 $\bar{y}$ 的一阶导数 $\bar{y}'$ 与 $P_n(x)$ 是同次多项式,这时可设 $\bar{y} = xQ_n(x)$;

(注:$Q_n(x)$ 为 x 的一个 n 次多项式.)

(3) 若 $p = 0, q = 0$,这时方程就回归到 $y'' = f(x)$ 这一类型的微分方程,对方程直接进行两次积分就可求得其解.

例 4 求微分方程 $y'' - 2y' + 3y = 3x + 1$ 的一个特解.

解 因为 $P_n(x) = 3x + 1$,而 $q = 3 \neq 0$,故设
$$\bar{y} = Ax + B.$$
于是,
$$\bar{y}' = A, \quad \bar{y}'' = 0.$$
把 $\bar{y}, \bar{y}', \bar{y}''$ 代入原方程,得
$$-2A + 3Ax + 3B = 3x + 1.$$
比较两边的系数,得
$$\begin{cases} 3A = 3, \\ -2A + 3B = 1. \end{cases}$$
解得
$$A = 1, \quad B = 1.$$
所以原方程的一个特解是
$$y = x + 1.$$

例 5　求微分方程 $y''-y'=2x$ 的一个特解.

解　因为 $P_n(x)=2x$ 是一个一次多项式,而 $q=0,p=-1\neq 0$,所以特解应是一个二次多项式,故设

$$\bar{y}=x(Ax+B)=Ax^2+Bx.$$

把 $\bar{y}=Ax^2+Bx,\bar{y}'=2Ax+B,\bar{y}''=2A$,代入原方程,比较两边系数,得

$$\begin{cases}-2A=2,\\ 2A-B=0.\end{cases}$$

解之得 $A=-1,B=-2$,所以原方程的一个特解为

$$\bar{y}=-x^2-2x.$$

习　题　7.4

求下列微分方程的通解:

1. $y''+y=0$.
2. $y''+y'-2y=0$.
3. $y''+6y'+13y=0$.
4. $y''+5y'=0$.
5. $y''+5y'+4y=3-2x$.

本章知识精粹

本章主要介绍微分方程的基本概念以及可分离变量的微分方程、齐次微分方程、一阶线性微分方程、可降阶的高阶微分方程、二阶常系数齐次线性微分方程和二阶常系数非齐次线性微分方程等常用的、简单的微分方程的解法.

(1) 含有未知函数的导数或微分的等式,称为微分方程(未知函数的导数或微分必须出现). 微分方程中未知函数导数的最高阶数,称为该微分方程的阶.

(2) ① 分离变量法是对形如 $\dfrac{dy}{dx}=f(x)g(y)$ 的微分方程,先通过变量分离,再对方程两边积分,求出通解;

② 对于一阶齐次方程 $y'=f\left(\dfrac{y}{x}\right)$ 可先令 $u=\dfrac{y}{x}$;

③ 对于一阶非齐次线性微分方程 $\dfrac{dy}{dx}+P(x)y=Q(x)$,可直接利用公式 $y=Ce^{-\int P(x)dx}+e^{-\int P(x)dx}\int Q(x)e^{\int P(x)dx}dx$ 或用常数变易法求解.

(3) 对于形如 $y''=f(x,y'),y''=f(y,y')$ 的微分方程,可先令 $y'=P$ 进行降阶.

(4) 对于二阶齐次线性微分方程 $y''+py'+qy=0$,为求其通解,先求出特征方程 $r^2+pr+q=0$ 的根,根据特征根的不同情况,写出对应的微分方程的通解(见表 7-1).

对于二阶常系数线性非齐次微分方程 $y''+py'+qy=f(x)$,为求其通解,先求

出对应的线性齐次方程的通解,再求出自身的一个特解,其通解是对应的线性齐次方程的通解与其自身的一个特解之和,所以求二阶线性非齐次方程的通解之关键在于利用待定系数法求其一个特解.

第七章习题

1. 选择题：

(1) 微分方程 $x(y''')^2 - 3(y'')^3 + (y')^4 + x^5 = 0$ 阶数是（　　）.

A. 4 阶　　　B. 3 阶　　　C. 2 阶　　　D. 1 阶

(2) $x^2 \dfrac{dy}{dx} = x^2 + y^2$ 是（　　）.

A. 一阶可分离变量方程　　　B. 一阶齐次方程
C. 一阶非齐次线性方程　　　D. 一阶齐次线性方程

(3) 已知 $x(t) = \dfrac{1}{12} e^{5t}$ 是方程 $x'' - 3x' + 2x = e^{5t}$ 的一个特解,则方程通解为（　　）.

A. $x = c_1 e^t + c_2 e^{2t}$　　　B. $x = c_1 e^t + c_2 e^{2t} + \dfrac{1}{12} e^{5t}$

C. $x = c_1 \sin t + c_2 \cos t + \dfrac{1}{12} e^{5t}$　　　D. $x = (c_1 + c_2 t) e^{2t} + \dfrac{1}{12} e^{5t}$

(4) 下列函数中哪组是线性无关的？（　　）

A. $\ln x, \ln x^2$　　B. $\ln x, x$　　C. $x, \ln 2^x$　　D. $\ln \sqrt{x}, \ln x^2$

2. 求下列微分方程的通解：

(1) $2y dx + x dy - xy dy = 0$；　　(2) $xy' - y = y^3$；

(3) $y' - 3xy = xy^2$；　　(4) $xy' - x \sin \dfrac{y}{x} - y = 0$；

(5) $(x - y) y dx = x^2 dy$；　　(6) $xy'' + y' - 4x = 0$；

(7) $y'' - y' - x^2 = 0$；　　(8) $2yy'' - y'^2 = 1$；

(9) $y'' - 9y = 0$；　　(10) $y'' - 4y' + 4y = 0$.

3. 求下列各微分方程满足初始条件的特解：

(1) $\begin{cases} y' - \dfrac{x}{1+x^2} y = x + 1, \\ y|_{x=0} = \dfrac{1}{2}; \end{cases}$

(2) $\begin{cases} 4y'' + 4y' + y = 0, \\ y|_{x=0} = 6, \\ y'|_{x=0} = 10. \end{cases}$

习题参考答案

习题 7.1

1. (1) 是；　(2) 是；　(3) 不是；　(4) 是；　(5) 是.

2. (1) 二； (2) 一； (3) 二； (4) 一．

3. (1) $y=\ln|x|+C$； (2) $y=-\sin x+C_1x+C_2$；

   (3) $y=\dfrac{1}{6}t^3-\cos t+C_1t+C_2$．

4. 略．

习题 7.2

1. (1) $y=-\dfrac{1}{x^2+C}$； (2) $1+y^2=C(1+x^2)$；

   (3) $\ln^2 y+\ln^2 x=C$； (4) $y=e^{Cx}$；

   (5) $(1-x)(1+y)=C$； (6) $\arcsin y=\arcsin x+C$；

   (7) $y^2-2xy=C$； (8) $y^2=x^2\ln(Cx^2)$；

   (9) $y=e^{-x}(x+C)$； (10) $4y^3+12y+3x^4=C$．

2. (1) $e^y=\dfrac{1}{2}e^{2x}+\dfrac{1}{2}$； (2) $y=x\ln x$；

   (3) $y=e^{4x}-e^{3x}$； (4) $y=\dfrac{1}{\sin x}(1-5e^{\cos x})$．

3. $y=2(e^x-x-1)$．

习题 7.3

1. $y=x\arctan x-\dfrac{1}{2}\ln(1+x^2)+C_1x+C_2$． 3. $y=-\ln|\cos(x+C_1)|+C_2$．

2. $y=C_1\left(x+\dfrac{x^3}{3}\right)+C_2$． 4. $y-C_1\ln(y+C_1)=x+C_2$．

习题 7.4

1. $y=C_1\cos x+C_2\sin x$． 3. $y=C_1e^{-2x}+C_2e^x$．

2. $y=e^{-3x}(C_1\cos 2x+C_2\sin 2x)$． 4. $y=C_1+C_2e^{-5x}$．

5. $y=C_1e^{-x}+C_2e^{-4x}-\dfrac{1}{2}x+\dfrac{11}{8}$．

第七章习题

1. (1) B； (2) B； (3) B； (4) B．

2. (1) $y=Cx^{-2}e^y$； (2) $\dfrac{y}{\sqrt{1+y^2}}=Cx$；

   (3) $\left(1+\dfrac{3}{y}\right)e^{\frac{3}{2}x^2}=C$； (4) $\tan\dfrac{y}{2x}=Cx$；

   (5) $y=\dfrac{x}{\ln(Cx)}$； (6) $y=x^2+C_1\ln x+C_2$；

   (7) $y=C_1e^x+C_2-\dfrac{1}{3}x^3-x^2-2x$； (8) $2\sqrt{C_1y-1}=\pm\dfrac{1}{2}x+C_2$；

   (9) $y=C_1e^{-3x}+C_2e^{3x}$； (10) $y=(C_1+C_2x)e^{2x}$．

3. (1) $y=\sqrt{1+x^2}\left[\ln(x+\sqrt{1+x^2})+\sqrt{1+x^2}-\dfrac{1}{2}\right]$；

   (2) $y=(6+13x)e^{-\frac{x}{2}}$．

提高模块

第八章 无穷级数

本章首先介绍无穷级数的概念及其基本性质,然后重点讨论常数项级数的收敛、发散判别法.在此基础上,介绍函数项级数的有关内容,并由此得出幂级数的一些最基本的结论和初等函数的幂级数展开式,最后介绍傅里叶级数的概念和将周期函数展开成傅里叶级数的方法.

§8.1 常数项级数

一、常数项级数的概念

定义 1 给定数列
$$u_1, u_2, u_3, \cdots, u_n, \cdots,$$
则由这个数列构成的表达式
$$u_1 + u_2 + u_3 + \cdots + u_n \cdots$$
叫作无穷级数,简称为级数,记为 $\sum_{n=1}^{\infty} u_n$,即
$$\sum_{n=1}^{\infty} u_n = u_1 + u_2 + u_3 + \cdots + u_n + \cdots,$$
其中第 n 项 u_n 叫作级数的一般项,u_1 称为级数的首项.如果 $u_n(n=1,2,\cdots)$ 均为常数,则称该级数为常数项级数,而当 $u_n(n=1,2,\cdots)$ 为函数时,就称该级数为函数项级数.

定义 2 作级数 $\sum_{n=1}^{\infty} u_n$ 的前 n 项和
$$s_n = \sum_{i=1}^{n} u_i = u_1 + u_2 + u_3 + \cdots + u_n,$$
s_n 称为级数 $\sum_{n=1}^{\infty} u_n$ 的 n 项部分和.

当 n 依次取 $1,2,3,\cdots$ 时,得到一个新的数列:
$$s_1 = u_1, s_2 = u_1 + u_2, \cdots, s_n = u_1 + u_2 + \cdots + u_n, \cdots.$$

定义 3 如果级数 $\sum_{n=1}^{\infty} u_n$ 的部分和数列 $\{s_n\}$ 有极限 s,即 $\lim_{n \to \infty} s_n = s$,则称无穷级数 $\sum_{n=1}^{\infty} u_n$ 收敛,这时极限 s 叫作这个级数的和,并写成

$$s = \sum_{n=1}^{\infty} u_n = u_1 + u_2 + u_3 + \cdots + u_n + \cdots.$$

如果 $\{s_n\}$ 没有极限,则称无穷级数 $\sum_{n=1}^{\infty} u_n$ 发散.

定义 4　当级数 $\sum_{n=1}^{\infty} u_n$ 收敛时,其部分和 s_n 是级数 $\sum_{n=1}^{\infty} u_n$ 的和 s 的近似值,它们之间的差值

$$r_n = s - s_n = u_{n+1} + u_{n+2} + \cdots$$

叫作级数 $\sum_{n=1}^{\infty} u_n$ 的余项.

例 1　证明级数

$$1 + 2 + 3 + \cdots + n + \cdots$$

是发散的.

证明　此级数的部分和为

$$s_n = 1 + 2 + 3 + \cdots + n = \frac{n(n+1)}{2}.$$

显然,$\lim_{n \to \infty} s_n = \infty$,因此所给级数是发散的.

例 2　讨论等比级数(几何级数)

$$\sum_{n=0}^{\infty} aq^n = a + aq + aq^2 + \cdots + aq^n + \cdots$$

的敛散性,其中 $a \neq 0, q \neq 0, q$ 叫作级数的公比.

解　如果 $q \neq 1$,则部分和

$$s_n = a + aq + aq^2 + \cdots + aq^{n-1} = \frac{a - aq^n}{1-q} = \frac{a}{1-q} - \frac{aq^n}{1-q}.$$

当 $|q| < 1$ 时,因为 $\lim_{n \to \infty} s_n = \frac{a}{1-q}$,所以此时级数 $\sum_{n=0}^{\infty} aq^n$ 收敛,其和为 $\frac{a}{1-q}$;

当 $|q| > 1$ 时,因为 $\lim_{n \to \infty} s_n = \infty$,所以此时级数 $\sum_{n=0}^{\infty} aq^n$ 发散;

如果 $|q| = 1$,则当 $q = 1$ 时,$s_n = na \to \infty$,因此级数 $\sum_{n=0}^{\infty} aq^n$ 发散;

当 $q = -1$ 时,级数 $\sum_{n=0}^{\infty} aq^n$ 成为

$$a - a + a - a + \cdots,$$

因为 s_n 随着 n 为奇数或偶数而等于 a 或零,所以 s_n 的极限不存在,从而这时级数 $\sum_{n=0}^{\infty} aq^n$ 也发散.

综上所述,当 $|q| < 1$ 时,级数 $\sum_{n=0}^{\infty} aq^n$ 收敛,其和为 $\frac{a}{1-q}$;当 $|q| \geqslant 1$ 时,级数

$\sum\limits_{n=0}^{\infty} aq^n$ 发散.

例 3 判别无穷级数

$$\frac{1}{1\cdot 2} + \frac{1}{2\cdot 3} + \frac{1}{3\cdot 4} + \cdots + \frac{1}{n(n+1)} + \cdots$$

的敛散性.

解 由于

$$u_n = \frac{1}{n(n+1)} = \frac{1}{n} - \frac{1}{n+1},$$

因此

$$s_n = \frac{1}{1\cdot 2} + \frac{1}{2\cdot 3} + \frac{1}{3\cdot 4} + \cdots + \frac{1}{n(n+1)}$$

$$= \left(1 - \frac{1}{2}\right) + \left(\frac{1}{2} - \frac{1}{3}\right) + \cdots + \left(\frac{1}{n} - \frac{1}{n+1}\right)$$

$$= 1 - \frac{1}{n+1}.$$

从而

$$\lim_{n\to\infty} s_n = \lim_{n\to\infty}\left(1 - \frac{1}{n+1}\right) = 1.$$

所以此级数收敛,它的和是 1.

二、无穷级数的基本性质

性质 1 如果级数 $\sum\limits_{n=1}^{\infty} u_n$ 收敛于和 s,则它的各项同乘以一个常数 k 所得的级数 $\sum\limits_{n=1}^{\infty} ku_n$ 也收敛,且其和为 ks.

证明 设 $\sum\limits_{n=1}^{\infty} u_n$ 与 $\sum\limits_{n=1}^{\infty} ku_n$ 的部分和分别为 s_n 与 σ_n,则

$$\lim_{n\to\infty}\sigma_n = \lim_{n\to\infty}(ku_1 + ku_2 + \cdots + ku_n) = k\lim_{n\to\infty}(u_1 + u_2 + \cdots + u_n) = k\lim_{n\to\infty}s_n = ks.$$

这表明级数 $\sum\limits_{n=1}^{\infty} ku_n$ 收敛,且和为 ks.

性质 2 如果级数 $\sum\limits_{n=1}^{\infty} u_n$、$\sum\limits_{n=1}^{\infty} v_n$ 分别收敛于 s、σ,则级数 $\sum\limits_{n=1}^{\infty} (u_n \pm v_n)$ 也收敛,且其和为 $s \pm \sigma$.

证明 设 $\sum\limits_{n=1}^{\infty} u_n$、$\sum\limits_{n=1}^{\infty} v_n$、$\sum\limits_{n=1}^{\infty} (u_n \pm v_n)$ 的部分和分别为 s_n、σ_n、τ_n,则

$$\lim_{n\to\infty}\tau_n = \lim_{n\to\infty}[(u_1 \pm v_1) + (u_2 \pm v_2) + \cdots + (u_n \pm v_n)]$$

$$= \lim_{n\to\infty}[(u_1 + u_2 + \cdots + u_n) \pm (v_1 + v_2 + \cdots + v_n)]$$

$$= \lim_{n\to\infty}(s_n \pm \sigma_n) = s \pm \sigma.$$

性质 3 在级数中加上或去掉有限项,不会改变级数的收敛性(在级数收敛的情况下,级数的和一般要改变).

比如,级数 $\dfrac{1}{1\cdot 2}+\dfrac{1}{2\cdot 3}+\dfrac{1}{3\cdot 4}+\cdots+\dfrac{1}{n(n+1)}+\cdots$ 是收敛的;

级数 $10+\dfrac{1}{1\cdot 2}+\dfrac{1}{2\cdot 3}+\dfrac{1}{3\cdot 4}+\cdots+\dfrac{1}{n(n+1)}+\cdots$ 也是收敛的;

级数 $\dfrac{1}{2\cdot 3}+\dfrac{1}{3\cdot 4}+\cdots+\dfrac{1}{n(n+1)}+\cdots$ 也是收敛的.

性质 4 如果级数 $\sum\limits_{n=1}^{\infty} u_n$ 收敛于和 s,则对其各项间任意加括号后所得的级数仍收敛,且其和不变.

反之不然,也就是说,若加括号后级数收敛,原级数未必收敛.

例如:级数 $(a-a)+(a-a)+\cdots+(a-a)+\cdots$ 是收敛于 0 的,但 $a-a+a-a+\cdots$ 却是发散的.

性质 5(级数收敛的必要条件) 如果 $\sum\limits_{n=1}^{\infty} u_n$ 收敛,则它的一般项 u_n 趋于零,即 $\lim\limits_{n\to\infty} u_n = 0$.

证明 设级数 $\sum\limits_{n=1}^{\infty} u_n$ 的部分和为 s_n,且 $\lim\limits_{n\to\infty} s_n = s$,则

$$\lim_{n\to\infty} u_n = \lim_{n\to\infty}(s_n - s_{n-1}) = \lim_{n\to\infty} s_n - \lim_{n\to\infty} s_{n-1} = s-s = 0.$$

注意:$\lim\limits_{n\to\infty} u_n = 0$ 仅是级数收敛的必要条件,并不是级数收敛的充分条件,绝不能由 $\lim\limits_{n\to\infty} u_n = 0$ 就得出级数 $\sum\limits_{n=1}^{\infty} u_n$ 收敛的结论.但是,若 $\lim\limits_{n\to\infty} u_n \neq 0$,则级数 $\sum\limits_{n=1}^{\infty} u_n$ 一定发散.

例 4 试讨论级数 $\sum\limits_{n=1}^{\infty} \sin\dfrac{n\pi}{2}$ 的敛散性.

解 注意到级数

$$\sum_{n=1}^{\infty} \sin\frac{n\pi}{2} = 1+0-1+0+1+0-1+0+\cdots$$

的一般项 $u_n = \sin\dfrac{n\pi}{2}$,当 $n\to\infty$ 时极限不存在,所以级数发散.

例 5 证明调和级数 $\sum\limits_{n=1}^{\infty} \dfrac{1}{n} = 1+\dfrac{1}{2}+\dfrac{1}{3}+\cdots+\dfrac{1}{n}+\cdots$ 是发散的.

证明 假设级数 $\sum\limits_{n=1}^{\infty} \dfrac{1}{n}$ 收敛且其和为 s,s_n 是它的部分和.

显然有 $\lim\limits_{n\to\infty} s_n = s$ 及 $\lim\limits_{n\to\infty} s_{2n} = s$.于是 $\lim\limits_{n\to\infty}(s_{2n}-s_n) = 0$.

另一方面,有

$$s_{2n}-s_n=\frac{1}{n+1}+\frac{1}{n+2}+\cdots+\frac{1}{2n}>\frac{1}{2n}+\frac{1}{2n}+\cdots+\frac{1}{2n}=\frac{1}{2}.$$

故 $\lim\limits_{n\to\infty}(s_{2n}-s_n)\neq 0$，与 $\lim\limits_{n\to\infty}(s_{2n}-s_n)=0$ 矛盾，说明级数 $\sum\limits_{n=1}^{\infty}\frac{1}{n}$ 是发散的.

习 题 8.1

1. 写出下列级数的一个一般项：

(1) $-1+\frac{1}{2}-\frac{1}{4}+\frac{1}{8}-\cdots$；

(2) $\frac{a^2}{3}+\frac{a^3}{5}+\frac{a^4}{7}+\frac{a^5}{9}+\cdots$；

(3) $\frac{\sqrt{x}}{2}+\frac{x}{2\cdot 4}+\frac{x\sqrt{x}}{2\cdot 4\cdot 6}+\frac{x^2}{2\cdot 4\cdot 6\cdot 8}+\cdots(x>0)$.

2. 判断下列级数的敛散性：

(1) $-\frac{3}{4}+\frac{3^2}{4^2}-\frac{3^3}{4^3}+\frac{3^4}{4^4}-\cdots$；

(2) $\frac{1}{1\cdot 2}+\frac{1}{2\cdot 3}+\cdots+\frac{1}{n(n+1)}+\cdots$；

(3) $\sum\limits_{n=1}^{\infty}(\sqrt{n+2}-2\sqrt{n+1}+\sqrt{n})$；

(4) $\sum\limits_{n=1}^{\infty}\frac{1}{\sqrt{n+1}+\sqrt{n}}$；

(5) $\frac{1}{2}+\frac{3}{4}+\frac{5}{6}+\frac{7}{8}+\cdots+\frac{2n-1}{2n}+\cdots$；

(6) $\frac{1}{3}+\frac{1}{6}+\frac{1}{9}+\frac{1}{12}+\cdots$.

§8.2 数项级数的收敛性判别法

一、正项级数及其收敛性判别法

定义 1 各项都是正数或零的级数称为正项级数.

正项级数是数项级数中比较简单，但又很重要的一种类型. 若级数 $\sum\limits_{n=1}^{\infty}u_n$ 中各项均为非负，即 $u_n\geq 0(n=1,2,3,\cdots)$，此时，由于 $u_n=s_n-s_{n-1}$，因此有

$$s_n=s_{n-1}+u_n\geq s_{n-1},$$

即正项级数的部分和是一个单调递增数列，因此有：正项级数 $\sum\limits_{n=1}^{\infty}u_n$ 收敛的充要条件是它的部分和数列 $\{s_n\}$ 有界.

定理 1（比较判别法） 设 $\sum\limits_{n=1}^{\infty}u_n$ 和 $\sum\limits_{n=1}^{\infty}v_n$ 都是正项级数，且 $u_n\leq v_n(n=1,2,\cdots)$. 若级数 $\sum\limits_{n=1}^{\infty}v_n$ 收敛，则级数 $\sum\limits_{n=1}^{\infty}u_n$ 收敛；若级数 $\sum\limits_{n=1}^{\infty}u_n$ 发散，则级数 $\sum\limits_{n=1}^{\infty}v_n$ 发散.

证明 设级数 $\sum\limits_{n=1}^{\infty}v_n$ 收敛于和 σ，则级数 $\sum\limits_{n=1}^{\infty}u_n$ 的部分和

$$s_n=u_1+u_2+u_3+\cdots+u_n\leq v_1+v_2+v_3+\cdots+v_n\leq\sigma\quad(n=1,2,\cdots),$$

即部分和数列 $\{s_n\}$ 有界，所以级数 $\sum\limits_{n=1}^{\infty}u_n$ 收敛.

设级数 $\sum_{n=1}^{\infty} u_n$ 发散,则级数 $\sum_{n=1}^{\infty} v_n$ 必发散. 事实上若级数 $\sum_{n=1}^{\infty} v_n$ 收敛,由上已证明的结论,有级数 $\sum_{n=1}^{\infty} u_n$ 也收敛,与假设矛盾.

例1 讨论 p 级数
$$\sum_{n=1}^{\infty} \frac{1}{n^p} = 1 + \frac{1}{2^p} + \frac{1}{3^p} + \frac{1}{4^p} + \cdots + \frac{1}{n^p} + \cdots$$
的收敛性,其中常数 $p > 0$.

解 设 $p \leqslant 1$. 这时 $\frac{1}{n^p} \geqslant \frac{1}{n}$,而调和级数 $\sum_{n=1}^{\infty} \frac{1}{n}$ 发散,由比较判别法知,当 $p \leqslant 1$ 时级数 $\sum_{n=1}^{\infty} \frac{1}{n^p}$ 发散.

当 $p > 1$ 时,有
$$\frac{1}{n^p} = \int_{n-1}^{n} \frac{1}{n^p} dx \leqslant \int_{n-1}^{n} \frac{1}{x^p} dx = \frac{1}{p-1}\left[\frac{1}{(n-1)^{p-1}} - \frac{1}{n^{p-1}}\right] \quad (n = 2, 3, \cdots).$$

对于级数 $\sum_{n=2}^{\infty} \left[\frac{1}{(n-1)^{p-1}} - \frac{1}{n^{p-1}}\right]$,其部分和
$$s_n = \left(1 - \frac{1}{2^{p-1}}\right) + \left(\frac{1}{2^{p-1}} - \frac{1}{3^{p-1}}\right) + \cdots + \left(\frac{1}{n^{p-1}} - \frac{1}{(n+1)^{p-1}}\right) = 1 - \frac{1}{(n+1)^{p-1}}.$$

因为 $\lim_{n \to \infty} s_n = \lim_{n \to \infty}\left[1 - \frac{1}{(n+1)^{p-1}}\right] = 1$,所以级数 $\sum_{n=2}^{\infty} \left[\frac{1}{(n-1)^{p-1}} - \frac{1}{n^{p-1}}\right]$ 收敛,由比较判别法知级数 $\sum_{n=1}^{\infty} \frac{1}{n^p}$ 在 $p > 1$ 时收敛.

综上所述,p 级数 $\sum_{n=1}^{\infty} \frac{1}{n^p}$ 当 $p > 1$ 时收敛,当 $p \leqslant 1$ 时发散.

例2 证明级数 $\sum_{n=1}^{\infty} \frac{1}{\sqrt{n(n+1)}}$ 是发散的.

证明 因为 $\frac{1}{\sqrt{n(n+1)}} > \frac{1}{\sqrt{(n+1)^2}} = \frac{1}{n+1}$,而级数 $\sum_{n=1}^{\infty} \frac{1}{n+1} = \frac{1}{2} + \frac{1}{3} + \cdots + \frac{1}{n+1} + \cdots$ 是发散的,根据比较判别法知所给级数也是发散的.

今后通常用作比较标准的级数为 p 级数和几何级数.

当正项级数的一般项中出现 a^n 或 $n!$ 等形式比值时,常用下面的比值判别法来判定级数的收敛性.

定理2(达朗贝尔判别法) 设有正项级数 $\sum_{n=1}^{\infty} u_n$,若 $\lim_{n \to \infty} \frac{u_{n+1}}{u_n} = \rho$,则

(1) 当 $\rho < 1$ 时级数收敛;

(2) 当 $\rho > 1$(或 $\lim_{n \to \infty} \frac{u_{n+1}}{u_n} = \infty$)时级数发散;

(3) 当 $\rho=1$ 时级数可能收敛也可能发散.

例 3 判别级数 $\dfrac{1}{10}+\dfrac{1\cdot 2}{10^2}+\dfrac{1\cdot 2\cdot 3}{10^3}+\cdots+\dfrac{n!}{10^n}+\cdots$ 的收敛性.

解 因为 $\lim\limits_{n\to\infty}\dfrac{u_{n+1}}{u_n}=\lim\limits_{n\to\infty}\dfrac{(n+1)!}{10^{n+1}}\dfrac{10^n}{n!}=\lim\limits_{n\to\infty}\dfrac{n+1}{10}=\infty>1$,根据达朗贝尔判别法知所给级数发散.

例 4 判别级数 $\sum\limits_{n=1}^{\infty}\dfrac{1}{(2n-1)2n}$ 的收敛性.

解 $\lim\limits_{n\to\infty}\dfrac{u_{n+1}}{u_n}=1$.

达朗贝尔判别法失效,必须用其他方法来判别级数的收敛性.

因为 $\dfrac{1}{(2n-1)2n}<\dfrac{1}{n^2}$,而级数 $\sum\limits_{n=1}^{\infty}\dfrac{1}{n^2}$ 收敛,因此由比较判别法知所给级数收敛.

例 5 判别级数 $\sum\limits_{n=1}^{\infty}\dfrac{n+2}{2^n}$ 的收敛性.

解 $\lim\limits_{n\to\infty}\dfrac{u_{n+1}}{u_n}=\dfrac{1}{2}<1$.

由达朗贝尔判别法知级数 $\sum\limits_{n=1}^{\infty}\dfrac{n+2}{2^n}$ 收敛.

二、交错级数及其判别法

定义 2 如果在级数 $\sum\limits_{n=1}^{\infty}u_n$ 中,正负号相间出现,这样的级数称为交错级数.

交错级数的一般形式为 $\sum\limits_{n=1}^{\infty}(-1)^{n-1}u_n$,其中 $u_n>0$.

例如, $\sum\limits_{n=1}^{\infty}(-1)^{n-1}\dfrac{1}{n}$ 是交错级数.

定理 3(莱布尼茨判别法) 如果交错级数 $\sum\limits_{n=1}^{\infty}(-1)^{n-1}u_n$ 满足条件:

(1) $u_n\geqslant u_{n+1}(n=1,2,3,\cdots)$; (2) $\lim\limits_{n\to\infty}u_n=0$,

则交错级数收敛,且其和 $s\leqslant u_1$,其余项 r_n 的绝对值 $|r_n|\leqslant u_{n+1}$.

证明 设前 n 项部分和为 s_n,由

$$s_{2n}=(u_1-u_2)+(u_3-u_4)+\cdots+(u_{2n-1}-u_{2n})$$

及

$$s_{2n}=u_1-(u_2-u_3)-\cdots-(u_{2n-2}-u_{2n-1})-u_{2n}$$

能够看出数列 $\{s_{2n}\}$ 单调增加且有界 $(s_{2n}<u_1)$,所以该级数收敛.

设 $s_{2n}\to s(n\to\infty)$,则也有 $s_{2n+1}=s_{2n}+u_{2n+1}\to s(n\to\infty)$,所以 $s_n\to s(n\to\infty)$.从而级数是收敛的,且 $s\leqslant u_1$.

因为 $|r_n|=u_{n+1}-u_{n+2}+\cdots$ 也满足定理的两个条件,所以是收敛的交错级数,所以 $|r_n|\leqslant u_{n+1}$.

例 6 试判定交错级数 $\sum_{n=1}^{\infty}(-1)^{n-1}\dfrac{n}{2^n}$ 的收敛性.

解 因为 $u_n=\dfrac{n}{2^n}$,$u_{n+1}=\dfrac{n+1}{2^{n+1}}$,而

$$u_n-u_{n+1}=\dfrac{n}{2^n}-\dfrac{n+1}{2^{n+1}}=\dfrac{n-1}{2^{n+1}}\geqslant 0 \quad (n=1,2,3,\cdots),$$

故
$$u_n\geqslant u_{n+1} \quad (n=1,2,\cdots).$$

又因为
$$\lim_{n\to\infty}u_n=\lim_{n\to\infty}\dfrac{n}{2^n}=0,$$

所以由莱布尼茨判别法知,交错级数 $\sum_{n=1}^{\infty}(-1)^{n-1}\dfrac{n}{2^n}$ 收敛.

例 7 证明级数 $\sum_{n=1}^{\infty}(-1)^{n-1}\dfrac{1}{n}$ 收敛,并估计和与余项.

证明 这是一个交错级数.因为级数满足

(1) $u_n=\dfrac{1}{n}>\dfrac{1}{n+1}=u_{n+1}$ $(n=1,2,\cdots)$, (2) $\lim\limits_{n\to\infty}u_n=\lim\limits_{n\to\infty}\dfrac{1}{n}=0$,

由莱布尼茨判别法知,级数是收敛的,且其和 $s<u_1=1$,余项 $|r_n|\leqslant u_{n+1}=\dfrac{1}{n+1}$.

三、绝对收敛与条件收敛

将级数 $\sum_{n=1}^{\infty}u_n$ 的各项取绝对值后得到正项级数 $\sum_{n=1}^{\infty}|u_n|$,如果 $\sum_{n=1}^{\infty}|u_n|$ 收敛,就称原级数绝对收敛;如果 $\sum_{n=1}^{\infty}|u_n|$ 发散,但 $\sum_{n=1}^{\infty}u_n$ 收敛,则称 $\sum_{n=1}^{\infty}u_n$ 为条件收敛.

定理 4 若级数 $\sum_{n=1}^{\infty}u_n$ 绝对收敛,则级数 $\sum_{n=1}^{\infty}u_n$ 必收敛.

证明 $0\leqslant u_n+|u_n|\leqslant 2|u_n|$,

由比较判别法知 $\sum_{n=1}^{\infty}(u_n+|u_n|)$ 收敛,

又
$$u_n=(u_n+|u_n|)-|u_n|.$$

于是级数 $\sum_{n=1}^{\infty}u_n$ 必收敛.

注意:如果级数 $\sum_{n=1}^{\infty}|u_n|$ 发散,不能断定级数 $\sum_{n=1}^{\infty}u_n$ 也发散.

例如,级数 $\sum_{n=1}^{\infty}(-1)^{n-1}\dfrac{1}{n^2}$ 是绝对收敛的,而级数 $\sum_{n=1}^{\infty}(-1)^{n-1}\dfrac{1}{n}$ 是条件收敛的.

例8 判别级数 $\sum_{n=1}^{\infty} \dfrac{\sin n\alpha}{n^2}$ 的收敛性.

解 因为 $\left|\dfrac{\sin n\alpha}{n^2}\right| \leqslant \dfrac{1}{n^2}$,而级数 $\sum_{n=1}^{\infty} \dfrac{1}{n^2}$ 是收敛的,所以级数 $\sum_{n=1}^{\infty} \left|\dfrac{\sin n\alpha}{n^2}\right|$ 也收敛,从而级数 $\sum_{n=1}^{\infty} \dfrac{\sin n\alpha}{n^2}$ 绝对收敛.

例9 试证明交错级数 $\sum_{n=1}^{\infty} (-1)^{n-1} \dfrac{2n-1}{n^2}$ 条件收敛.

证明 因为 $\lim\limits_{n\to\infty} u_n = \lim\limits_{n\to\infty} \dfrac{2n-1}{n^2} = 0$,下面用导数来证明 $u_n \geqslant u_{n+1} (n=1,2,\cdots)$.

设函数 $f(x) = \dfrac{2x-1}{x^2}$,因为 $f'(x) = \dfrac{2(1-x)}{x^3}$,所以当 $x \geqslant 1$ 时 $f'(x) \leqslant 0$. 即函数 $f(x) = \dfrac{2x-1}{x^2}$ 单调减少,由此可得

$$\dfrac{2n-1}{n^2} \geqslant \dfrac{2(n+1)-1}{(n+1)^2} \quad (n=1,2,3,\cdots),$$

即 $\qquad u_n \geqslant u_{n+1} \quad (n=1,2,\cdots).$

因此交错级数 $\sum_{n=1}^{\infty} (-1)^{n-1} \dfrac{2n-1}{n^2}$ 收敛.

因为 $\left|(-1)^{n-1} \dfrac{2n-1}{n^2}\right| = \left|\dfrac{n+n-1}{n^2}\right| \geqslant \dfrac{1}{n}$,

由比较判别法,易知 $\sum_{n=1}^{\infty} \left|(-1)^{n-1} \dfrac{2n-1}{n^2}\right| = \sum_{n=1}^{\infty} \dfrac{2n-1}{n^2}$ 是发散的.

综上所述,$\sum_{n=1}^{\infty} (-1)^{n-1} \dfrac{2n-1}{n^2}$ 是条件收敛的.

习 题 8.2

1. 用比较判别法判断下列正项级数的收敛性:

(1) $\sum_{n=1}^{\infty} \dfrac{1}{n^2+1}$; (2) $\sum_{n=1}^{\infty} \dfrac{1}{(2n-1)^2}$;

(3) $\sum_{n=1}^{\infty} \dfrac{(\sin n)^2}{4^n}$; (4) $\sum_{n=1}^{\infty} 2^n \sin \dfrac{1}{3^n}$.

2. 用达朗贝尔判别法判断下列正项级数的收敛性:

(1) $\sum_{n=1}^{\infty} \dfrac{1}{(2n+1)!}$; (2) $\sum_{n=1}^{\infty} \dfrac{5^n \cdot n!}{n^n}$;

(3) $\sum_{n=1}^{\infty} n \sin \dfrac{1}{2^n}$; (4) $\sum_{n=1}^{\infty} \dfrac{(1\,000)^n}{n!}$.

3. 判定下列级数是否收敛. 如果是收敛级数,指出是绝对收敛还是条件收敛:

(1) $\sum_{n=1}^{\infty} (-1)^{n+1} \dfrac{1}{\sqrt{n}}$; (2) $1 - \dfrac{1}{3^2} + \dfrac{1}{5^2} - \dfrac{1}{7^2} + \cdots$;

(3) $\sum_{n=1}^{\infty}(-1)^{n-1}\sin\frac{1}{n^2}$;   (4) $\sum_{n=1}^{\infty}\frac{(-1)^n}{n+a}$ (a 不为负整数).

§8.3 幂 级 数

前面两节所讨论的级数都是常数项级数.

给定一个定义在区间 I 上的函数列 $\{u_n(x)\}$,由这个函数列构成的表达式

$$u_1(x)+u_2(x)+u_3(x)+\cdots+u_n(x)+\cdots$$

称为定义在区间 I 上的函数项级数,记为 $\sum_{n=1}^{\infty}u_n(x)$.

对于区间 I 内的一定点 x_0,若常数项级数 $\sum_{n=1}^{\infty}u_n(x_0)$ 收敛,则称点 x_0 是级数 $\sum_{n=1}^{\infty}u_n(x)$ 的收敛点. 若常数项级数 $\sum_{n=1}^{\infty}u_n(x_0)$ 发散,则称点 x_0 是级数 $\sum_{n=1}^{\infty}u_n(x)$ 的发散点.

函数项级数 $\sum_{n=1}^{\infty}u_n(x)$ 的所有收敛点的全体称为它的收敛域,所有发散点的全体称为它的发散域.

在收敛域上,函数项级数 $\sum_{n=1}^{\infty}u_n(x)$ 的和是 x 的函数 $s(x)$. $s(x)$ 称为函数项级数 $\sum_{n=1}^{\infty}u_n(x)$ 的和函数,并写成 $s(x)=\sum_{n=1}^{\infty}u_n(x)$.

函数项级数 $\sum_{n=1}^{\infty}u_n(x)$ 的前 n 项的部分和记作 $s_n(x)$,在收敛域上有 $\lim_{n\to\infty}s_n(x)=s(x)$. 函数项级数 $\sum_{n=1}^{\infty}u_n(x)$ 的和函数 $s(x)$ 与部分和 $s_n(x)$ 的差叫作函数项级数 $\sum_{n=1}^{\infty}u_n(x)$ 的余项,记为 $r_n(x)$. 在收敛域上有 $\lim_{n\to\infty}r_n(x)=0$.

一、幂级数的收敛半径

定义 各项都为幂函数的函数项级数,称为幂级数,它的形式是

$$\sum_{n=0}^{\infty}a_nx^n=a_0+a_1x+a_2x^2+\cdots+a_nx^n+\cdots$$

其中常数 $a_0,a_1,a_2,\cdots,a_n,\cdots$ 叫作幂级数的系数.

例如:$1+x+\frac{1}{2!}x^2+\cdots+\frac{1}{n!}x^n+\cdots$.

幂级数的一般形式是

$$a_0+a_1(x-x_0)+a_2(x-x_0)^2+\cdots+a_n(x-x_0)^n+\cdots,$$

只要作变换 $t=x-x_0$ 就可转化为
$$a_0+a_1t+a_2t^2+\cdots+a_nt^n+\cdots.$$

因此只需着重讨论 $\sum\limits_{n=0}^{\infty}a_nx^n=a_0+a_1x+a_2x^2+\cdots+a_nx^n+\cdots$ 即可.

幂级数 $1+x+x^2+\cdots+x^n+\cdots$ 可以看成公比为 x 的几何级数. 当 $|x|<1$ 时, 它是收敛的; 当 $|x|\geqslant 1$ 时, 它是发散的. 因此它的收敛域为 $(-1,1)$, 在收敛域内有
$$\frac{1}{1-x}=1+x+x^2+x^3+\cdots+x^n+\cdots.$$

对于一般的幂级数 $\sum\limits_{n=0}^{\infty}a_nx^n$, 易看出在 $x=0$ 处必然收敛, 下面我们进一步来寻求幂级数收敛和发散的范围.

定理 设幂级数 $\sum\limits_{n=0}^{\infty}a_nx^n$ 相邻两项系数之比的极限为
$$\lim_{n\to\infty}\left|\frac{a_{n+1}}{a_n}\right|=\rho,$$

(1) 如果 $0<\rho<+\infty$, 则当 $|x|<\dfrac{1}{\rho}$ 时, 幂级数 $\sum\limits_{n=0}^{\infty}a_nx^n$ 收敛; 当 $|x|>\dfrac{1}{\rho}$ 时, 幂级数 $\sum\limits_{n=0}^{\infty}a_nx^n$ 发散;

(2) 如果 $\rho=0$, 则对任意 $x\in(-\infty,+\infty)$, 幂级数 $\sum\limits_{n=0}^{\infty}a_nx^n$ 收敛;

(3) 如果 $\rho=+\infty$, 则幂级数 $\sum\limits_{n=0}^{\infty}a_nx^n$ 仅在 $x=0$ 处收敛.

定理的证明可对级数 $\sum\limits_{n=0}^{\infty}|a_nx^n|$ 用达朗贝尔判别法进行.

由定理可知, 当 $\rho\neq 0$ 时, 幂级数 $\sum\limits_{n=0}^{\infty}a_nx^n$ 在以原点为中心, $\dfrac{1}{\rho}$ 为半径的对称区间 $\left(-\dfrac{1}{\rho},\dfrac{1}{\rho}\right)$ 内收敛, 在点 $x=-\dfrac{1}{\rho}$ 和 $x=\dfrac{1}{\rho}$ 处可能收敛也可能发散. 设 $R=\dfrac{1}{\rho}$, 则幂级数 $\sum\limits_{n=1}^{\infty}a_nx^n$ 在 $(-R,R)$ 内收敛, 称 R 为幂级数 $\sum\limits_{n=0}^{\infty}a_nx^n$ 的收敛半径. 在区间端点 $x=\pm R$ 处的敛散性需另行讨论, 如此可得到幂级数的收敛域, 通常称其为幂级数的收敛区间, 幂级数 $\sum\limits_{n=0}^{\infty}a_nx^n$ 的收敛区间可能是 $(-R,R)$, $[-R,R)$, $(-R,R]$ 或 $[-R,R]$.

规定: 若幂级数 $\sum\limits_{n=0}^{\infty}a_nx^n$ 只在 $x=0$ 收敛, 则规定收敛半径 $R=0$; 若幂级数 $\sum\limits_{n=0}^{\infty}a_nx^n$ 对一切 x 都收敛, 则规定收敛半径 $R=+\infty$, 这时收敛区间为 $(-\infty,+\infty)$.

综上,幂级数收敛问题的讨论,主要在于收敛半径的寻求.

例1 求幂级数

$$\sum_{n=1}^{\infty}(-1)^{n-1}\frac{x^n}{n}=x-\frac{x^2}{2}+\frac{x^3}{3}-\cdots+(-1)^{n-1}\frac{x^n}{n}+\cdots$$

的收敛半径与收敛区间.

解 因为 $\rho=\lim\limits_{n\to\infty}\left|\dfrac{a_{n+1}}{a_n}\right|=\lim\limits_{n\to\infty}\dfrac{\frac{1}{n+1}}{\frac{1}{n}}=1$,所以收敛半径为 $R=\dfrac{1}{\rho}=1$.

当 $x=1$ 时,幂级数成为 $\sum\limits_{n=1}^{\infty}(-1)^{n-1}\dfrac{1}{n}$,是收敛的;

当 $x=-1$ 时,幂级数成为 $\sum\limits_{n=1}^{\infty}\left(-\dfrac{1}{n}\right)$,是发散的.因此,收敛区间为 $(-1,1]$.

例2 求幂级数

$$\sum_{n=0}^{\infty}\frac{1}{n!}x^n=1+x+\frac{1}{2!}x^2+\frac{1}{3!}x^3+\cdots+\frac{1}{n!}x^n+\cdots$$

的收敛区间.

解 因为 $\rho=\lim\limits_{n\to\infty}\left|\dfrac{a_{n+1}}{a_n}\right|=\lim\limits_{n\to\infty}\dfrac{\frac{1}{(n+1)!}}{\frac{1}{n!}}=\lim\limits_{n\to\infty}\dfrac{n!}{(n+1)!}=0$,所以收敛半径为 $R=+\infty$,从而收敛区间为 $(-\infty,+\infty)$.

例3 求幂级数 $\sum\limits_{n=0}^{\infty}n!x^n$ 的收敛半径.

解 因为

$$\rho=\lim_{n\to\infty}\left|\frac{a_{n+1}}{a_n}\right|=\lim_{n\to\infty}\frac{(n+1)!}{n!}=+\infty,$$

所以收敛半径为 $R=0$,即级数仅在 $x=0$ 处收敛.

例4 求幂级数 $\sum\limits_{n=0}^{\infty}\dfrac{(2n)!}{(n!)^2}x^{2n}$ 的收敛半径.

解 级数缺少 x 的奇次幂项,定理不能应用,可根据达朗贝尔判别法来求收敛半径.

幂级数的一般项记为 $u_n(x)=\dfrac{(2n)!}{(n!)^2}x^{2n}$.

因为

$$\frac{u_{n+1}(x)}{u_n(x)}=\frac{\frac{[2(n+1)]!}{[(n+1)!]^2}x^{2(n+1)}}{\frac{(2n)!}{(n!)^2}x^{2n}}=\frac{(2n+2)(2n+1)}{(n+1)^2}x^2,$$

所以

$$\lim_{n\to\infty}\left|\frac{u_{n+1}(x)}{u_n(x)}\right|=4\mid x\mid^2.$$

故当 $4|x|^2<1$ 即 $|x|<\frac{1}{2}$ 时级数收敛；当 $4|x|^2>1$ 即 $|x|>\frac{1}{2}$ 时级数发散. 所以收敛半径为 $R=\frac{1}{2}$.

对于这样的缺项级数，最好是运用达朗贝尔判别法来直接求其收敛区间，将达朗贝尔判别法应用于对应的绝对值级数，如果忽视所给级数缺项而直接去运用定理就会导致错误.

例 5 求幂级数 $\sum_{n=1}^{\infty}\frac{(x-1)^n}{2^n n}$ 的收敛区间.

解 令 $t=x-1$，上述级数变为 $\sum_{n=1}^{\infty}\frac{t^n}{2^n n}$.

因为 $\lim_{n\to\infty}\left|\frac{a_{n+1}}{a_n}\right|=\frac{1}{2}$，

所以收敛半径 $R=2$.

当 $t=2$ 时，级数成为 $\sum_{n=1}^{\infty}\frac{1}{n}$，此级数发散；当 $t=-2$ 时，级数成为 $\sum_{n=1}^{\infty}\frac{(-1)^n}{n}$，此级数收敛.

因此级数 $\sum_{n=1}^{\infty}\frac{t^n}{2^n n}$ 的收敛区间为 $-2\leqslant t<2$. 因为 $-2\leqslant t=x-1<2$，即 $-1\leqslant x<3$，所以原级数的收敛区间为 $[-1,3)$.

二、幂级数的运算法则

设幂级数 $\sum_{n=0}^{\infty}a_n x^n$ 及 $\sum_{n=0}^{\infty}b_n x^n$ 的和函数为 $S_1(x),S_2(x)$，收敛半径分别为 R_1,R_2. 记 $R=\min\{R_1,R_2\}$，则在 $(-R,R)$ 内有如下运算法则：

1. 加法运算

$$\sum_{n=0}^{\infty}a_n x^n+\sum_{n=0}^{\infty}b_n x^n=\sum_{n=0}^{\infty}(a_n+b_n)x^n;$$
$$\sum_{n=0}^{\infty}a_n x^n-\sum_{n=0}^{\infty}b_n x^n=\sum_{n=0}^{\infty}(a_n-b_n)x^n.$$

2. 乘法运算

$$\sum_{n=0}^{\infty}a_n x^n\sum_{n=0}^{\infty}b_n x^n=a_0 b_0+(a_0 b_1+a_1 b_0)x+(a_0 b_2+a_1 b_1+a_2 b_0)x^2+\cdots+\sum_{i=0}^{n}a_i b_{n-i}x^n+\cdots.$$

3. 微分运算

幂级数 $\sum_{n=0}^{\infty} a_n x^n$ 的和函数 $s(x)$ 在其收敛区间 $(-R,R)$ 内可导，并且有逐项求导公式：

$$s'(x) = \Big(\sum_{n=0}^{\infty} a_n x^n\Big)' = \sum_{n=0}^{\infty} (a_n x^n)' = \sum_{n=1}^{\infty} n a_n x^{n-1} \quad (x \in (-R,R)).$$

逐项求导后所得到的幂级数和原级数有相同的收敛半径.

4. 积分运算

幂级数 $\sum_{n=0}^{\infty} a_n x^n$ 的和函数 $s(x)$ 在其收敛区间 $(-R,R)$ 内可积，并且有逐项积分公式：

$$\int_0^x s(x) dx = \int_0^x \Big(\sum_{n=0}^{\infty} a_n x^n\Big) dx = \sum_{n=0}^{\infty} \int_0^x a_n x^n dx = \sum_{n=0}^{\infty} \frac{a_n}{n+1} x^{n+1} \quad (x \in (-R,R)).$$

逐项积分后所得到的幂级数和原级数有相同的收敛半径.

例 6　求幂级数 $\sum_{n=0}^{\infty} (n+1) x^n$ 的和函数.

解　所给幂函数的收敛区间为 $(-1,1)$. 注意到 $(n+1) x^n = (x^{n+1})'$，而

$$\sum_{n=0}^{\infty} (n+1) x^n = \sum_{n=0}^{\infty} (x^{n+1})' = \Big(\sum_{n=0}^{\infty} x^{n+1}\Big)'.$$

在收敛区间 $(-1,1)$ 内，幂函数 $\sum_{n=0}^{\infty} x^{n+1} = \dfrac{x}{1-x}$，所以

$$\sum_{n=0}^{\infty} (n+1) x^n = \Big(\sum_{n=0}^{\infty} x^{n+1}\Big)' = \Big(\frac{x}{1-x}\Big)' = \frac{1}{(1-x)^2}.$$

例 7　求幂级数 $\sum_{n=0}^{\infty} \dfrac{1}{n+1} x^n$ 的和函数.

解　求得幂级数的收敛区间为 $[-1,1)$.

设和函数为 $s(x)$，即 $s(x) = \sum_{n=0}^{\infty} \dfrac{1}{n+1} x^n, x \in [-1,1)$. 显然 $s(0) = 1$.

对 $xs(x) = \sum_{n=0}^{\infty} \dfrac{1}{n+1} x^{n+1}$ 的两边求导得

$$[xs(x)]' = \sum_{n=0}^{\infty} \Big(\frac{1}{n+1} x^{n+1}\Big)' = \sum_{n=0}^{\infty} x^n = \frac{1}{1-x}.$$

对上式从 0 到 x 积分，得

$$xs(x) = \int_0^x \frac{1}{1-x} dx = -\ln(1-x).$$

于是,当 $x \neq 0$ 时,有 $s(x) = -\frac{1}{x}\ln(1-x)$.

从而
$$s(x) = \begin{cases} -\frac{1}{x}\ln(1-x), & x \in [-1,0) \cup (0,1), \\ 1, & x = 0. \end{cases}$$

习 题 8.3

1. 求下列幂级数的收敛区间:

(1) $\sum_{n=1}^{\infty} nx^n$;

(2) $\sum_{n=1}^{\infty} \frac{x^n}{n \cdot 3^n}$;

(3) $\frac{1}{2} + \frac{x}{2^2} + \frac{x^2}{2^3} + \frac{x^3}{2^4} + \cdots$;

(4) $\sum_{n=1}^{\infty} (-1)^n \frac{x^{2n+1}}{2n+1}$;

(5) $\sum_{n=1}^{\infty} (-1)^{n-1} \frac{(x+1)^n}{n}$.

2. 求下列函数的和函数:

(1) $\sum_{n=1}^{\infty} (-1)^{n-1} nx^{n-1}$;

(2) $\sum_{n=1}^{\infty} \frac{x^{4n+1}}{4n+1}$.

§8.4 函数的幂级数展开式

我们已经看到,幂级数不仅形式简单,而且有一些与多项式类似的性质可供利用.对于给定的函数 $f(x)$,它是否能在某个区间内"展开成幂级数",就是说,是否能找到这样一个幂级数,它在某区间内收敛,且其和恰好就是给定的函数 $f(x)$.如果能找到这样的幂级数,就说,函数 $f(x)$ 在该区间内能展开成幂级数,或简单地说函数 $f(x)$ 能展开成幂级数,而该级数在收敛区间内就表达了函数 $f(x)$.

一、泰勒公式

如果 $f(x)$ 在点 x_0 的某邻域内具有各阶导数,则对该邻域内任一 x 有

$$f(x) = f(x_0) + f'(x_0)(x-x_0) + \frac{f''(x_0)}{2!}(x-x_0)^2 + \cdots + \frac{f^{(n)}(x_0)}{n!}(x-x_0)^n + \frac{f^{(n+1)}(\xi)}{(n+1)!}(x-x_0)^{n+1}$$

(其中 ξ 在 x_0 与 x 之间).

上式称为 $f(x)$ 的泰勒公式,利用泰勒公式,可以用

$$f(x_0) + f'(x_0)(x-x_0) + \frac{f''(x_0)}{2!}(x-x_0)^2 + \cdots + \frac{f^{(n)}(x_0)}{n!}(x-x_0)^n$$

来近似表达函数,并可通过余项 $R_n(x) = \frac{f^{(n+1)}(\xi)}{(n+1)!}(x-x_0)^{n+1}$ 估计误差.

在泰勒公式中取 $x_0 = 0$,记 $\xi = \theta x, 0 < \theta < 1$,得

$$f(x) = f(0) + f'(0)x + \frac{f''(0)}{2!}x^2 + \cdots + \frac{f^{(n)}(0)}{n!}x^n + \frac{f^{(n+1)}(\theta x)}{(n+1)!}x^{n+1},$$

称其为 $f(x)$ 的麦克劳林公式.

函数 $f(x)$ 能在区间 I 内展开为泰勒级数

$$f(x) = f(x_0) + f'(x_0)(x-x_0) + \frac{f''(x_0)}{2!}(x-x_0)^2 + \cdots +$$

$$\frac{f^{(n)}(x_0)}{n!}(x-x_0)^n + \cdots$$

的充要条件是:在区间 I 内,$\lim\limits_{n\to\infty} R_n(x) = 0$.

二、函数展开成幂级数

1. 直接展开法

利用麦克劳林公式将函数展开成幂级数的方法称为**直接展开法**. 展开步骤为:

第一步,求出 $f(x)$ 的各阶导数:$f'(x), f''(x), \cdots, f^{(n)}(x), \cdots$;

第二步,求函数及其各阶导数在 $x=0$ 处的值:

$$f(0), f'(0), f''(0), \cdots, f^{(n)}(0), \cdots;$$

第三步,写出幂级数

$$f(0) + f'(0)x + \frac{f''(0)}{2!}x^2 + \cdots + \frac{f^{(n)}(0)}{n!}x^n + \cdots$$

并求出收敛半径 R;

第四步,考察在区间 $(-R, R)$ 内是否有 $R_n(x) \to 0 (n\to\infty)$,即

$$\lim\limits_{n\to\infty} R_n(x) = \lim\limits_{n\to\infty} \frac{f^{(n+1)}(\xi)}{(n+1)!}x^{n+1}$$

是否为零.

如果 $R_n(x) \to 0 (n\to\infty)$,则 $f(x)$ 在 $(-R, R)$ 内有展开式

$$f(x) = f(0) + f'(0)x + \frac{f''(0)}{2!}x^2 + \cdots + \frac{f^{(n)}(0)}{n!}x^n + \cdots \quad (-R < x < R).$$

例 1 将函数 $f(x) = e^x$ 展开成 x 的幂级数.

解 所给函数的各阶导数为 $f^{(n)}(x) = e^x (n=1,2,\cdots)$,因此 $f^{(n)}(0) = 1 (n=1, 2, \cdots)$. 于是得级数

$$1 + x + \frac{1}{2!}x^2 + \cdots + \frac{1}{n!}x^n + \cdots.$$

它的收敛半径 $R = +\infty$,收敛区间为 $(-\infty, +\infty)$.

对于任何有限的数 x,ξ(ξ 介于 0 与 x 之间),有

$$|R_n(x)| = \left|\frac{e^\xi}{(n+1)!}x^{n+1}\right| < e^{|x|}\frac{|x|^{n+1}}{(n+1)!}.$$

$\frac{x^{n+1}}{(n+1)!}$ 是上级数的通项,且其绝对收敛区间为 $(-\infty,+\infty)$,再由收敛级数的必要条件知 $\lim\limits_{n\to\infty}\frac{|x|^{n+1}}{(n+1)!}=0$,所以 $\lim\limits_{n\to\infty}|R_n(x)|=0$,从而有展开式

$$e^x = 1 + x + \frac{1}{2!}x^2 + \cdots + \frac{1}{n!}x^n + \cdots \quad (-\infty < x < +\infty).$$

例 2 将函数 $f(x)=\sin x$ 展开成 x 的幂级数.

解 因为 $(\sin x)^{(n)} = \sin(x+n\cdot\frac{\pi}{2})$ $(n=1,2,\cdots)$,所以 $f^{(n)}(0)$ 顺序循环地取 $0,1,0,-1,\cdots(n=0,1,2,3,\cdots)$,于是得级数

$$x - \frac{x^3}{3!} + \frac{x^5}{5!} - \cdots + (-1)^{n-1}\frac{x^{2n-1}}{(2n-1)!} + \cdots.$$

它的收敛半径为 $R=+\infty$.

对于任何有限的数 x,ξ(ξ 介于 0 与 x 之间),有

$$|R_n(x)| = \left|\frac{\sin\left[\xi+\frac{(n+1)\pi}{2}\right]}{(n+1)!}x^{n+1}\right| \leqslant \frac{|x|^{n+1}}{(n+1)!} \to 0 \quad (n\to\infty).$$

所以 $\lim\limits_{n\to\infty}|R_n(x)|=0.$

因此得展开式

$$\sin x = x - \frac{x^3}{3!} + \frac{x^5}{5!} - \cdots + (-1)^{n-1}\frac{x^{2n-1}}{(2n-1)!} + \cdots \quad (-\infty < x < +\infty).$$

类似地

$$(1+x)^m = 1 + mx + \frac{m(m-1)}{2!}x^2 + \cdots +$$
$$\frac{m(m-1)\cdots(m-n+1)}{n!}x^n + \cdots \quad (-1 < x < 1).$$

2. 间接展开法

利用已知的展开式,通过幂级数的运算,来求函数的幂级数的展开式的方法称为**间接展开法**.

如:$(\sin x)' = \cos x = 1 - \frac{x^2}{2!} + \frac{x^4}{4!} - \cdots + (-1)^n\frac{x^{2n}}{(2n)!} + \cdots \quad (-\infty < x < +\infty).$

例 3 将函数 $f(x)=\frac{1}{1+x^2}$ 展开成 x 的幂级数.

解 因为 $\frac{1}{1-x} = 1 + x + x^2 + \cdots + x^n + \cdots \quad (-1 < x < 1),$

把 x 换成 $-x^2$,得

$$\frac{1}{1+x^2} = 1 - x^2 + x^4 - \cdots + (-1)^n x^{2n} + \cdots \quad (-1 < x < 1).$$

收敛半径的确定：由 $-1 < -x^2 \leqslant 0$ 得 $-1 < x < 1$.

例 4 将函数 $f(x) = \ln(1+x)$ 展开成 x 的幂级数.

解 因为 $f'(x) = \dfrac{1}{1+x}$，而 $\dfrac{1}{1+x}$ 是收敛的等比级数 $\sum\limits_{n=0}^{\infty}(-1)^n x^n$ $(-1 < x < 1)$ 的和函数：

$$\frac{1}{1+x} = 1 - x + x^2 - x^3 + \cdots + (-1)^n x^n + \cdots.$$

所以将上式从 0 到 x 逐项积分，得

$$\ln(1+x) = x - \frac{x^2}{2} + \frac{x^3}{3} - \frac{x^4}{4} + \cdots + (-1)^n \frac{x^{n+1}}{n+1} + \cdots \quad (-1 < x \leqslant 1).$$

例 5 将函数 $f(x) = \sin x$ 展开成 $\left(x - \dfrac{\pi}{4}\right)$ 的幂级数.

解 因为

$$\sin x = \sin\left[\frac{\pi}{4} + \left(x - \frac{\pi}{4}\right)\right] = \frac{\sqrt{2}}{2}\left[\cos\left(x - \frac{\pi}{4}\right) + \sin\left(x - \frac{\pi}{4}\right)\right],$$

并且有

$$\cos\left(x - \frac{\pi}{4}\right) = 1 - \frac{1}{2!}\left(x - \frac{\pi}{4}\right)^2 + \frac{1}{4!}\left(x - \frac{\pi}{4}\right)^4 - \cdots \quad (-\infty < x < +\infty),$$

$$\sin\left(x - \frac{\pi}{4}\right) = \left(x - \frac{\pi}{4}\right) - \frac{1}{3!}\left(x - \frac{\pi}{4}\right)^3 + \frac{1}{5!}\left(x - \frac{\pi}{4}\right)^5 - \cdots \quad (-\infty < x < +\infty).$$

所以

$$\sin x = \frac{\sqrt{2}}{2}\left[1 + \left(x - \frac{\pi}{4}\right) - \frac{1}{2!}\left(x - \frac{\pi}{4}\right)^2 - \frac{1}{3!}\left(x - \frac{\pi}{4}\right)^3 + \cdots\right] \quad (-\infty < x < +\infty).$$

例 6 将函数 $f(x) = \dfrac{1}{x^2 + 4x + 3}$ 展开成 $x-1$ 的幂级数.

解 $f(x) = \dfrac{1}{x^2 + 4x + 3} = \dfrac{1}{(x+1)(x+3)} = \dfrac{1}{2(1+x)} - \dfrac{1}{2(3+x)}$

$$= \frac{1}{4\left(1 + \dfrac{x-1}{2}\right)} - \frac{1}{8\left(1 + \dfrac{x-1}{4}\right)}$$

$$= \frac{1}{4}\sum_{n=0}^{\infty}(-1)^n \frac{(x-1)^n}{2^n} - \frac{1}{8}\sum_{n=0}^{\infty}(-1)^n \frac{(x-1)^n}{4^n}$$

$$= \sum_{n=0}^{\infty}(-1)^n\left(\frac{1}{2^{n+2}} - \frac{1}{2^{2n+3}}\right)(x-1)^n \quad (-1 < x < 3).$$

其收敛域的确定：由 $-1 < \dfrac{x-1}{2} < 1$ 和 $-1 < \dfrac{x-1}{4} < 1$ 得 $-1 < x < 3$.

以下是几个常用函数的幂级数展开式,大家要熟记.

$\dfrac{1}{1-x} = 1 + x + x^2 + \cdots + x^n + \cdots \quad (-1 < x < 1);$

$\dfrac{1}{1+x} = 1 - x + x^2 - x^3 + \cdots + (-1)^n x^n + \cdots \quad (-1 < x < 1);$

$e^x = 1 + x + \dfrac{1}{2!}x^2 + \cdots + \dfrac{1}{n!}x^n + \cdots \quad (-\infty < x < +\infty);$

$\sin x = x - \dfrac{x^3}{3!} + \dfrac{x^5}{5!} - \cdots + (-1)^{n-1}\dfrac{x^{2n-1}}{(2n-1)!} + \cdots \quad (-\infty < x < +\infty);$

$\cos x = 1 - \dfrac{x^2}{2!} + \dfrac{x^4}{4!} - \cdots + (-1)^n \dfrac{x^{2n}}{(2n)!} + \cdots \quad (-\infty < x < +\infty);$

$\ln(1+x) = x - \dfrac{x^2}{2} + \dfrac{x^3}{3} - \dfrac{x^4}{4} + \cdots + (-1)^n \dfrac{x^{n+1}}{n+1} + \cdots \quad (-1 < x \leq 1);$

$(1+x)^m = 1 + mx + \dfrac{m(m-1)}{2!}x^2 + \cdots + \dfrac{m(m-1)\cdots(m-n+1)}{n!}x^n + \cdots$
$$(-1 < x < 1).$$

习 题 8.4

1. 将下列函数展开成 x 的幂级数:

(1) $y = a^x$;

(2) $y = \ln(10+x)$;

(3) $y = \sqrt[3]{8-x^3}$;

(4) $f(x) = (1+x)e^x$;

(5) $f(x) = \dfrac{1}{2x^2 - 3x + 1}$.

2. 将函数 $f(x) = e^{\frac{x}{a}}$ 展开为 $x-a$ 的幂级数 $(a \neq 0)$.

3. 将函数 $f(x) = \cos x$ 展开成 $\left(x + \dfrac{\pi}{3}\right)$ 的幂级数.

§8.5 傅里叶级数

一、三角级数

定义1 如下形式的函数项级数:
$$\dfrac{1}{2}a_0 + \sum_{n=1}^{\infty}(a_n \cos nx + b_n \sin nx)$$

称为三角级数,其中常数 $a_0, a_n, b_n (n=1,2,\cdots)$ 称为三角级数的系数.

定义2 由
$$1, \sin x, \cos x, \sin 2x, \cos 2x, \cdots, \sin nx, \cos nx, \cdots$$

组成的函数序列称为三角函数系.

三角函数系的正交性是指:三角函数系中任何两个不同函数的乘积在区间 $[-\pi, \pi]$ 上的积分等于零,即

$$\int_{-\pi}^{\pi} \cos nx \, dx = 0 \quad (n=1,2,\cdots);$$

$$\int_{-\pi}^{\pi} \sin nx \, dx = 0 \quad (n=1,2,\cdots);$$

$$\int_{-\pi}^{\pi} \sin kx \cos nx \, dx = 0 \quad (k,n=1,2,\cdots);$$

$$\int_{-\pi}^{\pi} \sin kx \sin nx \, dx = 0 \quad (k,n=1,2,\cdots; k \neq n);$$

$$\int_{-\pi}^{\pi} \cos kx \cos nx \, dx = 0 \quad (k,n=1,2,\cdots; k \neq n).$$

三角函数系中任何两个相同函数的乘积在区间$[-\pi,\pi]$上的积分不等于零,即

$$\int_{-\pi}^{\pi} 1^2 \, dx = 2\pi;$$

$$\int_{-\pi}^{\pi} \cos^2 nx \, dx = \pi \quad (n=1,2,\cdots);$$

$$\int_{-\pi}^{\pi} \sin^2 nx \, dx = \pi \quad (n=1,2,\cdots).$$

二、周期为 2π 的周期函数展为傅里叶级数

设 $f(x)$ 是周期为 2π 的周期函数,且能展开为三角级数:

$$f(x) = \frac{a_0}{2} + \sum_{k=1}^{\infty} (a_k \cos kx + b_k \sin kx),$$

那么系数 $a_0, a_n, b_n (n=1,2,\cdots)$ 应如何确定? $f(x)$ 应满足什么条件才能展开为上式?

假定三角级数是可以逐项积分的,则

$$\int_{-\pi}^{\pi} f(x) \cos nx \, dx = \int_{-\pi}^{\pi} \frac{a_0}{2} \cos nx \, dx + \sum_{k=1}^{\infty} \left[a_k \int_{-\pi}^{\pi} \cos kx \cos nx \, dx + b_k \int_{-\pi}^{\pi} \sin kx \cos nx \, dx \right] = a_n \pi.$$

类似地 $\int_{-\pi}^{\pi} f(x) \sin nx \, dx = b_n \pi.$

于是

$$a_0 = \frac{1}{\pi} \int_{-\pi}^{\pi} f(x) \, dx;$$

$$a_n = \frac{1}{\pi} \int_{-\pi}^{\pi} f(x) \cos nx \, dx \quad (n=1,2,\cdots);$$

$$b_n = \frac{1}{\pi} \int_{-\pi}^{\pi} f(x) \sin nx \, dx \quad (n=1,2,\cdots).$$

称系数 $a_0, a_1, b_1, \cdots$ 为函数 $f(x)$ 的**傅里叶系数**.

称三角级数

$$\frac{a_0}{2} + \sum_{n=1}^{\infty}(a_n \cos nx + b_n \sin nx)$$

为**傅里叶级数**,其中 $a_0, a_1, b_1, \cdots$ 是傅里叶系数.

对于函数展开成傅里叶级数的条件及其收敛性,给出如下定理:

定理1(收敛定理,狄利克雷充分条件) 设 $f(x)$ 是周期为 2π 的周期函数,如果它满足:在一个周期内连续或只有有限个第一类间断点,在一个周期内至多只有有限个极值点,则 $f(x)$ 的傅里叶级数收敛,并且

当 x 是 $f(x)$ 的连续点时,级数收敛于 $f(x)$;

当 x 是 $f(x)$ 的间断点时,级数收敛于 $\frac{1}{2}[f(x-0)+f(x+0)]$.

例1 设 $f(x)$ 是周期为 2π 的周期函数,它在 $[-\pi, \pi)$ 上的表达式为

$$f(x) = \begin{cases} -1, & -\pi \leqslant x < 0, \\ 1, & 0 \leqslant x < \pi. \end{cases}$$

试将 $f(x)$ 展开成傅里叶级数.

解 所给函数满足收敛定理的条件,它在点 $x = k\pi (k = 0, \pm 1, \pm 2, \cdots)$ 处不连续,在其他点处连续,从而由收敛定理知道 $f(x)$ 的傅里叶级数收敛,并且当 $x = k\pi$ 时收敛于

$$\frac{1}{2}[f(x-0)+f(x+0)] = \frac{1}{2}(-1+1) = 0,$$

当 $x \neq k\pi$ 时级数收敛于 $f(x)$.

傅里叶系数计算如下:

$$a_n = \frac{1}{\pi}\int_{-\pi}^{\pi} f(x)\cos nx\, dx$$

$$= \frac{1}{\pi}\int_{-\pi}^{0}(-1)\cos nx\, dx + \frac{1}{\pi}\int_{0}^{\pi} 1\cdot\cos nx\, dx = 0 \quad (n = 0, 1, 2, \cdots);$$

$$b_n = \frac{1}{\pi}\int_{-\pi}^{\pi} f(x)\sin nx\, dx = \frac{1}{\pi}\int_{-\pi}^{0}(-1)\sin nx\, dx + \frac{1}{\pi}\int_{0}^{\pi} 1\cdot\sin nx\, dx;$$

$$= \frac{1}{\pi}\left(\frac{\cos nx}{n}\right)_{-\pi}^{0} + \frac{1}{\pi}\left(-\frac{\cos nx}{n}\right)_{0}^{\pi} = \frac{1}{n\pi}[1 - \cos n\pi - \cos n\pi + 1]$$

$$= \frac{2}{n\pi}[1 - (-1)^n] = \begin{cases} \dfrac{4}{n\pi}, & n = 1, 3, 5, \cdots, \\ 0, & n = 2, 4, 6, \cdots. \end{cases}$$

于是 $f(x)$ 的傅里叶级数展开式为

$$f(x) = \frac{4}{\pi}\left[\sin x + \frac{1}{3}\sin 3x + \cdots + \frac{1}{2k-1}\sin(2k-1)x + \cdots\right]$$

$$(-\infty < x < +\infty; x \neq 0, \pm\pi, \pm 2\pi, \cdots).$$

例2 设 $f(x)$ 是周期为 2π 的周期函数,它在 $[-\pi, \pi)$ 内的表达式为

$$f(x) = \begin{cases} x, & -\pi \leqslant x < 0, \\ 0, & 0 \leqslant x < \pi. \end{cases}$$

试将 $f(x)$ 展开成傅里叶级数.

解 所给函数满足收敛定理的条件,它在点 $x=(2k+1)\pi(k=0,\pm 1,\pm 2,\cdots)$ 处不连续,因此,$f(x)$ 的傅里叶级数在 $x=(2k+1)\pi$ 处收敛于

$$\frac{1}{2}[f(x-0)+f(x+0)] = \frac{1}{2}(0-\pi) = -\frac{\pi}{2},$$

在连续点 $x \neq (2k+1)\pi$ 处级数收敛于 $f(x)$.

傅里叶系数计算如下:

$$a_0 = \frac{1}{\pi}\int_{-\pi}^{\pi} f(x)\,dx = \frac{1}{\pi}\int_{-\pi}^{0} x\,dx = -\frac{\pi}{2};$$

$$a_n = \frac{1}{\pi}\int_{-\pi}^{\pi} f(x)\cos nx\,dx = \frac{1}{\pi}\int_{-\pi}^{0} x\cos nx\,dx = \frac{1}{\pi}\left[\frac{x\sin nx}{n}+\frac{\cos nx}{n^2}\right]_{-\pi}^{0}$$

$$= \frac{1}{n^2\pi}(1-\cos n\pi) = \begin{cases} \dfrac{2}{n^2\pi}, & n=1,3,5,\cdots, \\ 0, & n=2,4,6,\cdots; \end{cases}$$

$$b_n = \frac{1}{\pi}\int_{-\pi}^{\pi} f(x)\sin nx\,dx = \frac{1}{\pi}\int_{-\pi}^{0} x\sin nx\,dx = \frac{1}{\pi}\left[-\frac{x\cos nx}{n}+\frac{\sin nx}{n^2}\right]_{-\pi}^{0}$$

$$= -\frac{\cos n\pi}{n} = \frac{(-1)^{n+1}}{n} \quad (n=1,2,\cdots).$$

$f(x)$ 的傅里叶级数展开式为:

$$f(x) = -\frac{\pi}{4}+\left(\frac{2}{\pi}\cos x+\sin x\right)-\frac{1}{2}\sin 2x+\left(\frac{2}{3^2\pi}\cos 3x+\frac{1}{3}\sin 3x\right)-\frac{1}{4}\sin 4x+$$

$$\left(\frac{2}{5^2\pi}\cos 5x+\frac{1}{5}\sin 5x\right)-\cdots \quad (-\infty < x < +\infty; x \neq \pm\pi, \pm 3\pi, \cdots).$$

周期延拓:设 $f(x)$ 只在 $[-\pi,\pi]$ 上有定义,可以在 $[-\pi,\pi)$ 或 $(-\pi,\pi]$ 外补充函数 $f(x)$ 的定义,使它拓广成周期为 2π 的周期函数 $F(x)$,在 $(-\pi,\pi)$ 内,$F(x)=f(x)$.

三、正弦级数和余弦级数

当 $f(x)$ 为奇函数时,$f(x)\cos nx$ 是奇函数,$f(x)\sin nx$ 是偶函数,故傅里叶系数为

$$a_n = \frac{1}{\pi}\int_{-\pi}^{\pi} f(x)\cos nx\,dx = 0 \quad (n=0,1,2,\cdots);$$

$$b_n = \frac{2}{\pi}\int_{0}^{\pi} f(x)\sin nx\,dx \quad (n=1,2,\cdots).$$

因此奇函数的傅里叶级数是只含有正弦项的**正弦级数** $\sum\limits_{n=1}^{\infty} b_n\sin nx$.

当 $f(x)$ 为偶函数时,$f(x)\cos nx$ 是偶函数,$f(x)\sin nx$ 是奇函数,故傅里叶系

数为
$$a_n = \frac{2}{\pi}\int_0^\pi f(x)\cos nx\,dx \quad (n=0,1,2,\cdots);$$
$$b_n = \frac{1}{\pi}\int_{-\pi}^\pi f(x)\sin nx\,dx = 0 \quad (n=1,2,\cdots).$$

因此偶函数的傅里叶级数是只含有余弦项的**余弦级数** $\dfrac{a_0}{2}+\sum\limits_{n=1}^\infty a_n\cos nx$.

四、周期为 $2l$ 的周期函数展为傅里叶级数

先把周期为 $2l$ 的周期函数 $f(x)$ 变换为周期为 2π 的周期函数.

令 $x=\dfrac{l}{\pi}t$ 及 $f(x)=f\left(\dfrac{l}{\pi}t\right)=F(t)$,则 $F(t)$ 是以 2π 为周期的函数. 这是因为
$$F(t+2\pi)=f\left[\frac{l}{\pi}(t+2\pi)\right]=f\left(\frac{l}{\pi}t+2l\right)=f\left(\frac{l}{\pi}t\right)=F(t).$$

于是当 $F(t)$ 满足收敛定理的条件时,$F(t)$ 可展开成傅里叶级数:
$$F(t)=\frac{a_0}{2}+\sum_{n=1}^\infty(a_n\cos nt+b_n\sin nt),$$

其中
$$a_n=\frac{1}{\pi}\int_{-\pi}^\pi F(t)\cos nt\,dt \quad (n=0,1,2,\cdots);$$
$$b_n=\frac{1}{\pi}\int_{-\pi}^\pi F(t)\sin nt\,dt \quad (n=1,2,\cdots).$$

从而有如下定理:

定理 2 设周期为 $2l$ 的周期函数 $f(x)$ 满足收敛定理的条件,则它的傅里叶级数展开式为
$$f(x)=\frac{a_0}{2}+\sum_{n=1}^\infty\left(a_n\cos\frac{n\pi x}{l}+b_n\sin\frac{n\pi x}{l}\right),$$

其中
$$a_n=\frac{1}{l}\int_{-l}^l f(x)\cos\frac{n\pi x}{l}dx \quad (n=0,1,2,\cdots);$$
$$b_n=\frac{1}{l}\int_{-l}^l f(x)\sin\frac{n\pi x}{l}dx \quad (n=1,2,\cdots).$$

当 $f(x)$ 为奇函数时,
$$f(x)=\sum_{n=1}^\infty b_n\sin\frac{n\pi x}{l},$$

其中 $b_n=\dfrac{2}{l}\int_0^l f(x)\sin\dfrac{n\pi x}{l}dx \quad (n=1,2,\cdots).$

当 $f(x)$ 为偶函数时,
$$f(x)=\frac{a_0}{2}+\sum_{n=1}^\infty a_n\cos\frac{n\pi x}{l},$$

其中 $a_n = \dfrac{2}{l}\displaystyle\int_0^l f(x)\cos\dfrac{n\pi x}{l}\mathrm{d}x \quad (n=0,1,2,\cdots)$.

例 3　设 $f(x)$ 是周期为 4 的周期函数,它在 $[-2,2)$ 内的表达式为
$$f(x)=\begin{cases}0, & -2\leqslant x<0,\\ k, & 0\leqslant x<2.\end{cases}\text{(常数 }k\neq 0)$$

试将 $f(x)$ 展开成傅里叶级数.

解　这里 $l=2$.
$$a_0 = \dfrac{1}{2}\int_{-2}^0 0\mathrm{d}x + \dfrac{1}{2}\int_0^2 k\mathrm{d}x = k;$$
$$a_n = \dfrac{1}{2}\int_0^2 k\cos\dfrac{n\pi x}{2}\mathrm{d}x = \left[\dfrac{k}{n\pi}\sin\dfrac{n\pi x}{2}\right]_0^2 = 0 \quad (n\neq 0);$$
$$b_n = \dfrac{1}{2}\int_0^2 k\sin\dfrac{n\pi x}{2}\mathrm{d}x = \left[-\dfrac{k}{n\pi}\cos\dfrac{n\pi x}{2}\right]_0^2$$
$$= \dfrac{k}{n\pi}(1-\cos n\pi) = \begin{cases}\dfrac{2k}{n\pi}, & n=1,3,5,\cdots,\\ 0, & n=2,4,6,\cdots.\end{cases}$$

于是
$$f(x) = \dfrac{k}{2} + \dfrac{2k}{\pi}\left(\sin\dfrac{\pi x}{2} + \dfrac{1}{3}\sin\dfrac{3\pi x}{2} + \dfrac{1}{5}\sin\dfrac{5\pi x}{2} + \cdots\right)$$
$$(-\infty<x<+\infty, x\neq 0,\pm 2,\pm 4,\cdots),$$

在点 $x=0,\pm 2,\pm 4,\cdots$ 处收敛于 $\dfrac{k}{2}$.

习 题 8.5

1. 证明三角函数系 $1,\cos\omega x,\sin\omega x,\cos 2\omega x,\sin 2\omega x,\cdots,\cos n\omega x,\sin n\omega x,\cdots$ 在 $\left[-\dfrac{T}{2},\dfrac{T}{2}\right]$ 上具有正交性,其中 $T=\dfrac{2\pi}{\omega}$.

2. 将下列各周期为 2π 的周期函数 $f(x)$ 展开成傅里叶级数,其中 $f(x)$ 在 $[-\pi,\pi)$ 内的表达式为:

(1) $f(x)=x^3$;　　　　(2) $f(x)=e^x+1$;

(3) $f(x)=2\sin\dfrac{x}{3}$;　　(4) $f(x)=\cos\dfrac{x}{2}$.

本章知识精粹

本章首先介绍无穷级数的概念及其基本性质,然后重点讨论常数项级数的收敛、发散判别法. 在此基础上,介绍函数项级数的有关内容,并由此得出幂级数的一些最基本的结论和初等函数的幂级数展开式,最后介绍傅里叶级数的概念和将周期函数展开成傅里叶级数的方法.

$\lim\limits_{n\to\infty}u_n=0$ 仅是级数收敛的必要条件,并不是级数收敛的充分条件,绝不能由 $\lim\limits_{n\to\infty}u_n=0$ 就得出级数 $\sum\limits_{n=1}^{\infty}u_n$ 收敛的结论. 但是,若 $\lim\limits_{n\to\infty}u_n\neq 0$,则级数 $\sum\limits_{n=1}^{\infty}u_n$ 一定发散.

1. 正项级数

(1) 比较判别法:简记为"大收小收,小发大发",今后通常用作比较标准的级数为 p 级数和几何级数.

(2) 达朗贝尔判别法:当正项级数的一般项中出现 a^n 或 $n!$ 等形式比值时,常用其来判定级数的收敛性.

2. 交错级数

如果交错级数 $\sum\limits_{n=1}^{\infty}(-1)^{n-1}u_n$ 满足条件:

(1) $u_n\geqslant u_{n+1}$ $(n=1,2,3,\cdots)$;

(2) $\lim\limits_{n\to\infty}u_n=0$.

则交错级数收敛,且其和 $s\leqslant u_1$,其余项 r_n 的绝对值 $|r_n|\leqslant u_{n+1}$.

3. 任意项级数

可利用正项级数的判别法去判别 $\sum\limits_{n=1}^{\infty}u_n$ 的各项取绝对值后得到的正项级数 $\sum\limits_{n=1}^{\infty}|u_n|$,若级数 $\sum\limits_{n=1}^{\infty}u_n$ 绝对收敛,则级数 $\sum\limits_{n=1}^{\infty}u_n$ 必收敛.

4. 幂级数

设 $\sum\limits_{n=0}^{\infty}a_n x^n$ 相邻两项系数之比的极限 $\lim\limits_{n\to\infty}\left|\dfrac{a_{n+1}}{a_n}\right|=\rho$,如果 $0<\rho<+\infty$,则当 $|x|<\dfrac{1}{\rho}$ 时,幂级数 $\sum\limits_{n=0}^{\infty}a_n x^n$ 收敛;当 $|x|>\dfrac{1}{\rho}$ 时,幂级数 $\sum\limits_{n=0}^{\infty}a_n x^n$ 发散. 幂级数 $\sum\limits_{n=0}^{\infty}a_n x^n$ 的收敛半径为 $R=\dfrac{1}{\rho}$ (R 可以为 0,也可以为 $+\infty$),这时幂级数 $\sum\limits_{n=1}^{\infty}a_n x^n$ 在 $(-R,R)$ 内收敛,在区间端点 $x=\pm R$ 处的敛散性需另行讨论.

5. 将函数展开成幂级数可使用直接展开法和间接展开法

以下几个函数的幂级数展开式比较重要,要求熟记.

$\dfrac{1}{1-x}=1+x+x^2+\cdots+x^n+\cdots$ $(-1<x<1)$;

$\dfrac{1}{1+x}=1-x+x^2-x^3+\cdots+(-1)^n x^n+\cdots$ $(-1<x<1)$;

$e^x=1+x+\dfrac{1}{2!}x^2+\cdots+\dfrac{1}{n!}x^n+\cdots$ $(-\infty<x<+\infty)$;

$\sin x=x-\dfrac{x^3}{3!}+\dfrac{x^5}{5!}-\cdots+(-1)^{n-1}\dfrac{x^{2n-1}}{(2n-1)!}+\cdots$ $(-\infty<x<+\infty)$;

$$\cos x = 1 - \frac{x^2}{2!} + \frac{x^4}{4!} - \cdots + (-1)^n \frac{x^{2n}}{(2n)!} + \cdots \quad (-\infty < x < +\infty);$$

$$\ln(1+x) = x - \frac{x^2}{2} + \frac{x^3}{3} - \frac{x^4}{4} + \cdots + (-1)^n \frac{x^{n+1}}{n+1} + \cdots \quad (-1 < x \leqslant 1);$$

$$(1+x)^m = 1 + mx + \frac{m(m-1)}{2!} x^2 + \cdots + \frac{m(m-1)\cdots(m-n+1)}{n!} x^n + \cdots$$
$$(-1 < x < 1).$$

设 $f(x)$ 是周期为 2π 的周期函数，则其傅里叶系数为：

$$a_0 = \frac{1}{\pi} \int_{-\pi}^{\pi} f(x) \, dx;$$

$$a_n = \frac{1}{\pi} \int_{-\pi}^{\pi} f(x) \cos nx \, dx \quad (n = 1, 2, \cdots);$$

$$b_n = \frac{1}{\pi} \int_{-\pi}^{\pi} f(x) \sin nx \, dx \quad (n = 1, 2, \cdots).$$

其傅里叶级数展开式为：

$$f(x) = \frac{a_0}{2} + \sum_{k=1}^{\infty} (a_k \cos kx + b_k \sin kx) \quad (f(x) \text{ 必须满足狄利克雷条件}).$$

第八章习题

1. 判别下列各级数的敛散性：

(1) $\sum_{n=1}^{\infty} \left(\frac{1}{3^n} + \ln \frac{1}{n} \right)$;

(2) $\sum_{n=1}^{\infty} \frac{1}{[4 + (-1)^n]^n}$;

(3) $\sum_{n=1}^{\infty} \sin \frac{n\pi}{6}$;

(4) $\sum_{n=1}^{\infty} (-1)^{n+1} \frac{1}{1 + \ln n}$;

(5) $\sum_{n=1}^{\infty} \frac{1000 \cdot 1001 \cdot 1002 \cdot \cdots \cdot (999+n)}{1 \cdot 3 \cdot 5 \cdot \cdots \cdot (2n-1)}$;

(6) $\sum_{n=1}^{\infty} \frac{a^n}{n^3}$ (a 为常数);

(7) $\sum_{n=1}^{\infty} n \ln\left(1 + \frac{1}{n}\right)$;

(8) $\sum_{n=1}^{\infty} (-1)^n \frac{x^n}{n}$.

2. 确定下列幂级数的收敛半径与收敛区间：

(1) $\sum_{n=1}^{\infty} \frac{x^n}{n(n+1)}$;

(2) $\sum_{n=1}^{\infty} \frac{(x-3)^n}{n \cdot 3^n}$;

(3) $\sum_{n=1}^{\infty} \frac{(2x+1)^n}{n}$;

(4) $\sum_{n=1}^{\infty} \frac{2n-1}{2^n} x^{2n-2}$;

(5) $\sum_{n=1}^{\infty} \frac{x^n}{n^p}$ (p 为常数);

(6) $\sum_{n=1}^{\infty} (1 + \sqrt{2} + \sqrt{3} + \cdots + \sqrt{n}) x^n$.

3. 利用函数 $\frac{1}{1-x}$ 的展开式逐项微分来求 $\sum_{n=1}^{\infty} \frac{n}{2^{n-1}}$ 的和.

4. 展开函数 $f(x) = \ln(1 + x + x^2 + x^3)$ 为 x 的幂级数.

习题参考答案

习题 8.1

1. (1) $(-1)^n \dfrac{1}{2^{n-1}}$;   (2) $\dfrac{a^{n+1}}{2n+1}$;   (3) $\dfrac{x^{\frac{n}{2}}}{2^n(n!)}(x>0)$.

2. (1) 收敛; (2) 收敛; (3) 收敛; (4) 发散; (5) 发散; (6) 发散.

习题 8.2

1. (1) 收敛;   (2) 收敛;   (3) 收敛;   (4) 收敛.
2. (1) 收敛;   (2) 发散;   (3) 收敛;   (4) 收敛.
3. (1) 条件收敛;   (2) 绝对收敛;   (3) 绝对收敛;   (4) 条件收敛.

习题 8.3

1. (1) $(-1,1)$;   (2) $[-3,3]$;   (3) $(-2,2)$;   (4) $[-1,1]$;   (5) $(-2,0]$.

2. (1) $\dfrac{1}{(1+x)^2}$;   (2) $-x-\dfrac{1}{4}\ln\dfrac{1-x}{x+1}+\dfrac{1}{2}\arctan x$.

习题 8.4

1. (1) $\displaystyle\sum_{n=0}^{\infty}\dfrac{(x\ln a)^n}{n!}$ $(-\infty,\infty)$;

   (2) $\ln 10+\displaystyle\sum_{n=1}^{\infty}\dfrac{(-1)^{n+1}}{n}\left(\dfrac{x}{10}\right)^n$ $(-10,10]$;

   (3) $2\left[1-\dfrac{x^3}{24}-\displaystyle\sum_{n=1}^{\infty}\dfrac{2\cdot 5\cdot\cdots\cdot(3n-4)}{3^n n!}\left(\dfrac{x}{2}\right)^{3n}\right]$;

   (4) $\displaystyle\sum_{n=0}^{\infty}\dfrac{(1+n)x^n}{n!}$ $(-\infty,\infty)$;

   (5) $\displaystyle\sum_{n=0}^{\infty}(2^{n+1}-1)x^n$ $\left(-\dfrac{1}{2},\dfrac{1}{2}\right)$.

2. $e+\dfrac{e}{a}(x-a)+\dfrac{e}{2!a^2}(x-a)^2+\cdots+\dfrac{e}{n!a^n}(x-a)^n+\cdots$ $(-\infty,\infty)$.

3. $\dfrac{1}{2}\displaystyle\sum_{n=0}^{\infty}(-1)^n\left[\dfrac{(x+\frac{\pi}{3})^{2n}}{(2n)!}+\sqrt{3}\dfrac{(x+\frac{\pi}{3})^{2n+1}}{(2n+1)!}\right]$ $(-\infty,\infty)$.

习题 8.5

1. 略.

2. (1) $f(x)=\displaystyle\sum_{n=1}^{\infty}(-1)^n\dfrac{2}{n^3}(6-n^2\pi^2)\sin nx$ $(-\infty<x<+\infty, x\neq(2k+1)\pi, k$ 为整数$)$;

   (2) $f(x)=\dfrac{1}{2\pi}(e^\pi-e^{-\pi}+2\pi)+\dfrac{e^\pi-e^{-\pi}}{\pi}\displaystyle\sum_{n=1}^{\infty}(-1)^n\dfrac{1}{1+n^2}(\cos nx-n\sin nx)$

   $(-\infty<x<+\infty, x\neq(2k+1)\pi, k$ 为整数$)$;

   (3) $f(x)=\dfrac{18\sqrt{3}}{\pi}\displaystyle\sum_{n=1}^{\infty}(-1)^{n-1}\dfrac{n}{9n^2-1}\sin nx$

   $(-\infty<x<+\infty, x\neq(2k+1)\pi, k$ 为整数$)$;

(4) $f(x) = \dfrac{2}{\pi} + \dfrac{4}{\pi}\sum\limits_{n=1}^{\infty}(-1)^{n-1}\dfrac{1}{4n^2-1}\cos nx \quad (-\infty < x < +\infty)$.

第八章习题

1. (1) 发散； (2) 收敛； (3) 发散； (4) 条件收敛； (5) 收敛；

    (6) $|a| \leqslant 1$ 时收敛，$|a| > 1$ 时发散； (7) 发散；

    (8) $|x| < 1$ 时绝对收敛，$x = 1$ 时条件收敛，$|x| > 1$ 时发散，$x = -1$ 时发散.

2. (1) $[-1, 1]$； (2) $(0, 6)$；

    (3) $[-1, 0)$； (4) $(-\sqrt{2}, \sqrt{2})$；

    (5) $p > 1$ 时，收敛区间 $[-1, 1]$，$0 < p \leqslant 1$ 时，收敛区间 $[-1, 1)$，$p \leqslant 0$ 时，收敛区间 $(-1, 1)$；

    (6) $(-1, 1)$.

3. 4.

4. $\sum\limits_{n=1}^{\infty}(-1)^{n-1}\dfrac{x^n}{n} + \sum\limits_{n=1}^{\infty}(-1)^{n-1}\dfrac{x^{2n}}{n} \quad (-1 < x \leqslant 1)$.

第九章 数学建模简介

数学建模是一门新兴的学科,于 20 世纪 70 年代初诞生于英、美等现代工业国家. 人类进入信息时代后,不仅已有的数学成果和数字技术得到了大量的应用,而且对数学提出了许多有待进一步研究解决的问题. 由于计算机和计算技术的巨大发展,数学建模的思想和方法得到了普遍有效的应用. 在短短几十年中辐射至全球大部分国家和地区.

数学建模有着与数学同样悠久的历史,两千多年以前创造的欧几里得几何,17 世纪发现的牛顿万有引力定律,都是科学发展史上数学建模的成功范例.

进入 20 世纪以来,随着科学以空前的广度和深度向一切领域的渗透以及电子计算机的出现与飞速发展,数学建模越来越受到人们的重视,在以声、光、热、力、电这些物理学科为基础的诸如机械、电机、土木、水利等工程技术领域中,数学建模的普遍性和重要性不言而喻. 无论是发展通讯、航天、微电子、自动化等高新技术本身,还是将高新技术应用于传统工业去创造新工艺、开发新产品,计算机技术支持下的数学建模和模拟都是经常使用的有效手段. 数学建模、数值计算和计算机图形学等相结合形成的计算机软件,已经被固化于产品中,在许多高新技术领域起着核心作用,被认为是高新技术的特征之一,在这个意义上,数学不仅作为一门科学,是学习其他技术的基础,而且直接走向技术的前台,这正是"高技术本质上是一种数学技术". 党的二十大报告指出:"加强基础学科、新兴学科、交叉学科建设,加快建设中国特色、世界一流的大学和优势学科."随着数学向诸如经济、人口、生态、地质等所谓非物理领域的渗透,一些交叉学科如计量经济学、人口控制论、数学生态学、数学地质学等应运而生,为数学建模提供了更广阔的新天地.

20 世纪 80 年代初,我国高等院校也陆续开设了数学建模课程,数学建模是对大学生掌握专业知识和数学理论与方法,分析和解决问题的能力,以及计算机和运算能力的全面考验,是对创新能力和实践能力进行素质培养的有效手段. 随着数学建模教学活动(包括数学建模课程、数学建模竞赛和数学(建模)试验课程等)的开展,这门课程越来越得到重视,也深受广大学生的喜爱.

本章主要讨论建立数学模型的意义、方法和步骤,通过简单建模举例使大家对数学建模有一个初步的了解.

§9.1 数学模型及建立数学模型概述

一、数学模型的意义

数学是在实际应用的需求中产生的,要解决实际问题就必须建立数学模型,在此意义上讲,数学建模和数学一样有着古老的历史.例如,欧几里得几何就是一个古老的数学模型,牛顿万有引力定律也是数学建模的一个光辉典范.

自从人类有了现代工业,数学就一直是工程技术不可缺少的工具,数学是一种关键的、普遍的、可应用的技术;特别是近几十年来随着科学技术的迅猛发展,以及计算机的迅速普及,大大增强了数学解决现实问题的能力,数学"由研究到工业领域的技术转化,对加强经济竞争具有重要意义".

今天,数学以空前的广度和深度向其他科学技术领域渗透,过去很少应用数学的领域现在也需建立大量的数学模型进行定量化、数量化的分析研究,数学模型这个词汇越来越多地出现在现代人的生产、工作和社会活动中.电气工程师必须建立所要控制的生产过程的数学模型,用这个模型对控制装置做出相应的设计和计算,才能实现有效的过程控制;城市规划工作者需要建立一个包括人口、经济、交通、环境等大系统的需求状况的数学模型;生产经营者需要从生产条件和成本、储存费用等信息中筹划出一个合理安排生产和销售的数学模型,从而获得更大的经济效益……特别是新技术、新工艺蓬勃兴起,计算机的普及和广泛应用,计算与建模成为中心课题,它们是数学科学技术转化的主要途径.数学在许多高新技术上起着十分关键的作用,因此数学建模被时代赋予更为重要的意义.建立数学模型是沟通摆在面前的实际问题与人们掌握的数学工具之间的一座必不可少的桥梁.

二、什么是数学模型

1. 什么是模型

模型:模型是对所研究的客观事物有关属性的模拟,是人们为一定的目的对原型进行的一个抽象;模型来源于原型,但它不是对原型简单的模仿,它是人们为了认识和理解原型而对它所作的一个抽象、升华,有了它就可以使我们通过对模型的分析、研究,加深对原型的理解和认识.

陈列在橱窗中的飞机外形模型应当像真正的飞机,至于它是否真的能飞则无关紧要,因为它只是对飞机形状进行模拟的模型飞机;然而参加航模比赛的飞机模型则全然不同,如果飞行性能不佳,外形再像飞机,也不能算是一个好的模型.模型是对实体某些属性的模拟,对实体某些属性的抽象.例如:一张地质图是对某地区地貌情况的抽象,它并不需要用实物来模拟,可以用抽象的符号、文字和数字来反映出该地区的地质结构.

2. 什么是数学模型

数学模型是对于现实世界中的一个特定对象,一个特定目的,根据特有的内在规律,做出一些必要的假设,运用适当的数学工具,得到的一个数学结构.简单地说,就是系统的某种特征的本质的数学表达式(或是用数学术语对部分现实世界的描述),即用数学式子(如函数、图形、代数方程、微分方程、积分方程、差分方程等)来描述(表述、模拟)所研究的客观对象或系统在某一方面的存在规律.

数学模型也是一种模拟,是用数学符号、数学式子、程序、图形等对实际课题本质属性的抽象而又简洁的刻画,它或能解释某些客观现象,或能预测未来的发展规律,或能为控制某一现象的发展提供某种意义下的最优策略或较好策略.数学模型一般并非现实问题的直接翻版,它的建立常常需要人们对现实问题的深刻理解且掌握特有的内在规律.

3. 数学模型及其分类

数学模型的分类：

(1) 按研究方法和对象的数学特征分：初等模型、几何模型、优化模型、微分方程模型、图论模型、逻辑模型、稳定性模型、扩散模型等.

(2) 按研究对象的实际领域(或所属学科)分：人口模型、交通模型、环境模型、生态模型、生理模型、城镇规划模型、水资源模型、污染模型、经济模型、社会模型等.

三、什么是数学建模

数学建模是利用数学方法解决实际问题的一种实践.创立一个数学模型的全过程即通过抽象、简化、假设、引进变量等处理过程后,将实际问题用数学方式表达出来,是运用数学的思维方法、数学的语言去近似地刻画实际问题,并加以解决的全过程.数学建模方法是一种数学的思考方法,是解决实际问题的一种强有力的数学工具,建立起数学模型,然后运用先进的数学方法及计算机技术进行求解,即"所谓高科技就是一种数学技术".简而言之,建立数学模型的这个过程就称为**数学建模**.

数学建模过程可概括为以下五个阶段：

(1) 科学地识别和剖析问题；

(2) 建立数学模型；

(3) 对研究中所选择的模型求解数学问题；

(4) 对有关计算提出算法和设计计算机程序；

(5) 解释原问题的结论并评判这些结论.

其中,建立数学模型是关键而重要的一步.

一个理想的数学模型,它应满足:

(1) 模型的可靠性,在允许的误差范围内,能正确反映所考虑的系统的有关特性的内在联系,反映客观实际;

(2) 模型的可解性,它易于数学处理和计算.

本章的重点是要讨论建立数学模型的全过程,数学模型与建立数学模型分别简称为模型和建模.

四、数学建模的一般方法

建立数学模型的方法并没有一定的模式,但一个理想的模型应能反映系统的全部重要特征:模型的可靠性和模型的实用性.

1. 机理分析

机理分析就是根据对现实对象特性的认识,分析其因果关系,找出反映内部机理的规律,所建立的模型常有明确的物理或现实意义.

(1) 比例分析法——建立变量之间函数关系的最基本最常用的方法;

(2) 代数方法——求解离散问题(离散的数据、符号、图形)的主要方法;

(3) 逻辑方法——是数学理论研究的重要方法,在社会学、经济学等领域和决策、对策等学科中得到广泛应用;

(4) 常微分方程——解决两个变量之间的变化规律,关键是建立"瞬时变化率"的表达式;

(5) 偏微分方程——解决因变量与两个以上自变量之间的变化规律.

2. 测试分析方法

测试分析方法就是将研究对象视为一个"黑箱"系统,内部机理无法直接寻求,通过测量系统的输入输出数据,并以此为基础运用统计分析方法,按照事先确定的准则在某一类模型中选出一个数据拟合得最好的模型.

(1) 回归分析法——用于对函数 $f(x)$ 的一组观测值 $(x_i, f_i) i=1,2,\cdots,n$,确定函数的表达式,由于处理的是静态的独立数据,故称为数理统计方法;

(2) 时序分析法——处理的是动态的相关数据,又称为过程统计方法.

将这两种方法结合起来使用,即用机理分析方法建立模型的结构,用系统测试方法来确定模型的参数,也是常用的建模方法,在实际过程中用哪一种方法建模主要是根据我们对研究对象的了解程度和建模目的来决定.机理分析法建模的具体步骤大致如图 9-1 所示.

3. 仿真和其他方法

（1）计算机仿真（模拟）——实质上是统计估计方法，等效于抽样试验．借助于计算机的快速运算，对实际研究对象的属性或变量进行模拟．计算机模拟可视为对研究对象进行的"实验"或"观察"．

① 离散系统仿真——有一组状态变量；

② 连续系统仿真——有解析表达式或系统结构图．

（2）因子试验法——在系统上做局部试验，再根据试验结果不断进行分析修改，求得所需的模型结构．

（3）人工现实法——基于对系统过去行为的了解和对未来希望达到的目标，并考虑到系统有关因素的可能变化，人为地组成一个系统．

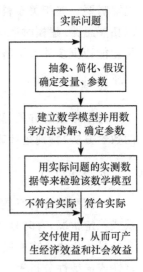

图 9-1

五、数学建模的一般步骤

数学模型因问题不同而异，建立数学模型也没有固定的方法和标准，不同的实际问题，建模模式千差万别，各不相同，就是对同一问题，从不同角度、不同要求出发，也可以建立起不同的数学模型．但数学建模的过程是相同的，通常有以下几个步骤．

1. 模型准备

首先要了解问题的实际背景，明确建模的目的，搜集建模必需的各种信息，如现象、数据等，尽量弄清对象的特征，由此初步确定用哪一类模型，总之是做好建模的准备工作．

2. 模型假设

根据对象的特征和建模的目的，对问题进行必要的、合理的简化，用精确的语言作出假设，可以说是建模的关键一步．一般而言，一个实际问题不经过简化假设是很难翻译成数学问题的，即使可能，也很难求解．不同的简化假设会得到不同的模型．作的假设不合理或过分简单，会导致模型失败或部分失败，于是应该进行模型修改和补充假设；但若假设作得过分详细，试图把复杂对象的各方面因素都考虑进去，可能很难甚至无法继续下一步的工作，作假设时要善于抓住主要因素，舍弃次要因素，写出假设时，语言要精确，就像作习题时写出已知条件那样．

3. 模型构成

根据所作的假设分析对象的因果关系，利用对象的内在规律和适当的科学实验工具，构造各个量（常量和变量）之间的等式（或不等式）关系或其他数学结构．这里除需要一些相关学科的专门知识外,还常常需要较广阔的应用数学方面的知识,以拓展思路.建模时还应注意,尽量采用简单的数学工具,因为你建立的模型总是希望能让更多的人了解和使用,而不是只供少数人专用、欣赏.

4. 模型求解

可以采用解方程、画图形、证明定理、逻辑运算、数值计算等各种传统的和近代的数学方法,特别是计算机技术优先考虑.

5. 模型分析

对模型解答进行数学上的分析,有时要根据问题的性质分析变量间的依赖关系或稳定状况,有时是根据所得的结果给出数学上的预报,有时则可能要给出数学上的最优化决策或控制,不论哪种情况都常常需要进行误差分析、模型对数据的稳定性或灵敏性分析等.

6. 模型检验

把数学上分析的结果翻译回到实际问题,并用实际的现象、数据与之比较,检验模型的合理性和适用性.这一步对于建模的成功是非常重要的,要认真对待.模型检验的结果不符合或者部分不符合实际,问题常常出在模型假设上,应该修改、补充假设,重新建模,有些模型要经过几次反复,不断完善,直到获得某种程度上满意的检验结果.

7. 模型应用

应用的方式自然取决于问题的性质和建模的目的,关于这方面的内容不在本章讨论的范围内.

综上,数学建模的一般步骤如图 9-2 所示.

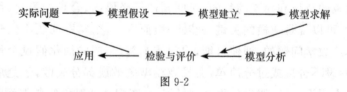

图 9-2

需要指出的是,并非所有的建模过程都需要经过这些步骤,有时各步骤之间的界限也不是那么分明.建模时不应拘泥于形式上的按部就班,建模模式千差万别,无法归纳出普遍的准则与技巧.建立一个数学模型和求解一道数学题目有极大的差别,有不同的建模方法,具有可转移性,建模没有唯一正确的答案,评价模型优劣的唯一标准是实践检验.数学建模其实并不是什么新东西,可以说有了数学并需要用数学去解决实际问题,就一定要用数学的语言、方法去近似地刻画该实际问题,这种用于刻画的数学表述就是一个数学模型,其过程就是数学建模的过程.数学模型一经提出,就要用一定的技术手段(计算、证明等)来求解并验证,其中大量的计算往往是必不可少的,高性能的计算机的出现使数学建模这一方法如虎添翼似的得到了飞速发展,掀起一个高潮.数学建模将各种知识综合应用于实际问题中,是培养和提高同学们应用所学知识分析问题、解决问题的能力的必备手段之一.

§9.2 初等数学建模

如果研究对象的机理比较简单,一般用静态、线性、确定性模型描述就能达到建模目的,我们基本上可以用初等数学的方法来构造和求解模型.通过本章介绍的若干实例能够看到,用很简单的数学方法已经可以解决一些饶有兴味的实际问题.

模型 1 椅子能在不平的地面上放稳吗?

本节讨论的问题来源于生活中一件普通的事实:把椅子往不平的地面上一放,通常只有三只脚着地,放不稳,然而只要稍挪动几次,就可以四只脚同时着地,放稳了.这个看来似乎与数学无关的现象能用数学语言给以表述,并用数学工具来证实.

模型假设 对椅子和地面都要作一些必要的假设:

(1)椅子四条腿一样长,椅脚与地面接触可视为一个点,四脚的连线呈正方形;

(2)地面高度是连续变化的,沿任何方向都不会出现间断(没有像台阶那样的情况),即地面可视为数学上的连续曲面;

(3)对于椅脚的间距和椅脚的长度而言,地面是相对平坦的,使椅子在任何位置至少有三只脚同时着地.

模型建立 中心问题是用数学语言表示四只脚同时着地的条件、结论.

首先用变量表示椅子的位置,由于椅脚的连线呈正方形,以中心为对称点,正方形绕中心的旋转正好代表了椅子的位置的改变,于是可以用旋转角度 θ 这一变量来表示椅子的位置.在图 9-3 中椅脚连线为正方形 $ABCD$,对角线 AC 与 x 轴重合,椅子绕中心 O 旋转角度 θ 后正方形 $ABCD$ 转至 $A'B'C'D'$ 的位置,所以对角线 AC 与 x 的夹角 θ 表示了椅子的位置.

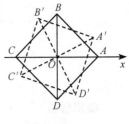

图 9-3

其次要把椅脚着地用数学符号表示出来,如果用某个变量表示椅脚与地面的竖直距离,当这个距离为零时,表示椅脚着地了.椅子要挪动位置说明这个距离是位置变量 θ 的函数.

由于正方形的中心对称性,只要设两个距离函数就行了,记 A,C 两脚与地面距离之和为 $f(\theta)$,B,D 两脚与地面距离之和为 $g(\theta)$,显然 $f(\theta),g(\theta) \geqslant 0$,由假设(2)知

f,g 都是连续函数,再由假设(3)知 $f(\theta),g(\theta)$ 至少有一个为 0. 当 $\theta=0$ 时,不妨设 $g(\theta)=0,f(\theta)>0$,这样改变椅子的位置使四只脚同时着地,就归结为如下命题.

命题 已知 $f(\theta),g(\theta)$ 是 θ 的连续函数,对任意 $\theta,f(\theta)\cdot g(\theta)=0$,且 $g(0)=0,f(0)>0$,则存在 θ_0,使 $g(\theta_0)-f(\theta_0)=0$.

模型求解 如图 9-3 所示,将椅子旋转 90°,对角线 AC 和 BD 互换,由 $g(0)=0$, $f(\theta)>0$ 可知 $g\left(\dfrac{\pi}{2}\right)>0, f\left(\dfrac{\pi}{2}\right)=0$. 令 $h(\theta)=g(\theta)-f(\theta)$,则 $h(0)>0$, $h\left(\dfrac{\pi}{2}\right)<0$. 由 f,g 的连续性知 h 也是连续函数,由零点定理,必存在 $\theta_0\left(0<\theta_0<\dfrac{\pi}{2}\right)$,使 $h(\theta_0)=0, g(\theta_0)=f(\theta_0)$,由 $g(\theta_0)\cdot f(\theta_0)=0$,所以 $g(\theta_0)=f(\theta_0)=0$.

由于这个实际问题非常直观和简单,因此模型解释和验证就略去了.

评注 这个模型的巧妙之处在于用一元变量 θ 表示椅子的位置,用 θ 的两个函数表示椅子四脚与地面的距离,进而把模型假设和椅脚同时着地的结论用简单、精确的数学语言表达出来,构成了这个实际问题的数学模型.

模型 2 双层玻璃窗的功效模型

你是否注意到北方城镇的有些建筑物的窗户是双层的,即窗户上装两层厚度为 d 的玻璃,夹着一层厚度为 l 的空气,如图 9-4(a)所示,据说这样做是为了保暖,即减少室内向室外的热量流失. 我们要建立一个模型来描述热量通过窗户的热传导(即流失)过程,并将双层玻璃窗与用同样多材料做成的单层玻璃窗(如图 9-4(b)所示,玻璃厚度为 $2d$)的热量传导进行对比,对双层玻璃窗能够减少多少热量损失给出定量分析.

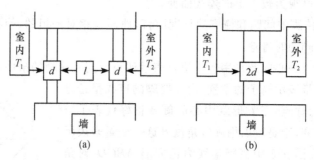

图 9-4

模型假设

(1) 热量的传播过程只有传导,没有对流. 即假定窗户的密封性能很好,两层玻璃之间的空气是不流动的(如图 9-5 所示).

(2) 室内温度 T_1 和室外温度 T_2 保持不变,热传导过程已处于稳定状态,即沿热传导方向,单位时间通过单位面积的热量是常数.

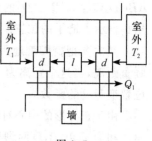

图 9-5

(3) 玻璃材料均匀,热传导系数是常数.

(4) 符号说明.

T_1——室内温度;

T_2——室外温度;

d——单层玻璃厚度;

l——两层玻璃之间的空气厚度;

T_a——内层玻璃的外侧温度;

T_b——外层玻璃的内侧温度;

k——热传导系数;

Q——热量损失.

模型建立 由物理学知道,在上述假设下,热传导过程遵从下面的物理规律:

厚度为 d 的均匀介质,若两侧温度差为 ΔT,则单位时间由温度高的一侧向温度低的一侧通过单位面积的热量为 Q,与 ΔT 成正比,与 d 成反比,即

$$Q = k \frac{\Delta T}{d} \qquad ①$$

式中,k 为热传导系数.

(1) 双层玻璃的热量流失. 记双层窗内窗玻璃的外侧温度为 T_a,外层玻璃的内侧温度为 T_b,玻璃的热传导系数为 k_1,空气的热传导系数为 k_2,由式①知,单位时间单位面积的热量传导(热量流失)为

$$Q = k_1 \frac{T_1 - T_a}{d} = k_2 \frac{T_a - T_b}{d} = k_1 \frac{T_b - T_2}{d}. \qquad ②$$

由 $Q = k_1 \dfrac{T_1 - T_a}{d}$ 及 $Q = k_1 \dfrac{T_b - T_2}{d}$,得

$$T_a - T_b = (T_1 - T_2) - 2\frac{Qd}{k_1},$$

再代入 $Q = k_2 \dfrac{T_a - T_b}{d}$,将式②中 T_a, T_b 消去,变形可得

$$Q = \frac{k_1(T_1 - T_2)}{d(s+2)}, s = h\frac{k_1}{k_2}, h = \frac{l}{d}. \qquad ③$$

(2) 单层玻璃的热量流失. 对于厚度为 $2d$ 的单层玻璃窗户,容易写出热量流失为

$$Q' = k_1 \frac{T_1 - T_2}{2d}. \qquad ④$$

(3) 单层玻璃窗和双层玻璃窗热量流失比较. 比较式③,式④,有

$$\frac{Q}{Q'} = \frac{2}{s+2}, \qquad ⑤$$

显然,$Q < Q'$.

为了获得更具体的结果,我们需要 k_1, k_2 的数据,从有关资料可知,不流通、干

燥空气的热传导系数 $k_2=2.5\times 10^{-4}$ (J/cm·s·kW·h),常用玻璃的热传导系数 $k_1=4\times 10^{-3}\sim 8\times 10^{-3}$ (J/cm·s·kW·h),于是

$$\frac{k_1}{k_2}=16\sim 32.$$

在分析双层玻璃窗比单层玻璃窗可减少多少热量损失时,我们作最保守的估计,即取 $\frac{k_1}{k_2}=16$,由式③,式⑤,得

$$\frac{Q}{Q'}=\frac{1}{8h+1}, h=\frac{l}{d}. \quad ⑥$$

模型讨论 比值 $\frac{Q}{Q'}$ 反映了双层玻璃窗在减少热量损失上的功效,它只与 $h=\frac{l}{d}$ 有关,如图 9-6 所示给出了 $\frac{Q}{Q'}\sim h$ 的曲线,当 h 由 0 增加时, $\frac{Q}{Q'}$ 迅速下降,而当 h 超过一定值(比如 $h>4$)后, $\frac{Q}{Q'}$ 下降缓慢,可见 h 不宜选得过大.

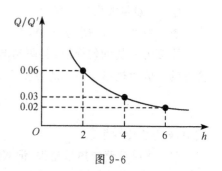

图 9-6

评注 这个模型具有一定的应用价值. 制作双层玻璃窗虽然工艺复杂会增加一些费用,但它减少的热量损失却是相当可观的. 通常,建筑规范要求 $h\approx 4$. 按照这个模型, $\frac{Q}{Q'}\approx 3\%$,即双层玻璃窗比用同样多的玻璃材料制成的单层窗节约热量 97% 左右. 不难发现,之所以有如此高的功效,主要是由于层间空气有极低的热传导系数 k_2,而这要求空气是干燥、不流通的. 作为模型假设的这个条件在实际环境下当然不可能完全满足,所以实际上双层玻璃窗的功效会比上述结果差一些.

§9.3 简单的优化模型

优化问题可以说是人们在工程技术、经济管理和科学研究等领域中最常遇到的一类问题. 本节介绍较简单的优化模型,归结为微积分中的函数极值问题,可以直接用微分法求解. 让我们通过下面的实例说明建立优化模型的过程.

模型 1 不允许缺货的存储模型

工厂定期订购原料,存入仓库供生产使用;车间一次加工出一批零件,供装配线每天生产之需;商店成批购进各种商品,放在货柜里以备零售;水库在雨季蓄水,用于旱季的灌溉和发电. 显然,这些情况下都有一个储存量多大才合适的问题. 储存量过大,储存费用太高;储存量太小,会导致一次性订购费用增加,或不能及时满足需求.

下面在需求量稳定的前提下讨论一个简单的存储模型:不允许缺货模型,适用

于一旦出现缺货会造成重大损失的情况(如炼铁厂对原料的需求).

先考察这样的问题:配件厂为装配线生产若干种部件,轮换生产不同的部件时因更换设备要付生产准备费(与生产数量无关),同一部件的产量大于需求时因积压资金、占用仓库要付储存费.今已知某一部件的日需求量 100 件,生产准备费 5 000 元,储存费每日每件 1 元.如果生产能力远大于需求,并且不允许出现缺货,试安排该产品的生产计划,即多少天生产一次(称为生产周期),每次产量多少,可使总费用最小.

问题分析　让我们试算一下:

若每天生产一次,每次 100 件,无储存费,生产准备费 5 000 元,每天费用 5 000 元;

若 10 天生产一次,每次 1 000 件,储存费 $900+800+\cdots+100=4\,500$(元),生产准备费 5 000 元,总计 9 500 元,平均每天费用 950 元;

若 50 天生产一次,每次 5 000 件,储存费 $4\,900+4\,800+\cdots+100=122\,500$(元),生产准备费 5 000 元,总计 127 500 元,平均每天费用 2 550 元.

虽然从以上结果看,10 天生产一次比每天和 50 天生产一次的费用少,但是要得到准确的结论,应该建立生产周期、产量与需求量、生产准备费、储存费之间的关系,即数学建模.

从上面的计算看,生产周期短、产量少,会使储存费小,准备费大;而周期长、产量多,会使储存费大,准备费小.所以必然存在一个最佳的周期,使总费用最小.显然,应该建立一个优化模型.

一般地,考察这样的不允许缺货的存储模型:产品需求稳定不变,生产准备费和产品储存费为常数,生产能力无限,不允许缺货,确定生产周期和产量,使总费用最小.

模型假设　为了处理的方便,考虑连续模型,即设生产周期 T 和产量 Q 均为连续量.根据问题性质作如下假设:

(1) 产品每天的需求量为常数 r;

(2) 每次生产准备费为 c_1,每天每件产品储存费为 c_2;

(3) 生产能力为无限大(相对于需求量),当储存量降到零时,Q 件产品立即生产出来供给需求,即不允许缺货.

模型建立　将储存量表示为时间 t 的函数 $q(t)$,$t=0$ 生产 Q 件,储存量 $q(0)=Q$,$q(t)$ 以需求速率 r 递减,直到 $q(T)=0$,如图 9-7 所示.显然有

$$Q = rT \qquad ①$$

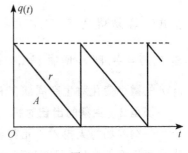

图 9-7

一个周期内的储存费是 $c_2 \int_0^T q(t)\mathrm{d}t$,其中积分恰等于图 9-7 中三角形 A 的面积 $QT/2$. 因为一周期的准备费是 c_1,再注意到式①,得到一周期的总费用为
$$\overline{C} = c_1 + c_2 QT/2 = c_1 + c_2 rT^2/2, \qquad ②$$
于是每天的平均费用是
$$C(T) = \overline{C}/T = c_1/T + c_2 rT/2, \qquad ③$$
式③为这个优化模型的目标函数.

模型求解　求 T 使式③的 C 最小. 容易得到
$$T = \sqrt{\frac{2c_1}{c_2 r}}, \qquad ④$$
代入式①可得
$$Q = \sqrt{\frac{2c_1 r}{c_2}}, \qquad ⑤$$
由式③算出最小的总费用为
$$C = \sqrt{2c_1 c_2 r}. \qquad ⑥$$
式④,式⑤是经济学中著名的经济订货批量公式(EOQ 公式).

结果解释　由式④,式⑤可以看到,当准备费 c_1 增加时,生产周期和产量都变大;当准备费 c_2 增加时,生产周期和产量都变小;当需求量 r 增加时,生产周期变小而产量变大. 这些定性结果都是符合常识的. 当然,式④,式⑤的定量关系(如平方根、系数 2 等)凭常识是无法猜出的,只能由数学建模得到.

用得到的模型计算本节开始的问题:以 $c_1 = 5\,000, c_2 = 1, r = 100$ 代入式④,式⑥可得 $T = 10$ 天,$C = 1\,000$ 元. 这里得到的费用 C 与前面计算的 950 元有微小的差别,你能解释吗?

敏感性分析　讨论参数 c_1, c_2, r 有微小变化时对生产周期 T 的影响.

用相对改变量衡量结果对参数的敏感程度,T 对 c_1 的敏感度记作 $S(T, c_1)$,定义为
$$S(T, c_1) = \frac{\Delta T/T}{\Delta c_1/c_1} \approx \frac{\mathrm{d}T}{\mathrm{d}c_1}\frac{c_1}{T}.$$
由式④容易得到 $S(T, c_1) = \dfrac{1}{2}$. 作类似的定义并可得到 $S(T, c_2) = -\dfrac{1}{2}$,$S(T, r) = \dfrac{1}{2}$. 即 c_1 增加 1%,T 增加 0.5%,而 c_2 或 r 增加 1%,T 减少 0.5%. c_1,c_2,r 的微小变化对生产周期 T 的影响是很小的.

模型 2　生猪的出售时机

一饲养场每天投入 4 元资金用于饲料、设备、人力,估计可使一头 80 kg 重的生猪每天增加 2 kg. 目前生猪出售的市场价格为每千克 8 元,但是预测每天会降低 0.1 元,问:该场应该什么时候出售这样的生猪?如果上面的估计和预测有出入,

对结果有多大影响?

问题分析　投入资金可使生猪体重随时间增长,但售价(单价)随时间减少,应该存在一个最佳的出售时机,使获得利润最大.这是一个优化问题,根据给出的条件,可作如下的简化假设.

模型假设　每天投入 4 元资金使生猪体重每天增加常数 $r(r=2 \text{ kg})$;生猪出售的市场价格每天降低常数 $g(g=0.1 \text{元})$.

模型建立　给出以下记号:$t\sim$时间(天);$w\sim$生猪体重(kg);$p\sim$单价(元/kg);$R\sim$出售的收入(元);$C\sim t$ 天投入的资金(元);$Q\sim$纯利润(元).

按照假设,$w=80+rt(r=2)$,$p=8-gt(g=0.1)$. 又知道 $R=pw$,$C=4t$,再考虑到纯利润应扣掉以当前价格(8 元/kg)出售 80 kg 生猪的收入,有 $Q=R-C-8\times80$,得到目标函数(纯利润)为

$$Q(t)=(8-gt)(80+rt)-4t-640 \qquad ⑦$$

其中 $r=2,g=0.1$. 求 $t(\geqslant 0)$ 使 $Q(t)$ 最大.

模型求解　这是求二次函数最大值问题,用代数或微分法容易得到

$$t=\frac{4r-40g-2}{rg}, \qquad ⑧$$

当 $r=2,g=0.1$ 时,$t=10$,$Q(10)=20$,即 10 天后出售,可得最大纯利润 20 元.

敏感性分析　由于模型假设中的参数(生猪每天体重的增加 r 和价格的降低 g)是估计和预测的,因此应该研究它们有所变化时对模型结果的影响.

(1) 设每天生猪价格的降低值 $g=0.1$ 元不变,研究 r 变化的影响,由式⑧可得

$$t=\frac{40r-60}{r}, \quad r\geqslant 1.5. \qquad ⑨$$

表明 t 是 r 的增函数,表 9-1 和图 9-8 给出了它们的关系.

表 9-1

r	1.5	1.6	1.7	1.8	1.9	2.0	2.1	2.2
t	0	2.5	4.7	6.7	8.4	10.0	11.4	12.7
r	2.3	2.4	2.5	2.6	2.7	2.8	2.9	3.0
t	13.9	15.0	16.0	16.9	17.8	18.6	19.3	20.0

(2) 设每天生猪体重的增加 $r=2$ kg 不变,研究 g 变化的影响,由式⑧可得

$$t=\frac{3-20g}{g}, \quad 0\leqslant g\leqslant 0.15, \qquad ⑩$$

表明 t 是 g 的减函数,表 9-2 和图 9-9 给出了它们的关系.

表 9-2

g	0.06	0.07	0.08	0.09	0.10	0.11	0.12	0.13	0.14	0.15
t	30.0	22.9	17.5	13.3	10.0	7.3	5.0	3.1	1.4	0

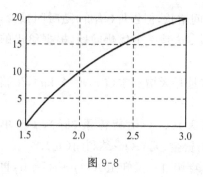

图 9-8

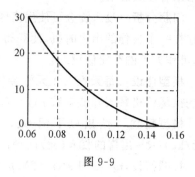

图 9-9

可以用相对改变量衡量结果对参数的敏感程度. t 对 r 的敏感度记作 $S(t,r)$,定义为

$$S(t,r) = \frac{\Delta t/t}{\Delta r/r} \approx \frac{\mathrm{d}t}{\mathrm{d}r}\frac{r}{t}. \qquad ⑪$$

由式⑨,当 $r=2$ 时可算出

$$S(t,r) \approx \frac{60}{40r-60} = 3. \qquad ⑫$$

即生猪每天体重 r 增加 1%,出售时间推迟 3%.

类似地定义 t 对 g 的敏感度 $S(t,g)$,由式⑩,当 $g=0.1$ 时可算出

$$S(t,g) = \frac{\Delta t/t}{\Delta g/g} \approx \frac{\mathrm{d}t}{\mathrm{d}g}\frac{g}{t} = \frac{3}{3-20g} = -3. \qquad ⑬$$

即生猪价格每天的降低值 g 增加 1%,出售时间提前 3%,r 和 g 的微小变化对模型结果的影响并不算大.

强健性分析 建模过程中假设了生猪体重的增加和价格的降低都是常数,由此得到的 w 和 p 都是线性函数,这无疑是对现实情况的简化.更实际的模型应考虑非线性和不确定性,如记 $w=w(t),p=p(t)$,则式⑦应为

$$Q(t) = p(t)w(t) - 4t - 640. \qquad ⑭$$

用微分法求解式⑭的极值问题,可知最优解应满足

$$p'(t)w(t) + p(t)w'(t) = 4. \qquad ⑮$$

式⑮左端是每天收入的增值,右端是每天投入的资金.于是出售的最佳时机是保留生猪直到每天收入的增值等于每天投入的资金为止.本例中 $p'=-0.1, w'=2$ 是根据估计和预测确定的,只要它们的变化不大,上述结论就是可用的.

另外,从敏感性分析知,$S(t,r)=3$,所以若 $1.8 \leqslant w' \leqslant 2.2(10\%$ 以内$)$,则结果应为 $7 \leqslant t \leqslant 13(30\%$ 以内$)$.若设 $p'=0.1$ 是最坏的情况,如果这个(绝对)值更小,t 就应更大.所以最好的办法是:过大约一周后重新估计 p,p',w,w',再作计算.

评注 这个问题本身及其建模过程都非常简单,我们着重介绍的是它的敏感性分析和强健性分析,这种分析对于一个模型,特别是优化模型,是否真的能用,或

者用的效果如何,是很重要的.

§9.4 微分方程模型

在研究某些实际问题时,经常无法直接得到各变量之间的联系,问题的特性往往会给出关于变化率的一些关系.利用这些关系,我们可以建立相应的微分方程模型.在自然界以及工程技术领域中,微分方程模型是大量存在的.它甚至可以渗透到人口问题以及商业预测等领域中去,其影响是广泛的.

用微分方程建立的是动态模型,它根据函数及其变化率之间的关系,确定函数本身.具体做法是根据建模目的和问题分析作出简化假设,根据内在规律或用类比法建立微分方程.

模型1 指数增长模型(Malthus 模型)

18世纪末,英国人口学家马尔萨斯(Malthus,1766—1834年)在研究了百余年的人口统计资料后认为,在人口自然增长的过程中,净相对增长率(出生率减去死亡率为净增长率)是常数.得出了人口增长率不变的假设,并据此建立了著名的**人口指数增长模型**.

模型假设

(1) 设时刻 t 的人口为 $N(t)$;

(2) 净相对增长率为常数 r;

(3) 把 $N(t)$ 当作连续变量.

模型建立 按照马尔萨斯(Malthus)的理论,在 t 到 $t+\Delta t$ 时间内人口的增长量为

$$N(t+\Delta t)-N(t)=rN(t)\Delta t.$$

令 $\Delta t \to 0$,则得到微分方程

$$\frac{\mathrm{d}N}{\mathrm{d}t}=rN. \qquad ①$$

若初始时刻的人口为 N_0,则

$$\frac{\mathrm{d}N}{\mathrm{d}t}=rN, N(0)=N_0. \qquad ②$$

模型求解 由微分方程解得

$$N(t)=N_0\mathrm{e}^{rt}. \qquad ③$$

模型分析 如果 $r>0$,方程③表明人口将以指数规律随时间无限增长.故称为指数增长模型,特别地,当 $t\to\infty$ 时,$N(t)\to\infty$ 这似乎不太可能.

模型修改 这个模型可以与19世纪以前欧洲一些地区的人口统计数据很好地吻合,但是后来当人们用它与19世纪的人口资料比较时,却发现了相当大的差异.分析表明,出现以上这些现象的主要原因是随着人口的增长,自然资源、环境条

件等因素对人口增长的阻滞作用越来越显著.人口较少时,人口的自然增长率基本上是常数,而当人口增加到一定数量以后,这个增长率就要随着人口的增加而减少,考虑到这个因素,我们将对指数模型关于净相对增长率是常数的基本假设进行修改.

模型 2　阻滞增长模型(Logistic 模型)

荷兰生物学家威尔哈斯特(Verhulst)引入常数 N_m 表示自然资源和环境条件所能容许的最大人口,并假定净相对增长率等于 $r\left(1-\dfrac{N(t)}{N_m}\right)$,即净相对增长率随着 $N(t) \to N_m$ 增长而减少.当 $N = N_m$ 时,净相对增长率趋于零.

模型假设　与模型 1 相同,增加的条件 N_m 为表示自然资源和环境条件所能容许的最大人口数量.并假定净相对增长率等于 $r\left(1-\dfrac{N(t)}{N_m}\right)$(即净相对增长率随着 $N(t)$ 增加而减少).

模型建立　这样,马尔萨斯(Malthus)模型中的方程①变为

$$\frac{\mathrm{d}N}{\mathrm{d}t} = r\left(1 - \frac{N(t)}{N_m}\right)N. \qquad ④$$

仍给出与马尔萨斯(Malthus)模型相同的初始条件

$$N(0) = N_0. \qquad ⑤$$

模型求解　用分离变量法,求得微分方程④在初始条件式⑤下的解为

$$N(t) = \frac{N_m}{1 + \left(\dfrac{N_m}{N_0} - 1\right)\mathrm{e}^{-rt}}. \qquad ⑥$$

模型分析　方程④右端的因子 rN 体现人口自身的增长趋势,因子 $\left(1-\dfrac{N(t)}{N_m}\right)$ 则体现了资源和环境对人口增长的阻滞作用.显然 N 越大,前一因子越大,后一因子越小,人口增长是两个因子共同作用的结果.容易看出,当 $t \to \infty$ 时,$N(t) \to N_m$.这说明随着时间的增长,人口的数量将最终稳定在环境的容纳量 N_m 处,经过计算发现其结果与实际情况比较吻合(如图 9-11 所示).

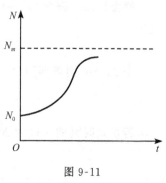

图 9-11

由方程④表示的阻滞增长模型是荷兰生物数学家威尔哈斯特(Verhulst,1804—1849 年)19 世纪中叶提出的,它不仅能够大体上描述人口及许多物种数量(如森林中的树木,鱼塘中的鱼群等)的变化规律,而且在社会经济领域也有广泛的应用,例如耐用消费品的售量就可以用它来描述.基于这个模型能够描述一些事物符合逻辑的客观规律,人们常称它为 Logistic 模型.图 9-11 表示的曲线也称为逻辑斯蒂(Logistic)曲线.

评注 数学工具描述人口变化规律,关键是对人口增长率作出合理、简化的假设.阻滞增长模型就是将指数增长模型关于人口增长率是常数的假设进行修正后得到的.可以想到,影响增长率的出生率和死亡率与年龄有关,所以更合乎实际的人口模型应该考虑年龄因素,可作进一步讨论.

预备模块

第十章 高等数学预备知识

§10.1 指数函数与对数函数

一、指数与对数的概念

1. 指数的概念与性质

(1) 正整数指数幂：a^n 就是 n 个 a 相乘 $(n \in \mathbf{N}^*)$.

(2) 零指数幂：$a^0 = 1 \quad (a \neq 0)$.

(3) 负整数指数幂：$a^{-n} = \dfrac{1}{a^n} \quad (a \neq 0, n \in \mathbf{N}^*)$.

(4) 正分数指数幂：$a^{\frac{m}{n}} = \sqrt[n]{a^m} \quad (a > 0, m, n \in \mathbf{N}^*,$ 且 $n > 1)$.

(5) 负分数指数幂：$a^{-\frac{m}{n}} = \dfrac{1}{a^{\frac{m}{n}}} \quad (a > 0, m, n \in \mathbf{N}^*,$ 且 $n > 1)$.

(6) 指数幂的运算性质：
设 $a > 0, b > 0, x \in \mathbf{R}, y \in \mathbf{R}$，则
$a^x \cdot a^y = a^{x+y}; a^x \div b^y = a^{x-y}; (a^x)^y = a^{xy}; (ab)^x = a^x \cdot b^x$.

2. 对数的概念与性质

(1) 对数的定义.

如果 $a^b = N (a > 0, a \neq 1)$，那么 b 叫作以 a 为底 N 的对数，记作 $\log_a N = b$，其中 a 叫作对数的底数，N 叫作对数的真数.

我们把 $a^b = N$ 叫作指数式，$b = \log_a N$ 叫作对数式.

对数式与指数式的互化：$a^b = N \Leftrightarrow \log_a N = b$.

以 10 为底的对数叫作常用对数，N 的常用对数记作 $\lg N$.

以无理数 $e = 2.71828\cdots$ 为底的对数叫作自然对数，N 的自然对数记作 $\ln N$.

(2) 对数的运算性质.

① 负数和零无对数；　　　　② $\log_a 1 = 0 (a > 0, a \neq 1)$；

③ $\log_a a = 1 (a > 0, a \neq 1)$；　　④ $a^{\log_a N} = N (a > 0, a \neq 1, N > 0)$.

(3) 对数的运算法则及换底公式.

① 对数的运算法则：

如果 $a > 0$ 且 $a \neq 1, m > 0, n > 0$，则

法则 1：$\log_a mn = \log_a m + \log_a n$.

法则 $2: \log_a \dfrac{m}{n} = \log_a m - \log_a n$.

法则 $3: \log_a m^p = p \log_a m$.

② 对数的换底公式.

$\log_a n = \dfrac{\log_m n}{\log_m a}$ ($a>0$ 且 $a \neq 1, m>0$ 且 $m \neq 1, n>0$).

例 1 计算 (1) $\dfrac{\lg 243}{\lg 9}$; (2) $3^{\frac{\ln 5 - \ln 2}{\ln 3}}$.

解 (1) $\dfrac{\lg 243}{\lg 9} = \dfrac{\lg 3^5}{\lg 3^2} = \dfrac{5\lg 3}{2\lg 3} = \dfrac{5}{2}$.

(2) $3^{\frac{\ln 5 - \ln 2}{\ln 3}} = 3^{\frac{\ln \frac{5}{2}}{\ln 3}} = 3^{\log_3 \frac{5}{2}} = \dfrac{5}{2}$.

例 2 计算 $(\log_4 3 + \log_8 3)(\log_3 2 + \log_9 2)$ 的值.

解 原式 $= \left(\dfrac{\log_2 3}{\log_2 4} + \dfrac{\log_2 3}{\log_2 8}\right)\left(\dfrac{\log_2 2}{\log_2 3} + \dfrac{\log_2 2}{\log_2 9}\right)$

$= \left(\dfrac{\log_2 3}{2} + \dfrac{\log_2 3}{3}\right)\left(\dfrac{1}{\log_2 3} + \dfrac{1}{2\log_2 3}\right)$

$= \dfrac{5}{6}\log_2 3 \times \dfrac{2+1}{2\log_2 3}$

$= \dfrac{5}{6} \times \dfrac{3}{2} = \dfrac{5}{4}$.

二、指数函数与对数函数的图像和基本性质

(1) 指数函数 $y = a^x$ ($a>0, a \neq 1$) 的图像和基本性质见表 10-1.

表 10-1

函数	$y = a^x$	
	$a > 1$	$0 < a < 1$
图像	(图：$y=a^x$ ($a>1$)，过点 $(0,1)$，$y=1$ 为水平参考线)	(图：$y=a^x$ ($0<a<1$)，过点 $(0,1)$，$y=1$ 为水平参考线)
基本性质	(1) 定义域是 **R**，值域是正实数集. (2) 当 $x=0$ 时，$y=1$.	
	(3) 在 $(-\infty, +\infty)$ 内是增函数.	(3) 在 $(-\infty, +\infty)$ 内是减函数.

(2) 对数函数 $y = \log_a x$ ($a>0$ 且 $a \neq 1$) 的图像和基本性质见表 10-2.

表 10-2

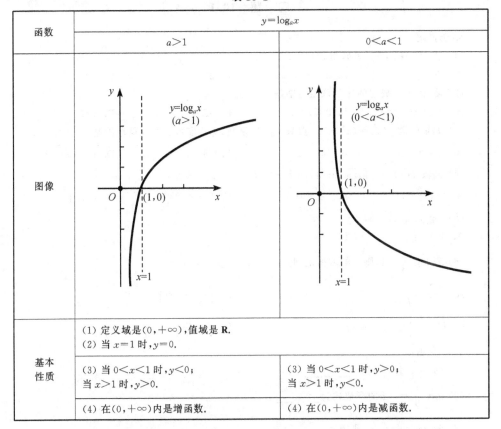

函数	$y=\log_a x$	
	$a>1$	$0<a<1$
图像		
基本性质	(1) 定义域是$(0,+\infty)$,值域是 R. (2) 当 $x=1$ 时,$y=0$.	
	(3) 当 $0<x<1$ 时,$y<0$; 当 $x>1$ 时,$y>0$.	(3) 当 $0<x<1$ 时,$y>0$; 当 $x>1$ 时,$y<0$.
	(4) 在$(0,+\infty)$内是增函数.	(4) 在$(0,+\infty)$内是减函数.

例 3 判断下列对数哪些是正的？哪些是负的？哪些等于零？

(1) $\log_2 \frac{4}{3}$；(2) $\log_{\frac{1}{2}} 1$；(3) $\log_3 \frac{3}{4}$；(4) $\log_{0.5} \frac{3}{4}$.

解 (1) 因为 $\log_2 \frac{4}{3}$ 可看作函数 $y=\log_2 x$ 当 x 取 $\frac{4}{3}$ 时对应的函数值,因 $a=2>1$,$x=\frac{4}{3}>1$,由对数函数的性质可知,$\log_2 \frac{4}{3}>0$.

同理,根据 $a>1$ 和 $0<a<1$ 时对数函数的性质可知：

(2) $\log_{\frac{1}{2}} 1=0$；(3) $\log_3 \frac{3}{4}<0$；(4) $\log_{0.5} \frac{4}{3}<0$.

例 4 比较大小.

(1) $\log_2 3.4$ 与 $\log_2 8.5$；(2) $\log_{0.3} 1.8$ 与 $\log_{0.3} 2.7$.

解 (1) 考查对数函数 $y=\log_2 x$,因为它的底数 $2>1$,所以它在$(0,+\infty)$内是增函数,于是 $\log_2 3.4<\log_2 8.5$.

(2) 考查对数函数 $y=\log_{0.3} x$,因为它的底数 $0<0.3<1$,所以它在$(0,+\infty)$内是减函数,于是 $\log_{0.3} 1.8>\log_{0.3} 2.7$.

习 题 10.1

1. 选择题：

(1) 若 $3^{x+1}=a, 3^{y-1}=b$，则 $3^{x+y}=($).

A. ab B. $a+b$ C. 3^{a+b} D. 3^{ab}

(2) 使 $x^2 > x^3$ 成立的 x 的取值范围是(   ).

A. $x<1$ 且 $x\neq 0$ B. $0<x<1$ C. $x>1$ D. $x<1$

(3) 如果函数 $f(x)=(a^2-1)^x$ 在 **R** 上是减函数，那么实数 a 的取值范围是(   ).

A. $|a|>1$ B. $|a|<2$ C. $|a|>3$ D. $1<|a|<\sqrt{2}$

(4) 函数 $f(x)=\sqrt{\log_{\frac{1}{2}}(x-1)}$ 的定义域是(   ).

A. $(1,+\infty)$ B. $(2,+\infty)$ C. $(-\infty,2)$ D. $(1,2]$

(5) $\log_{(\sqrt{5}+2)}(\sqrt{5}-2)=($).

A. 0 B. 1 C. 2 D. -1

(6) 若 $\log_a \frac{2}{3} < 1$，则 a 的取值范围是(   ).

A. $\left(\frac{2}{3}, 1\right)$ B. $\left(\frac{2}{3}, +\infty\right)$

C. $\left(0, \frac{2}{3}\right) \cup (1, +\infty)$ D. $\left(0, \frac{2}{3}\right) \cup \left(\frac{2}{3}, +\infty\right)$

2. 填空题：

(1) $(a^2 \cdot a^{-\frac{2}{5}}) \div a^{\frac{3}{5}} = $ _____；

(2) $\log_3 \frac{1}{9} = -2$ 的指数式为 _____；

(3) 若 $\log_3 x = -\frac{2}{3}$，则 $x = $ _____；

(4) 若 $\log_a 2 = m, \log_a 3 = n, a^{2m+n} = $ _____；

(5) 若 $\lg 2 = a, \lg 3 = b$，则 $\log_5 12 = $ _____；

(6) 若 $3^a = 2$，则 $\log_3 8 - 2\log_2 6 = $ _____；

(7) $\log_3 2 \cdot \frac{\log_5 3}{\log_5 2} = $ _____.

3. 解答题：

(1) 求函数 $y = \log_{\frac{1}{3}}(x^2 - 5x + 4)$ 的定义域；

(2) 已知函数 $f(3x) = \log_2 \sqrt{\frac{9x+5}{2}}$，求 $f(1)$.

§10.2 不 等 式

一、不等式的性质

1. 两个实数大小关系的等价命题

(1) $a > b \Leftrightarrow a - b > 0$.

(2) $a=b \Leftrightarrow a-b=0$.
(3) $a<b \Leftrightarrow a-b<0$.

2. 不等式的性质

(1) 如果 $a>b$,那么 $b<a$;如果 $b<a$,那么 $a>b$.
(2) 如果 $a>b,b>c$,那么 $a>c$.
(3) 如果 $a>b$,那么 $a+c>b+c$.
(4) 如果 $a>b$ 且 $c>d$,那么 $a+c>b+d$.
(5) 如果 $a>b$ 且 $c>0$,那么 $ac>bc$;如果 $a>b$ 且 $c<0$,那么 $ac<bc$.
(6) 如果 $a>b>0$ 且 $c>d>0$,那么 $ac>bd$.
(7) 如果 $a>b>0$,那么 $a^n>b^n$ ($n \in \mathbf{N}$ 且 $n>1$).
(8) 如果 $a>b>0$,那么 $\sqrt[n]{a}>\sqrt[n]{b}$ ($n \in \mathbf{N}$ 且 $n>1$).

3. 证明不等式时常用到的几个重要不等式

(1) 如果 $a,b \in \mathbf{R}$,那么 $a^2+b^2 \geq 2ab$(当且仅当 $a=b$ 时取"=").
(2) 如果 $a,b \in \mathbf{R}^+$,那么 $\dfrac{a+b}{2} \geq \sqrt{ab}$(当且仅当 $a=b$ 时取"=").
(3) 如果 $a,b,c \in \mathbf{R}^+$,那么 $a^3+b^3+c^3 \geq 3abc$(当且仅当 $a=b=c$ 时取"=").
(4) 如果 $a,b,c \in \mathbf{R}^+$,那么 $\dfrac{a+b+c}{3} \geq \sqrt[3]{abc}$(当且仅当 $a=b=c$ 时取"=").
(5) $\dfrac{a_1+a_2+\cdots+a_n}{n} \geq \sqrt[n]{a_1 a_2 \cdots a_n}$ ($n \in \mathbf{N}^*, a_i \in \mathbf{R}^+, 1 \leq i \leq n$).

例1 设 $a>0$ 且 $a \neq 1$,比较 $\log_a(a^3+1)$ 与 $\log_a(a^2+1)$ 的大小.

解 $(a^3+1)-(a^2+1)=a^2(a-1)$,
当 $0<a<1$ 时,$a^3+1<a^2+1$,$\log_a(a^3+1)>\log_a(a^2+1)$.
当 $a>1$ 时,$a^3+1>a^2+1$,$\log_a(a^3+1)>\log_a(a^2+1)$.
总有 $\log_a(a^3+1)>\log_a(a^2+1)$.

二、不等式的解法

1. 一元二次不等式的解法

任何一个一元二次不等式经过不等式的同解变形后,都可化为 $ax^2+bx+c>0$ ($a>0$) 或 $ax^2+bx+c<0$ ($a>0$) 的形式,再根据"大于取两边,小于夹中间"求解集,见表 10-3.

表 10-3

$\Delta=b^2-4ac$	$\Delta>0$	$\Delta=0$	$\Delta<0$
二次函数 $y=ax^2+bx+c$ $(a>0)$ 的图像	图像（与x轴交于x_1,x_2）	图像（与x轴切于$x_1=x_2$）	图像（与x轴无交点）
一元二次方程 $ax^2+bx+c=0$ $(a>0)$ 的根	有两相异实根 $x_1,x_2(x_1<x_2)$	有两相等实根 $x_1=x_2=-\dfrac{b}{2a}$	无实根
$ax^2+bx+c>0$ $(a>0)$ 的解集	$\{x\mid x<x_1 \text{ 或 } x>x_2\}$	$\{x\mid x\neq -\dfrac{b}{2a}\}$	$\mathbf{R}$
$ax^2+bx+c<0$ $(a>0)$ 的解集	$\{x\mid x_1<x<x_2\}$	$\varnothing$	$\varnothing$

2. 简单的高次不等式、分式不等式的求解问题可采用"数轴标根法"

例如，用"数轴标根法"解不等式 $\dfrac{x^2-3x+2}{x^2-2x-3}<0$.

原不等式可化为 $\dfrac{(x-1)(x-2)}{(x-3)(x+1)}<0$.

作数轴，按根由小到大排列标根，画曲线，定解

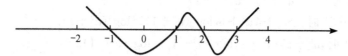

则 $\dfrac{x^2-3x+2}{x^2-2x-3}<0$ 的解集是 $\{x\mid -1<x<1, \text{ 或 } 2<x<3\}$.

再如，解不等式 $x^3+3x^2>2x+6$. 则原不等式化为 $(x+3)(x+\sqrt{2})(x-\sqrt{2})>0$.
所以，原不等式的解为 $x>\sqrt{2}$ 或 $-3<x<-\sqrt{2}$.

3. 绝对值不等式

$|x|<a \Leftrightarrow -a<x<a \quad (a>0)$；

$|x|>a \Leftrightarrow x<-a \text{ 或 } x>a \quad (a>0)$.

关于和差的绝对值与绝对值的和差有以下性质：

$$|a|-|b| \leqslant |a+b| \leqslant |a|+|b|;$$

$$|a|-|b| \leqslant |a-b| \leqslant |a|+|b|.$$

例2 求不等式组 $\begin{cases} x^2-1<0, \\ x^2-3x<0 \end{cases}$ 的解集.

解 $\begin{cases} x^2-1<0, \\ x^2-3x<0 \end{cases} \Rightarrow \begin{cases} x^2<1, \\ x(x-3)<0 \end{cases} \Rightarrow \begin{cases} -1<x<1, \\ 0<x<3 \end{cases} \Rightarrow 0<x<1.$

故原不等式的解集为 $\{x \mid 0<x<1\}$.

例3 求不等式 $\dfrac{x-1}{x-3}>0$ 的解集.

解 $\dfrac{x-1}{x-3}>0 \Leftrightarrow (x-1)(x-3)>0.$

所以 $x<1$ 或 $x>3$.

故原不等式的解集为 $\{x \mid x<1 \text{ 或 } x>3\}$.

例4 求不等式 $\left(\dfrac{1}{3}\right)^{x^2-8} > 3^{-2x}$ 的解集.

解 将不等式变形得 $3^{-x^2+8} > 3^{-2x}$,

则 $-x^2+8>-2x$, 从而 $x^2-2x-8<0$, 即 $(x+2)(x-4)<0$, 所以不等式的解集是 $\{x \mid -2<x<4\}$.

习 题 10.2

1. 选择题:

(1) 函数 $y=\sqrt{\log_{\frac{1}{2}} \dfrac{x-5}{x+3}}$ 的定义域为(   ).

A. $(5,+\infty)$ B. $[5,+\infty)$

C. $(-\infty,-3) \cup [5,+\infty)$ D. $(-\infty,-3)$

(2) 不等式 $\log_{\frac{1}{2}}(\log_2 x)>0$ 的解集为(   ).

A. $\{x \mid x<2\}$ B. $\{x \mid 0<x<2\}$ C. $\{x \mid 1<x<2\}$ D. $\{x \mid x>2\}$

(3) 设 $0<a<1$, 函数 $f(x)=\log_a(a^{2x}-2a^x-2)$, 则使 $f(x)<0$ 的 x 的取值范围是(   ).

A. $(-\infty, 0)$ B. $(0,+\infty)$ C. $(-\infty, \log_a 3)$ D. $(\log_a 3, +\infty)$

(4) 不等式组 $\begin{cases} x^2+x+1>0, \\ 2x^2+x+5<0 \end{cases}$ 的解集是(   ).

A. $\mathbf{R}$ B. $\varnothing$ C. $\{0\}$ D. $\{x \mid x>0\}$

(5) 不等式 $\dfrac{1}{x}<\dfrac{1}{2}$ 的解集是(   ).

A. $(-\infty, 2)$ B. $(2,+\infty)$

C. $(0,2)$ D. $(-\infty, 0) \cup (2,+\infty)$

2. 解答题:

(1) 解下列不等式:

① $-1<x^2+2x-1 \leqslant 2$;   ② $\dfrac{x^2-2x-1}{x-1} \geqslant 0$;

③ $\left(\dfrac{1}{3}\right)^{x^2-3x-4}-1<0$;　　④ $\log_2(2x-4)<2$.

(2) 已知关于 x 的不等式 $a^x>1$ 的解集是 $\{x|x<0\}$,其中 $a>0$ 且 $a\neq 1$,求不等式 $\log_a[2x^2-(2a+1)x+a+1]<0$ 的解集.

§10.3　数　　列

一、数列的概念

1. 数列的定义

按照一定次序排列的一列数:$a_1,a_2,a_3,\cdots,a_n,\cdots$ 称为数列,记作$\{a_n\}$. 数列中的每一个数叫作这个数列的项,其中第一个数 a_1 叫作数列的第一项(亦称首项),第二个数 a_2 叫作数列的第二项,……,依次类推,a_n 叫作数列的第 n 项,其中 n 叫作项数.

2. 数列的通项公式

如果一个数列$\{a_n\}$的第 n 项 a_n 能用项数 n 的一个表达式来表示,则这个表达式称为这个数列的通项公式. 例如数列 $\dfrac{1}{2},\dfrac{1}{4},\dfrac{1}{8},\cdots,\dfrac{1}{2^n}$ 的通项公式是 $a_n=\dfrac{1}{2^n}$.

3. 数列的前 n 项和

对于数列$\{a_n\}$,称 $a_1+a_2+a_3+\cdots+a_n$ 为数列$\{a_n\}$的前 n 项和,记作 S_n. 即 $S_n=a_1+a_2+a_3+\cdots+a_n$.

数列$\{a_n\}$的前 n 项和 S_n 与通项 a_n 的关系是:
当 $n=1$ 时,$S_1=a_1$;当 $n>1$ 时,$S_n-S_{n-1}=a_n$.

例1　已知数列的通项公式 $a_n=1-3n^2$,试写出这个数列的前 4 项及第 8 项.

解　n 依次取 $1,2,3,4$ 代入通项公式 $a_n=1-3n^2$ 得这个数列的前 4 项依次为 $-2,-11,-26,-47$.

$$a_8=1-3\times 8^2=-191.$$

例2　已知数列的前 n 项的和 $S_n=5n^2+n$,求该数列的通项公式.

解　当 $n=1$ 时,$a_1=S_1=6$.
　　当 $n>1$ 时,$a_n=S_n-S_{n-1}$
$$=(5n^2+n)-[5(n-1)^2+(n-1)]=10n-4.$$
上式在 $n=1$ 时也适合,因此,该数列的通项公式为 $a_n=10n-4$.

二、等差数列与等比数列

1. 等差数列

(1) 等差数列的定义.

如果一个数列从第二项起,每一项与它前一项的差都等于同一个常数 d,则称这个数列为等差数列.这个常数 d 称为等差数列的公差.

(2) 等差数列的通项公式:$a_n = a_1 + (n-1)d$.

(3) 等差中项:如果 a,A,b 成等差数列,那么 A 叫作 a 与 b 的等差中项.即 A 是 a 与 b 的等差中项 $\Leftrightarrow 2A = a+b \Leftrightarrow a,A,b$ 成等差数列.

(4) 等差数列的前 n 项和

$$S_n = \frac{n(a_1+a_n)}{2}$$

或

$$S_n = na_1 + \frac{n(n-1)}{2}d.$$

例 3 求等差数列 $11,7,3,-1,\cdots$ 的通项公式与第 13 项.

解 因为 $a_1=11, d=7-11=-4$,所以这个等差数列的通项公式为

$$a_n = 11 + (n-1) \times (-4)$$
$$= 15 - 4n,$$

从而 $a_{13} = 15 - 4 \times 13 = -37$.

例 4 已知一个等差数列的第 4 项是 7,第 9 项是 22,求它的第 20 项.

解 由已知,$a_4 = 7, a_9 = 22$,根据通项公式得

$$\begin{cases} a_1 + (4-1)d = 7, \\ a_1 + (9-1)d = 22. \end{cases}$$

即

$$\begin{cases} a_1 + 3d = 7, \\ a_1 + 8d = 22. \end{cases}$$

解得 $a_1 = -2, d = 3$.

因此 $a_{20} = -2 + (20-1) \times 3 = 55$,即第 20 项是 55.

例 5 求等差数列 $12,8,4,0,\cdots$ 的前 20 项的和.

解 因为 $a_1 = 12, d = 8-12 = -4, n = 20$,由等差数列的前 n 项和公式得

$$S_{20} = 20 \times 12 + \frac{20 \times (20-1)}{2} \times 4$$
$$= -520.$$

2. 等比数列

(1) 等比数列的定义.

如果一个数列从第二项起,每一项与它前一项的比值都是同一个常数,则称这个数列为等比数列,这个常数称为等比数列的公比,通常用字母 q 表示.

(2) 等比数列的通项公式:$a_n = a_1 q^{n-1}$.

(3) 等比中项:如果三个数 a,G,b 成等比数列,则 G 称为 a 与 b 的等比中项,其中 $G = \pm \sqrt{ab}$.

(4) 等比数列的前 n 项和公式: $S_n = \dfrac{a_1(1-q^n)}{1-q}$ $(q \neq 1)$.

例 6 等比数列 $4, 12, 36, 108, \cdots$ 的第几项是 324？

解 设这个等比数列的第 n 项是 324, 由于 $a_1 = 4, q = 3$, 根据等比数列的通项公式得

$$324 = 4 \times 3^{n-1},$$

两边同除以 4 得 $\quad\quad\quad 3^{n-1} = 81,$

即 $\quad\quad\quad 3^{n-1} = 3^4,$

于是 $\quad\quad\quad n = 5.$

即这个数列的第 5 项是 324.

例 7 求等比数列 $-2, 1, -\dfrac{1}{2}, \dfrac{1}{4}, \cdots$ 的前 10 项的和.

解 已知 $a_1 = -2$, 公比 $q = -\dfrac{1}{2}$,

由等比数列的前 n 项和公式, 得

$$S_{10} = \dfrac{-2 \times \left[1 - \left(-\dfrac{1}{2}\right)^{10}\right]}{1 - \left(-\dfrac{1}{2}\right)} = -\dfrac{341}{256}.$$

例 8 已知一个等比数列的前 4 项的和是 $\dfrac{20}{3}$, 公比是 3, 求它的首项.

解 因为 $S_4 = \dfrac{20}{3}, q = 3$, 所以

$$\dfrac{a_1(1-3^4)}{1-3} = \dfrac{20}{3},$$

解得 $a_1 = \dfrac{1}{6}.$

习 题 10.3

1. 填空题：

(1) 已知数列 $\{a_n\}$ 的通项公式 $a_n = (-1)^{n+1} \cdot (11 - 5n)$, 则它的第 6 项是_____；

(2) 数列 $-2, 4, -6, 8, \cdots$ 的通项公式 $a_n = $_____；

(3) 等差数列的首项是 21, 第 9 项是 -3, 则这个数列的公差是_____；

(4) 等比数列的首项是 6, 公比是 $\dfrac{3}{2}$, 则这个等比数列的第 4 项是_____, 前 5 项的和是_____；

(5) 数 4 与 16 等比中项是_____；

(6) 数 7 与 13 等差中项是_____；

(7) 19 是等差数列 $-8, -5, -2, 1, \cdots$ 的第_____项；

(8) 已知等差数列 $-2, 0, 2, 4, \cdots$, 则该数列的通项公式是_____.

2. 解答题:
(1) 在 -2 与 -256 之间插入 6 个数,使这 8 个数组成等比数列,求这个数列的第 7 项.
(2) 已知等差数列 $-10,-7,-4,-1,2,\cdots$ 求这个数列的第 15 项及前 10 项的和.

§10.4 复 数

一、复数的概念

1. 虚数单位 i

规定 (1) $i^2 = -1$; (2) i 可以与实数进行四则运算,原有运算律仍然成立.

2. 复数的定义

形如 $a+bi(a,b \in \mathbf{R})$ 的数叫作复数.其中 a 叫作该复数的实部,b 叫作该复数的虚部.复数通常用字母 z 表示,即 $z=a+bi(a,b \in \mathbf{R})$.

3. 复数与实数、虚数、纯虚数的关系

对于复数 $a+bi(a,b \in \mathbf{R})$,当 $b=0$ 时,复数 $a+bi(a,b \in \mathbf{R})$ 是实数 a;当 $b \neq 0$ 时,复数 $z=a+bi(a,b \in \mathbf{R})$ 叫作虚数;当 $a=0,b \neq 0$ 时,$z=bi$ 叫作纯虚数;当 $a=b=0$ 时,z 就是实数 0.

全体复数组成的集合叫作复数集,用字母 $\mathbf{C}$ 表示.复数集与其他数集之间的关系: $\mathbf{N} \subsetneq \mathbf{Z} \subsetneq \mathbf{Q} \subsetneq \mathbf{R} \subsetneq \mathbf{C}$.

4. 复数的相等

两个复数相等的充要条件是它们的实部和虚部分别对应相等.

即 $a+bi=c+di \Leftrightarrow \begin{cases} a=c, \\ b=d \end{cases} (a,b,c,d \in \mathbf{R})$.

一般地,两个复数只能说相等或不相等,而不能比较大小,只有当两个复数全是实数时才能比较大小.

5. 共轭复数

实部相等,虚部互为相反数的两个复数叫作互为共轭复数.复数 $z=a+bi$ 的共轭复数记作 $\bar{z}$,即 $\bar{z}=a-bi$.

二、复数的运算

1. 复数的加(减)法

(1) 运算法则: $(a+bi)+(c+di)=(a+c)+(b+d)i$;
$\qquad (a+bi)-(c+di)=(a-c)+(b-d)i$.

(2) 运算律：对任何 $z_1, z_2, z_3 \in \mathbf{C}$，有
$$z_1 + z_2 = z_2 + z_1,$$
$$(z_1 + z_2) + z_3 = z_1 + (z_2 + z_3).$$

即两个复数相加(减)，就是把实部与实部，虚部与虚部分别相加(减).

2. 复数的乘法

复数的乘法与多项式的乘法类似，只是在运算过程中把 i^2 换成 -1，然后把实部与虚部分别合并，即 $(a+bi)(c+di)=(ac-bd)+(bc+ad)i$.

实数集中的平方和(差)公式、立方和(差)公式、完全平方公式等在复数集中仍成立.

3. 复数的乘方

(1) 运算法则：$z^n = \overbrace{z \cdot z \cdots z}^{n}(n \in \mathbf{N}^*)$.

(2) 运算律：对任何 $z, z_1, z_2 \in \mathbf{C}$ 及 $m, n \in \mathbf{N}^*$，有
$$z^m z^n = z^{m+n},$$
$$(z^m)^n = z^{mn},$$
$$(z_1 z_2)^n = z_1^n z_2^n.$$

(3) i 的乘方具有如下性质：$i^{4n}=1, i^{4n+1}=i, i^{4n+2}=-1, i^{4n+3}=-i$.

4. 复数的除法

满足 $(c+di)(x+yi)=a+bi(c+di \neq 0)$ 的复数 $x+yi(x, y \in \mathbf{R})$ 叫复数 $a+bi$ 除以复数 $c+di$ 的商，记为 $\dfrac{a+bi}{c+di}$ 或 $(a+bi) \div (c+di)$.

其中 $\dfrac{a+bi}{c+di} = \dfrac{(a+bi)(c-di)}{(c+di)(c-di)} = \dfrac{(ac+bd)+(bc-ad)i}{c^2+d^2} = \dfrac{ac+bd}{c^2+d^2} + \dfrac{bc-ad}{c^2+d^2}i$.

三、复数的三角形式与指数形式

(1) 建立了平面直角坐标系表示复数的平面叫作复平面，也叫高斯平面. x 轴叫作实轴，y 轴叫作虚轴. 实轴上的点都表示实数，虚轴上的点(除原点外)表示纯虚数.

(2) 复数的几何表示：$z=a+bi$ $\xleftrightarrow{\text{一一对应}}$ 复平面内的点 $Z(a,b)$ $\xleftrightarrow{\text{一一对应}}$ 复平面上的平面向量 $\overrightarrow{OZ}$.

(3) 复数的模：向量 $\overrightarrow{OZ}$ 的模叫作复数 $z=a+bi$ 的模，记作 $|z|$ 或 $|a+bi|$，则 $|z|=|a+bi|=\sqrt{a^2+b^2}$.

(4) 复数 $z=a+bi$ 的辐角 θ 及辐角主值：以 x 轴的非负半轴为始边、以 $\overrightarrow{OZ}$ 所在

射线为终边的角叫作复数 $z=a+bi$ 的辐角,在 $[0,2\pi)$ 内的辐角就叫作辐角主值,记为 $\arg z$.

(5) 复数的三角形式:如图 10-1 所示,设非零复数 $z=a+bi$ 的模为 r,幅角主值为 θ,则 $\begin{cases} a=r\cos\theta, \\ b=r\sin\theta. \end{cases}$

于是 $a+bi=r(\cos\theta+i\sin\theta)$. 其中 $r=\sqrt{a^2+b^2}$,角 θ 由 $\tan\theta=\dfrac{b}{a}(a\neq 0)$ 及点 $z(a,b)$ 所在的象限来确定.

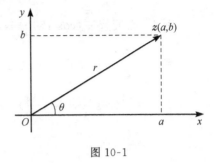

图 10-1

我们把 $z=r(\cos\theta+i\sin\theta)$ 叫作复数 z 的三角形式,其中 r 为复数的模,θ 为复数的幅角. 为了区别起见,把 $z=a+bi$ 叫作复数 z 的代数形式. 复数的代数形式和三角形式之间可以相互转化.

例 1 把复数 $z=2-2i$ 表示成三角形式.

解 因为 $a=2,b=-2$,

所以 $r=\sqrt{a^2+b^2}=\sqrt{2^2+(-2)^2}=\sqrt{8}=2\sqrt{2}$,

$\tan\theta=\dfrac{b}{a}=\dfrac{-2}{2}=-1$.

由于复数 $2-2i$ 对应的点 $(2,-2)$ 在第四象限,于是,$\theta=2\pi-\dfrac{\pi}{4}=\dfrac{7\pi}{4}$,

即 $z=2-2i$ 的三角形式为 $2\sqrt{2}\left(\cos\dfrac{7\pi}{4}+i\sin\dfrac{7\pi}{4}\right)$.

例 2 化复数 $2\left(\cos\dfrac{2\pi}{3}+i\sin\dfrac{2\pi}{3}\right)$ 为代数形式.

解 $2\left(\cos\dfrac{2\pi}{3}+i\sin\dfrac{2\pi}{3}\right)$

$=2\left[\cos\left(\pi-\dfrac{\pi}{3}\right)+i\sin\left(\pi-\dfrac{\pi}{3}\right)\right]$

$=2\left(-\cos\dfrac{\pi}{3}+i\sin\dfrac{\pi}{3}\right)$

$=2\left(-\dfrac{1}{2}+\dfrac{\sqrt{3}}{2}i\right)$

$=-1+\sqrt{3}i$.

(6) 复数的指数形式:设复数 $z=r(\cos\theta+i\sin\theta)$,根据欧拉公式 $e^{i\theta}=\cos\theta+i\sin\theta$ 得

$$z=r(\cos\theta+i\sin\theta)=re^{i\theta}.$$

$re^{i\theta}$ 称为复数的指数形式,其中辐角 θ 的单位必须是弧度,r 为复数的模,底数 $e=2.71828\cdots$ 为无理数,幂指数中的 i 为虚数单位,θ 为复数的辐角.

例 3 把复数 $\frac{\sqrt{3}}{2}(\cos 150° + i\sin 150°)$ 表示为指数形式.

解 $\frac{\sqrt{3}}{2}(\cos 150° + i\sin 150°)$

$= \frac{\sqrt{3}}{2}(\cos \frac{5\pi}{6} + i\sin \frac{5\pi}{6})$

$= \frac{\sqrt{3}}{2} e^{i\frac{5\pi}{6}}$.

例 4 把复数 $0.78 e^{-i\frac{2\pi}{3}}$ 表示为三角形式.

解 $0.78 e^{-i\frac{2\pi}{3}} = 0.78 \left[\cos\left(-\frac{2\pi}{3}\right) + i\sin\left(-\frac{2\pi}{3}\right)\right]$.

习 题 10.4

1. 选择题：

(1) 若 $(m^2 - m) + (m^2 - 3m + 2)i$ 是纯虚数，则实数 m 的值为(　　).
A. 1　　　　B. 1 或 2　　　　C. 0　　　　D. $-1, 1, 2$

(2) 若实数 x, y 满足 $(1+i)x + (1-i)y = 2$，则 xy 的值是(　　).
A. 1　　　　B. 2　　　　C. -2　　　　D. -3

(3) 如果复数 $(m^2 + i)(1 + mi)$ 是实数，则实数 m 等于(　　).
A. 1　　　　B. -1　　　　C. $\sqrt{2}$　　　　D. $-\sqrt{2}$

(4) 在复平面内，复数 $\frac{1+i}{i}$ 对应的点位于(　　).
A. 第一象限　　B. 第二象限　　C. 第三象限　　D. 第四象限

(5) 设复数 $w = -\frac{1}{2} + \frac{\sqrt{3}}{2}i$，则 $1 + w = ($　　$)$.
A. $-w$　　　B. w^2　　　C. $-\frac{1}{w}$　　　D. $\frac{1}{w^2}$

(6) $\frac{(1-i)(-2+i)}{i^3} = ($　　$)$.
A. $3 + i$　　B. $-3 - i$　　C. $-3 + i$　　D. $3 - i$

(7) 若 z 满足 $z - 1 = \sqrt{3}(1+z)i$，则 $z + z^2$ 的值为(　　).
A. 1　　　　B. 0　　　　C. -1　　　　D. $-\frac{1}{2} + \frac{\sqrt{3}}{2}i$

(8) $2 + 2\sqrt{3}i$ 的平方根是(　　).
A. $\sqrt{3} + i$　　B. $\sqrt{3} \pm i$　　C. $\pm\sqrt{3} + i$　　D. $\pm(\sqrt{3} + i)$

2. 计算题：

(1) 设 x, y 为实数，且 $\frac{x}{1-i} + \frac{y}{1-2i} = \frac{5}{1-3i}$，求 x, y 的值.

(2) 把下列复数表示为三角形式.
① $z = \sqrt{2} - \sqrt{2}i$；② $z = -1 + i$；③ $z = -\frac{1}{2} - \frac{\sqrt{3}}{2}i$；④ $z = -1 + \sqrt{3}i$.

(3) 把下列复数表示为代数形式.

① $z=\sqrt{2}(\cos 135°+\mathrm{i}\sin 135°)$；

② $z=\sqrt{2}[\cos(-150°)+\mathrm{i}\sin(-150°)]$；

③ $z=2\sqrt{2}\mathrm{e}^{\mathrm{i}\frac{3\pi}{4}}$；

④ $z=3\mathrm{e}^{\mathrm{i}\frac{\pi}{6}}$.

(4) 把下列复数表示为指数形式.

① $z=-1-\sqrt{3}\mathrm{i}$； ② $z=\cos 2+\mathrm{i}\sin 2$；

③ $z=\sqrt{2}[\cos(-135°)+\mathrm{i}\sin(-135°)]$ ④ $z=-\mathrm{i}$.

§10.5 三角函数

一、角的有关概念

1. 任意角

角可看作一条射线绕着它的端点在平面内旋转所形成的图形. 射线的端点称为角的顶点，射线的初始位置称为角的始边，射线的终止位置称为角的终边.

按逆时针方向旋转形成的角称为正角，按顺时针方向旋转形成的角称为负角，特别地，当一条射线不作旋转时，所形成的角，称为零角.

2. 象限角

在平面直角坐标系内使角的顶点和坐标原点重合，使角的始边和 x 轴非负半轴重合，这时，角的终边落在第几象限，就说这个角是第几象限的角（有时也称这个角属于第几象限）；如果这个角的终边落在坐标轴上，则这个角不属于任何一个象限.

3. 终边相同的角

所有与 α 角终边相同的角，连同 α 在内有无限多个，用集合表示为：$S=\{\beta|\beta=k\cdot 360°+\alpha, k\in \mathbf{Z}\}$.

4. 角的度量

(1) 角度制：将一个周角分成 360 等份，其中的每一等份为 1 度的角，记作 1°. 这种以度为单位度量角的制度称为角度制.

(2) 弧度制：在一个圆中，与半径等长的圆弧所对的圆心角叫作 1 弧度的角，弧度单位用 rad 表示. 以弧度为单位度量角的制度称为弧度制.

我们规定：正角的弧度数为正数，负角的弧度数为负数，零角的弧度数为零.

并且有 $|\alpha|=\dfrac{l}{r}$，或 $l=|\alpha|r$，其中 l 是圆心角 α 所对的弧长，r 是圆半径.

(3) 度与弧度的换算关系：

$180° = \pi$ rad.

$1° = \dfrac{\pi}{180}$ rad.

$1\text{rad} = \dfrac{180°}{\pi} \approx 57.30° = 57°18'$.

二、任意角的三角函数

1. 任意角的三角函数的定义

设 α 是任意角，在 α 终边上任取一点 $P(x,y)$，它到原点的距离 $r = \sqrt{x^2+y^2}$，如图 10-2 所示．则角 α 的六个三角函数定义如下：

① 正弦函数：$\sin\alpha = \dfrac{y}{r}$；② 余弦函数：$\cos\alpha = \dfrac{x}{r}$；

③ 正切函数：$\tan\alpha = \dfrac{y}{x}$；④ 余切函数：$\cot\alpha = \dfrac{x}{y}$；

⑤ 正割函数：$\sec\alpha = \dfrac{r}{x}$；⑥ 余割函数：$\csc\alpha = \dfrac{r}{y}$.

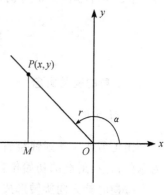

图 10-2

当角 α 的终边在纵轴上时，即 $\alpha = k\pi + \dfrac{\pi}{2}(k \in \mathbf{Z})$ 时，终边上任意一点 P 的横坐标 x 都为 0，所以 $\tan\alpha, \sec\alpha$ 无意义；当角 α 的终边在横轴上时，即 $\alpha = k\pi(k \in \mathbf{Z})$ 时，终边上任意一点 P 的纵坐标 y 都为 0，所以 $\cot\alpha, \csc\alpha$ 无意义．

2. 任意角的三角函数值的符号（以正（余）弦、正（余）切为主）

任意角的三角函数值的符号（以正（余）弦、正（余）切为主）如图 10-3 所示．

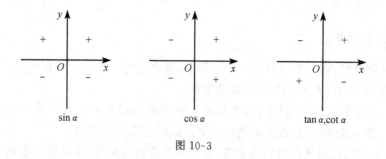

图 10-3

例 1 在 $0° \sim 360°$ 之间，找出与下列各角终边相同的角，并判定各角所在的象限.

(1) $460°$;(2) $1\,090°$.

解 (1) 因为 $460°=1×360°+100°$,

所以 $460°$ 角和 $100°$ 角的终边相同.

又 $100°$ 角在第二象限,故 $460°$ 角也在第二象限.

(2) 因为 $1\,090°=3×360°+10°$,

所以 $1\,090°$ 角和 $10°$ 角的终边相同.

又 $10°$ 角在第一象限,故 $1\,090°$ 角也在第一象限.

例 2 已知角 α 的终边过点 $P(2,-3)$,求角 α 的正弦、余弦、正切值.

解 因为 $x=2$,$y=-3$,所以 $r=\sqrt{x^2+y^2}=\sqrt{13}$,

$$\sin\alpha=\frac{y}{r}=\frac{-3}{\sqrt{13}}=-\frac{3\sqrt{13}}{13},$$

$$\cos\alpha=\frac{x}{r}=\frac{2}{\sqrt{13}}=\frac{2\sqrt{13}}{13},$$

$$\tan\alpha=\frac{y}{x}=-\frac{3}{2}.$$

例 3 根据 $\sin\theta<0$ 且 $\tan\theta>0$,确定 θ 角所在的象限.

解 由 $\sin\theta<0$,知 θ 在第三或第四象限或在 y 轴的负半轴上.

又因为 $\tan\theta>0$,所以 θ 在第一或第三象限.

故满足条件 $\sin\theta<0$ 且 $\tan\theta>0$ 的 θ 在第三象限.

三、三角函数式的变换

1. 同角三角函数的基本关系式

平方关系:$\sin^2\alpha+\cos^2\alpha=1$;$1+\tan^2\alpha=\sec^2\alpha$;$1+\cot^2\alpha=\csc^2\alpha$.

商数关系:$\tan\alpha=\dfrac{\sin\alpha}{\cos\alpha}$,$\cot\alpha=\dfrac{\cos\alpha}{\sin\alpha}$.

倒数关系:$\tan\alpha\cdot\cot\alpha=1$,$\sin\alpha\cdot\csc\alpha=1$,$\cos\alpha\cdot\sec\alpha=1$.

2. 三角函数的诱导公式

公式 1:$\sin(\alpha+2k\pi)=\sin\alpha$ $(k\in\mathbf{Z})$;

$\cos(\alpha+2k\pi)=\cos\alpha$ $(k\in\mathbf{Z})$;

$\tan(\alpha+2k\pi)=\tan\alpha$ $(k\in\mathbf{Z})$.

公式 2:$\sin(-\alpha)=-\sin\alpha$;

$\cos(-\alpha)=\cos\alpha$;

$\tan(-\alpha)=-\tan\alpha$.

公式 3:$\sin(\alpha\pm\pi)=-\sin\alpha$;

$\cos(\alpha \pm \pi) = -\cos \alpha;$

$\tan(\alpha \pm \pi) = \tan \alpha.$

公式 4: $\sin(2\pi - \alpha) = -\sin \alpha;$

$\cos(2\pi - \alpha) = \cos \alpha;$

$\tan(2\pi - \alpha) = -\tan \alpha.$

$2k\pi + \alpha (k \in \mathbf{Z}), -\alpha, \alpha \pm \pi, 2\pi - \alpha$ 的三角函数值等于 α 的同名函数值,前面加上一个把 α 看成锐角时原函数值的符号,简言之"函数同名称,符号看象限".

例 4 已知 $\sin \alpha = \dfrac{4}{5}$,且 α 是第二象限的角,求 $\cos \alpha$ 和 $\tan \alpha$.

解 因为 α 是第二象限的角,所以 $\cos \alpha < 0$.

由平方关系式得: $\cos \alpha = -\sqrt{1 - \sin^2 \alpha}.$

得 $\cos \alpha = -\sqrt{1 - \sin^2 \alpha} = -\sqrt{1 - \dfrac{16}{25}} = -\dfrac{3}{5},$

$\tan \alpha = \dfrac{\sin \alpha}{\cos \alpha} = -\dfrac{4}{3}.$

例 5 已知 $\cos \alpha = -\dfrac{8}{17},$ 求 $\sin \alpha, \tan \alpha$ 的值.

解 由 $\cos \alpha < 0,$ 知 α 是第二或第三象限角.

当 α 是第二象限角时,

$\sin \alpha = \sqrt{1 - \cos^2 \alpha} = \sqrt{1 - \left(-\dfrac{8}{17}\right)^2} = \dfrac{15}{17},$

$\tan \alpha = \dfrac{\sin \alpha}{\cos \alpha} = \dfrac{\dfrac{15}{17}}{-\dfrac{8}{17}} = -\dfrac{15}{8}.$

当 α 是第三象限时,

$\sin \alpha = -\sqrt{1 - \cos^2 \alpha} = -\dfrac{15}{17}, \quad \tan \alpha = \dfrac{15}{8}.$

3. 两角和与差的正弦、余弦及正切

(1) $\sin(\alpha \pm \beta) = \sin \alpha \cos \beta \pm \cos \alpha \sin \beta;$

(2) $\cos(\alpha \pm \beta) = \cos \alpha \cos \beta \mp \sin \alpha \sin \beta;$

(3) $\tan(\alpha \pm \beta) = \dfrac{\tan \alpha \pm \tan \beta}{1 \mp \tan \alpha \tan \beta}.$

例 6 已知 $\sin \alpha = \dfrac{2}{3}, \alpha \in \left(0, \dfrac{\pi}{2}\right), \cos \beta = -\dfrac{3}{4}, \beta \in \left(\pi, \dfrac{3\pi}{2}\right),$ 求 $\sin(\alpha - \beta), \cos(\alpha + \beta)$ 的值.

解 由 $\sin \alpha = \dfrac{2}{3}, \alpha \in \left(0, \dfrac{\pi}{2}\right),$ 得

$$\cos\alpha = \sqrt{1-\sin^2\alpha} = \sqrt{1-\left(\frac{2}{3}\right)^2} = \frac{\sqrt{5}}{3}.$$

又由 $\cos\beta = -\frac{3}{4}, \beta \in \left(\pi, \frac{3\pi}{2}\right)$,得

$$\sin\beta = -\sqrt{1-\cos^2\beta} = -\sqrt{1-\left(-\frac{3}{4}\right)^2} = -\frac{\sqrt{7}}{4}.$$

所以 $\sin(\alpha-\beta) = \sin\alpha\cos\beta - \cos\alpha\sin\beta$

$$= \frac{2}{3} \times \left(-\frac{3}{4}\right) - \frac{\sqrt{5}}{3} \times \left(-\frac{\sqrt{7}}{4}\right)$$

$$= \frac{\sqrt{35}-6}{12}.$$

$\cos(\alpha+\beta) = \cos\alpha\cos\beta - \sin\alpha\sin\beta$

$$= \frac{\sqrt{5}}{3} \times \left(-\frac{3}{4}\right) - \frac{2}{3} \times \left(-\frac{\sqrt{7}}{4}\right)$$

$$= \frac{2\sqrt{7}-3\sqrt{5}}{12}.$$

4. 二倍角公式

$$\sin 2\alpha = 2\sin\alpha\cos\alpha;$$
$$\cos 2\alpha = \cos^2\alpha - \sin^2\alpha = 2\cos^2\alpha - 1 = 1 - 2\sin^2\alpha;$$
$$\tan 2\alpha = \frac{2\tan\alpha}{1-\tan^2\alpha}.$$

例7 已知 $\sin\alpha = \frac{4}{5}$,且 α 是第二象限的角,求 $\sin 2\alpha$ 的值.

解 由 $\sin\alpha = \frac{4}{5}$,且 α 是第二象限的角,得

$$\cos\alpha = -\sqrt{1-\sin^2\alpha} = -\sqrt{1-\left(\frac{4}{5}\right)^2} = -\frac{3}{5}.$$

所以 $\sin 2\alpha = 2\sin\alpha\cos\alpha = 2 \times \frac{4}{5} \times \left(-\frac{3}{5}\right) = -\frac{24}{25}.$

例8 已知 $\tan 2\alpha = \frac{3}{4}$,求 $\tan\alpha$ 的值.

解 由 $\tan 2\alpha = \frac{2\tan\alpha}{1-\tan^2\alpha}$,得

$\frac{2\tan\alpha}{1-\tan^2\alpha} = \frac{3}{4}$,即 $3\tan^2\alpha + 8\tan\alpha - 3 = 0$.

解该方程,得

$\tan\alpha = -3$ 或 $\tan\alpha = \frac{1}{3}$.

四、三角函数的图像和性质

1. 正弦函数 $y=\sin x$ 的图像

(1) 正弦函数 $y=\sin x(x\in \mathbf{R})$ 的图像如图 10-4 所示.

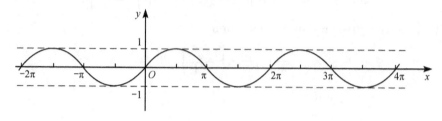

图 10-4

我们把正弦函数 $y=\sin x(x\in \mathbf{R})$ 的图像叫作正弦曲线.

由上图看出,正弦函数 $y=\sin x(x\in [0,2\pi])$ 的图像上 $(0,0)$,$\left(\dfrac{\pi}{2},1\right)$,$(\pi,0)$,$\left(\dfrac{3\pi}{2},-1\right)$,$(2\pi,0)$ 五个点描出后,其形状基本确定.因此,在精确度要求不高时,作出上述五个关键点,再连成光滑曲线,就可以得到正弦函数 $y=\sin x$ 在 $[0,2\pi]$ 上的图像.通常把这种作图的方法称为"五点法"作图.

(2) 正弦函数 $y=\sin x$ 的性质:

① 正弦函数 $y=\sin x$ 的定义域是 $\mathbf{R}$,值域是 $-1\leqslant y\leqslant 1$.

当 $x=\dfrac{\pi}{2}+2k\pi(k\in \mathbf{Z})$ 时,正弦函数 $y=\sin x$ 取得最大值 1;当 $x=\dfrac{3\pi}{2}+2k\pi(k\in \mathbf{Z})$ 时,正弦函数 $y=\sin x$ 取得最小值 -1.

② 正弦函数 $y=\sin x$ 是以 $2k\pi(k\in \mathbf{Z},k\neq 0)$ 为周期的周期函数,最小正周期是 2π.

③ 正弦函数 $y=\sin x(x\in \mathbf{R})$ 是奇函数,它的图像关于坐标原点对称.

④ 正弦函数 $y=\sin x(x\in \mathbf{R})$ 在区间 $\left[2k\pi-\dfrac{\pi}{2},2k\pi+\dfrac{\pi}{2}\right](k\in \mathbf{Z})$ 上是增函数,在区间 $\left[2k\pi+\dfrac{\pi}{2},2k\pi+\dfrac{3\pi}{2}\right](k\in \mathbf{Z})$ 上是减函数.

2. 余弦函数 $y=\cos x$ 图像

(1) 余弦函数 $y=\cos x(x\in \mathbf{R})$ 的图像如图 10-5 所示.

我们把余弦函数 $y=\cos x(x\in \mathbf{R})$ 的图像叫作余弦曲线.

在区间 $[0,2\pi]$ 上 $(0,1)$,$\left(\dfrac{\pi}{2},0\right)$,$(\pi,-1)$,$\left(\dfrac{3\pi}{2},0\right)$,$(2\pi,1)$ 五个点是余弦函数 $y=\cos x,x\in[0,2\pi]$ 图像上的五个关键点.

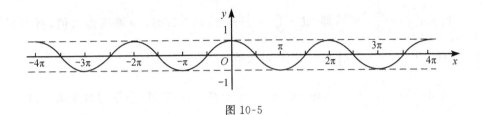

图 10-5

(2) 余弦函数 $y=\cos x$ 的性质：

① 余弦函数 $y=\cos x$ 的定义域是 **R**，值域是 $-1 \leqslant y \leqslant 1$.

当 $x=2k\pi(k\in\mathbf{Z})$ 时，余弦函数 $y=\cos x$ 取得最大值 1；当 $x=(2k+1)\pi(k\in\mathbf{Z})$ 时，余弦函数 $y=\cos x$ 取得最小值 -1.

② 余弦函数 $y=\cos x(x\in\mathbf{R})$ 是以 $2k\pi(k\in\mathbf{Z},k\neq 0)$ 为周期的周期函数，最小正周期是 2π.

③ 余弦函数 $y=\cos x(x\in\mathbf{R})$ 是偶函数，它的图像关于 y 轴对称.

④ 余弦函数 $y=\cos x(x\in\mathbf{R})$ 在区间 $[2k\pi,2k\pi+\pi](k\in\mathbf{Z})$ 上是减函数，在区间 $[2k\pi-\pi,2k\pi](k\in\mathbf{Z})$ 上是增函数.

例 9 比较下列各组余弦值的大小.

(1) $\cos\dfrac{8\pi}{5}$ 与 $\cos\dfrac{8\pi}{7}$；(2) $\cos 99°$ 与 $\cos 101°$.

解 (1) 因为 $\pi<\dfrac{8\pi}{7}<\dfrac{8\pi}{5}<2\pi$，而 $y=\cos x$ 在区间 $[\pi,2\pi]$ 上是增函数，所以 $\cos\dfrac{8\pi}{5}>\cos\dfrac{8\pi}{7}$.

(2) 因为 $0°<99°<101°<180°$，而 $y=\cos x$ 在区间 $[0°,180°]$ 上是减函数，所以 $\cos 99°>\cos 101°$.

3. 正弦型曲线

一般地，我们把形如 $y=A\sin(\omega x+\varphi)$（其中 A,ω,φ 都是常数）的函数称为正弦型函数. 它在实数集 **R** 上的图像称为正弦型曲线.

正弦型函数 $y=A\sin(\omega x+\varphi)(A>0,\omega>0)$ 的定义域为 $(-\infty,+\infty)$. A 决定曲线的振荡幅度，称为振幅. 函数的最大值是 A，最小值是 $-A$. 正弦型函数是周期函数，ω 决定函数的周期，最小正周期为 $T=\dfrac{2\pi}{\omega}$.

例 10 求下列各函数的周期、最大值与最小值，并说出各函数取得最大值和最小值的 x 的集合.

(1) $y=\sin\left(3x-\dfrac{\pi}{3}\right)$；(2) $y=\dfrac{1}{2}\sin\left(4x+\dfrac{\pi}{6}\right)$.

解 (1) 函数 $y=\sin\left(3x-\dfrac{\pi}{3}\right)$ 的周期 $T=\dfrac{2\pi}{3}$.

当 $\sin\left(3x-\dfrac{\pi}{3}\right)=1$,即 $3x-\dfrac{\pi}{3}=\dfrac{\pi}{2}+2k\pi, k\in \mathbf{Z}$ 时,y 取得最大值,所以当 $\left\{x\,\Big|\,x=\dfrac{5\pi}{18}+\dfrac{2}{3}k\pi, k\in \mathbf{Z}\right\}$ 时,y 取得最大值 1.

当 $\sin\left(3x-\dfrac{\pi}{3}\right)=-1$,即 $3x-\dfrac{\pi}{3}=\dfrac{3\pi}{2}+2k\pi, k\in \mathbf{Z}$ 时,y 取得最小值,所以当 $\left\{x\,\Big|\,x=\dfrac{11\pi}{18}+\dfrac{2}{3}k\pi, k\in \mathbf{Z}\right\}$ 时,y 取得最小值 -1.

(2) 函数 $y=\dfrac{1}{2}\sin\left(4x+\dfrac{\pi}{6}\right)$ 的周期 $T=\dfrac{2\pi}{4}=\dfrac{\pi}{2}$.

当 $\sin\left(4x+\dfrac{\pi}{6}\right)=1$,即 $4x+\dfrac{\pi}{6}=\dfrac{\pi}{2}+2k\pi, k\in \mathbf{Z}$ 时,y 取得最大值,所以当 $\left\{x\,\Big|\,x=\dfrac{\pi}{12}+\dfrac{k\pi}{2}, k\in \mathbf{Z}\right\}$ 时,y 取得最大值 $\dfrac{1}{2}$.

当 $\sin\left(4x+\dfrac{\pi}{6}\right)=-1$,即 $4x+\dfrac{\pi}{6}=\dfrac{3\pi}{2}+2k\pi, k\in \mathbf{Z}$ 时,y 取得最小值,所以当 $\left\{x\,\Big|\,x=\dfrac{\pi}{3}+\dfrac{k\pi}{2}, k\in \mathbf{Z}\right\}$ 时,y 取得最小值 $-\dfrac{1}{2}$.

五、解斜三角形

1. 三角形的面积公式

三角形的面积公式:$S=\dfrac{1}{2}bc\sin A=\dfrac{1}{2}ac\sin B=\dfrac{1}{2}ab\sin C$.

2. 正弦定理与余弦定理

正弦定理:在 $\triangle ABC$ 中,$\dfrac{a}{\sin A}=\dfrac{b}{\sin B}=\dfrac{c}{\sin C}=2R$($R$ 是 $\triangle ABC$ 的外接圆半径).

余弦定理:在 $\triangle ABC$ 中,$a^2=b^2+c^2-2bc\cos A$,
$$b^2=c^2+a^2-2ca\cos B,$$
$$c^2=a^2+b^2-2ab\cos C.$$

例 11 在 $\triangle ABC$ 中,已知 $A=41°, b=60, c=34$,求 a, B, C.

解 由余弦定理,得
$$a^2=b^2+c^2-2bc\cos A=60^2+34^2-2\times 60\times 34\times \cos 41°\approx 1\,676.78,$$
所以 $a\approx 40.95$.

由正弦定理 $\dfrac{a}{\sin A}=\dfrac{c}{\sin C}$,得 $\sin C=\dfrac{c\sin A}{a}=\dfrac{34\times \sin 41°}{40.95}\approx 0.544\,7$,

所以 $C\approx 31°13'$.

因为 $A+B+C=180°$,

所以 $B = 180° - (A + C) = 180° - (41° + 31°13') = 107°47'$.

习 题 10.5

1. 已知 $\cos \alpha = \dfrac{1}{2}$，$\alpha$ 是第四象限角，求 $\sin \alpha$ 的值.

2. $\tan \alpha = -\dfrac{2}{3}$，$\alpha$ 是第二象限角，求 $\sin \alpha$ 和 $\cos \alpha$ 的值.

3. 已知 $\tan \alpha = \dfrac{1}{2}$，求 $\dfrac{\sin \alpha + \cos \alpha}{\sin \alpha - \cos \alpha}$ 的值.

4. 已知 $\cos \alpha + \sin \alpha = \dfrac{1}{4}$，求 $\sin \alpha \cos \alpha$ 的值.

5. 确定下列三角函数值的正负.

(1) $\sin \dfrac{19\pi}{4}$；(2) $\cos \dfrac{23\pi}{3}$；(3) $\tan \dfrac{14\pi}{3}$.

6. $\triangle ABC$ 的三个内角的度数之比为 $7:8:15$，请用弧度表示三角形三个内角的大小.

7. 已知 $\cos \alpha = \dfrac{3}{5}$，$\alpha \in \left(0, \dfrac{\pi}{2}\right)$，求 $\sin\left(\alpha + \dfrac{\pi}{4}\right)$ 和 $\sin 2\alpha$ 的值.

8. 已知 $\sin \alpha = \dfrac{3}{5}$，$\alpha \in \left(\dfrac{\alpha}{2}, \pi\right)$，求 $\cos\left(\alpha + \dfrac{\pi}{4}\right)$ 和 $\cos 2\alpha$ 的值.

9. 已知 $\tan \alpha = 3$，求 $\tan 2\alpha$ 和 $\tan\left(\alpha + \dfrac{\pi}{4}\right)$ 的值.

10. 已知 $\cos 2\theta = \dfrac{3}{4}$，求 $\cos^4 \theta - \sin^4 \theta$ 的值.

11. 不用计算器，求下列各式的值.

(1) $\sin \dfrac{\pi}{16} \cos \dfrac{\pi}{16} \cos \dfrac{\pi}{8} \cos \dfrac{\pi}{4}$； (2) $8\sin \dfrac{\pi}{8} \sin \dfrac{\pi}{12} \cos \dfrac{\pi}{8} \cos \dfrac{\pi}{12}$；

(3) $\sin \dfrac{5\pi}{12} \left(\cos^2 \dfrac{5\pi}{24} - \sin^2 \dfrac{5\pi}{24}\right)$； (4) $\tan 20° + \tan 40° + \sqrt{3} \tan 20° \tan 40°$.

12. 若 $\sin \alpha$，$\cos \alpha$ 是方程 $x^2 - x - m = 0$ 的两个根，求 m 的值.

13. 分别写出下列函数的振幅、周期、最大值与最小值.

(1) $y = 8\sin\left(\dfrac{x}{4} - \dfrac{\pi}{8}\right)$； (2) $y = \dfrac{1}{3}\sin\left(3x + \dfrac{\pi}{7}\right)$；

(3) $y = \sin 2x \cos 2x$； (4) $y = \sin x + \sqrt{3} \cos x$.

14. 在 $\triangle ABC$ 中，$a = 4$，$b = 8$，$C = 60°$，求 $\triangle ABC$ 的面积 $S_{\triangle ABC}$（结果保留三位小数）.

15. 在 $\triangle ABC$ 中，已知 $A = 105°$，$B = 60°$，$b = 4$，求 C 和 a，c（边长保留 4 个有效数字）.

16. 在 $\triangle ABC$ 中，已知 $A = 126°43'$，$a = 13.9$，$b = 8.43$，求 B，C 和 c（边长保留 4 个有效数字）.

§10.6 圆锥曲线

一、圆

1. 圆的标准方程

平面内到定点的距离等于定长的点的轨迹叫作圆. 定点称为圆心，定长称为圆半径.

以 $C(a,b)$ 为圆心, r 为半径的圆的标准方程是: $(x-a)^2+(y-b)^2=r^2$.

以坐标原点为圆心的圆的标准方程是: $x^2+y^2=r^2$.

2. 圆的一般方程

方程 $x^2+y^2+Dx+Ey+F=0(D^2+E^2-4F>0)$ 叫作圆的一般方程.

当 $D^2+E^2-4F>0$ 时, $x^2+y^2+Dx+Ey+F=0$ 表示以 $\left(-\dfrac{D}{2},-\dfrac{E}{2}\right)$ 为圆心, $\dfrac{\sqrt{D^2+E^2-4F}}{2}$ 为半径的圆.

当 $D^2+E^2-4F=0$ 时,方程 $x^2+y^2+Dx+Ey+F=0$ 表示点 $\left(-\dfrac{D}{2},-\dfrac{E}{2}\right)$.

当 $D^2+E^2-4F<0$ 时,方程 $x^2+y^2+Dx+Ey+F=0$ 不表示任何图形.

3. 直线与圆的位置关系

若直线 l 到圆心 O 的距离为 d, $\odot O$ 的半径为 r, 则

(1) 直线 l 和 $\odot O$ 相交: $d<r$.

(2) 直线 l 和 $\odot O$ 相切: $d=r$.

(3) 直线 l 和 $\odot O$ 相离: $d>r$.

例 1　求经过 $O(0,0),A(1,1),B(4,2)$ 三点的圆的方程,并求圆心坐标和半径.

解　设所求圆的方程为 $x^2+y^2+Dx+Ey+F=0$.

因为此圆过点 $O(0,0),A(1,1),B(4,2)$,把它们的坐标代入方程中,得
$$\begin{cases} F=0, \\ D+E+F+2=0, \\ 4D+2E+F+20=0. \end{cases}$$

解此方程组得 $D=-8,E=6,F=0$.

于是所求圆的方程为 $x^2+y^2-8x+6y=0$.

把方程 $x^2+y^2-8x+6y=0$ 配方,得 $(x-4)^2+(y+3)^2=25$.

于是,所求圆的半径为 5,圆心坐标为 $(4,-3)$.

例 2　已知直线 $y=x+b$ 和圆 $x^2+y^2=2$,当 b 为何值时,直线与圆相交、相切、相离?

解　由于圆 $x^2+y^2=2$ 的半径为 $\sqrt{2}$,圆心在坐标原点,原点到直线 $y=x+b$ 的距离为
$$d=\dfrac{|1\times 0-1\times 0+b|}{\sqrt{1^2+(-1)^2}}=\dfrac{\sqrt{2}\,|b|}{2},$$

当 $\frac{\sqrt{2}|b|}{2} > \sqrt{2}$,即 $b < -2$ 或 $b > 2$ 时,直线与圆相离.

当 $\frac{\sqrt{2}|b|}{2} = \sqrt{2}$,即 $b = \pm 2$ 时,直线与圆相切.

当 $\frac{\sqrt{2}|b|}{2} < \sqrt{2}$,即 $-2 < b < 2$ 时,直线与圆相交.

二、椭圆

(1) 椭圆的定义:平面内到两个定点 F_1, F_2 的距离之和是常数(大于 $|F_1 F_2|$)的点的轨迹称为椭圆.这两个定点叫作椭圆的焦点,两焦点之间的距离叫作椭圆的焦距.

(2) 椭圆的标准方程和性质见表 10-4.

表 10-4

标准方程	$\frac{x^2}{a^2} + \frac{y^2}{b^2} = 1$ $(a > b > 0)$	$\frac{x^2}{b^2} + \frac{y^2}{a^2} = 1$ $(a > b > 0)$
图形		
范围	$\|x\| \leq a, \|y\| \leq b$	$\|x\| \leq b, \|y\| \leq a$
对称性	关于 x 轴、y 轴均对称,关于原点中心对称	
顶点坐标	长轴端点 $A_1(-a, 0), A_2(a, 0)$;短轴端点 $B_1(0, -b), B_2(0, b)$	长轴端点 $A_1(0, -a), A_2(0, a)$;短轴端点 $B_1(-b, 0), B_2(b, 0)$
焦点坐标	$F_1(-c, 0), F_2(c, 0)$	$F_1(0, -c), F_2(0, c)$
轴长	长轴长为 $2a$,短轴长为 $2b$	
焦距	$2c$	
a, b, c 关系	$c^2 = a^2 - b^2$	
离心率	$e = \frac{c}{a} \in (0, 1)$	

例 3 已知椭圆的焦点在 y 轴上,焦距是 6,椭圆上一点到两个焦点的距离之和是 10,求这个椭圆的标准方程.

解 根据题意,可设椭圆的标准方程为

$$\frac{x^2}{b^2} + \frac{y^2}{a^2} = 1 \quad (a > b > 0),$$

由于 $2c = 6, 2a = 10$,所以 $c = 3, a = 5$,从而

$$b^2 = a^2 - c^2 = 25 - 9 = 16.$$

所以,所求椭圆的标准方程是

$$\frac{x^2}{16} + \frac{y^2}{25} = 1.$$

例 4 求椭圆 $10x^2 + 3y^2 = 30$ 的长轴和短轴的长、顶点坐标.

解 将椭圆方程化为标准方程: $\frac{x^2}{3} + \frac{y^2}{10} = 1.$

由此得出 $a = \sqrt{10}, b = \sqrt{3}$. 因此椭圆的长轴长为 $2a = 2\sqrt{10}$,短轴长为 $2b = 2\sqrt{3}$. 在方程中,令 $y = 0$,得 $x = \pm\sqrt{3}$;令 $x = 0$,得 $y = \pm\sqrt{10}$. 从而得到椭圆的四个顶点坐标分别是 $A_1(0, -\sqrt{10}), A_2(0, \sqrt{10}), B_1(-\sqrt{3}, 0), B_2(\sqrt{3}, 0)$.

例 5 已知椭圆中心在原点,焦点在 y 轴上,且 $b = 4, e = \frac{3}{5}$,求椭圆标准方程.

解 设中心在原点、焦点在 y 轴上的椭圆标准方程为 $\frac{x^2}{b^2} + \frac{y^2}{a^2} = 1$.

因为 $e = \frac{3}{5}$,所以 $\frac{c}{a} = \frac{3}{5}$. 又 $b^2 = a^2 - c^2 = a^2 - \left(\frac{3a}{5}\right)^2 = \frac{16a^2}{25}$,即 $16 = \frac{16a^2}{25}$,解得 $a^2 = 25$.

由此得出,所求椭圆的标准方程为 $\frac{x^2}{16} + \frac{y^2}{25} = 1$.

三、双曲线

(1) 双曲线的定义:平面内到两个定点 F_1, F_2 的距离之差的绝对值是常数(小于 $|F_1 F_2|$)的点的轨迹称为双曲线,这两个定点称为双曲线的焦点,两个焦点之间的距离称为双曲线的焦距.

(2) 双曲线的标准方程和性质,见表 10-5.

表 10-5

标准方程	$\frac{x^2}{a^2} - \frac{y^2}{b^2} = 1$ $(a > 0, b > 0)$	$\frac{y^2}{a^2} - \frac{x^2}{b^2} = 1$ $(a > 0, b > 0)$
图形		

续表

标准方程		$\dfrac{x^2}{a^2}-\dfrac{y^2}{b^2}=1$ $(a>0,b>0)$	$\dfrac{y^2}{a^2}-\dfrac{x^2}{b^2}=1=1$ $(a>0,b>0)$
性质	范围	$x\leqslant -a$ 或 $x\geqslant a$	$y\leqslant -a$ 或 $y\geqslant a$
	对称性	对称轴:x 轴,y 轴;对称中心:坐标原点	
	顶点	$A_1(-a,0),A_2(a,0)$	$A_1(0,-a),A_2(0,a)$,
	轴	实轴 A_1A_2 的长为 $2a$,虚轴 B_1B_2 的长为 $2b$	
	焦距	$|F_1F_2|=2c$ $(c=\sqrt{a^2+b^2})$	
	离心率	$e=\dfrac{c}{a}>1$ 其中 $c=\sqrt{a^2+b^2}$	
	准线方程	$x=\pm\dfrac{a^2}{c}$	$y=\pm\dfrac{a^2}{c}$
	渐近线	$y=\pm\dfrac{b}{a}x$	$y=\pm\dfrac{a}{b}x$

(3) 等轴双曲线. 实轴与虚轴等长的双曲线叫作等轴双曲线,其标准方程为 $x^2-y^2=\lambda(\lambda\neq 0)$,离心率 $e=\sqrt{2}$,渐近线方程为 $y=\pm x$.

例 6 已知双曲线的焦点在 y 轴上,焦距是 6,双曲线上一点到两个焦点的距离之差的绝对值是 4,求这个双曲线的标准方程.

解 根据题意,可设双曲线的标准方程为 $\dfrac{y^2}{a^2}-\dfrac{x^2}{b^2}=1$ $(a>0,b>0)$,

由于 $2c=6,2a=4$,因此 $c=3,a=2$,从而
$$b^2=c^2-a^2=9-4=5.$$
所以,所求双曲线的标准方程是
$$\dfrac{y^2}{4}-\dfrac{x^2}{5}=1.$$

例 7 求双曲线 $9x^2-4y^2=36$ 的实轴与虚轴的长、顶点坐标.

解 将所给方程化为标准方程 $\dfrac{x^2}{4}-\dfrac{y^2}{9}=1$,

则 $a=2,b=3$. 因此双曲线的实轴长 $2a=4$,虚轴长 $2b=6$.

在方程中,令 $y=0$,得 $x=\pm 2$;令 $x=0$,方程无解.

因此,双曲线的顶点是 $A_1(-2,0),A_2(2,0)$.

四、抛物线

(1) 抛物线的定义:平面内到一个定点 F 和一条定直线 L 距离相等的点的轨迹叫作抛物线. 其中,定点 F 叫作抛物线的焦点,定直线 L 叫作抛物线的准线.

(2) 抛物线的标准方程和性质.

一条抛物线由于它在坐标平面上的位置不同,方程也不同. 所以抛物线的标准方程形式有四种,它们的焦点坐标,准线方程以及图形见表 10-6.

表 10-6

图形				
方程	$y^2=2px$ $(p>0)$	$y^2=-2px$ $(p>0)$	$x^2=2py$ $(p>0)$	$x^2=-2py$ $(p>0)$
焦点坐标	$\left(\dfrac{p}{2},0\right)$	$\left(-\dfrac{p}{2},0\right)$	$\left(0,\dfrac{p}{2}\right)$	$\left(0,-\dfrac{p}{2}\right)$
准线方程	$x=-\dfrac{p}{2}$	$x=\dfrac{p}{2}$	$y=-\dfrac{p}{2}$	$y=\dfrac{p}{2}$

方程中常数 $p(p>0)$ 都表示焦点到准线的距离.

抛物线上的点 M 到焦点的距离和它到准线的距离的比,叫作抛物线的离心率,用 e 表示.由抛物线的定义知,$e=1$.

例 8 判断下列抛物线的焦点位置,并求出焦点坐标和准线方程.

(1) $y^2=-\dfrac{1}{2}x$;(2) $y=ax^2(a<0)$;(3) $x^2=-4y$;(4) $x=-y^2$.

解 (1) 该抛物线焦点在 x 轴的负半轴上.

由于 $-2p=-\dfrac{1}{2}$,即 $p=\dfrac{1}{4}$.

因此,焦点坐标为 $\left(-\dfrac{1}{8},0\right)$,准线方程为 $x=\dfrac{1}{8}$.

(2) 把方程化为抛物线的标准方程:$x^2=\dfrac{1}{a}y$.

由于 $a<0$,因此该抛物线的焦点在 y 轴的负半轴上,

由于 $-2p=\dfrac{1}{a}$,即 $p=-\dfrac{1}{2a}$.

因此,焦点坐标为 $\left(0,\dfrac{1}{4a}\right)$,准线方程为 $y=-\dfrac{1}{4a}$.

(3) 因为 $2p=4,p=2$,抛物线的焦点在 y 轴的负半轴上,

所以焦点坐标为 $(0,-1)$,准线方程为 $y=1$;

(4) 化方程为抛物线的标准方程:$y^2=-x$.

由于 $2p=1,p=\dfrac{1}{2}$,该抛物线的焦点在 x 轴的负半轴上,

因此焦点坐标为 $\left(-\dfrac{1}{4},0\right)$,准线方程为 $x=\dfrac{1}{4}$.

例 9 求顶点在原点,焦点为 $F(2,0)$ 的抛物线的标准方程.

解 由于焦点在 x 轴正半轴上,因此设它的标准方程为 $y^2=2px$ $(p>0)$,

因为 $\frac{p}{2}=2$,即 $p=4$,所以抛物线的标准方程为 $y^2=8x$.

例 10 已知抛物线的顶点在原点,对称轴是 y 轴,且经过点 $\left(-1,\frac{1}{10}\right)$,求抛物线的标准方程.

解 依题意,抛物线的焦点在 y 轴的正半轴上,所以设抛物线的标准方程为
$$x^2=2py \quad (p>0),$$
因为点 $\left(-1,\frac{1}{10}\right)$ 在抛物线上,所以 $(-1)^2=2p\times\frac{1}{10}$. 解得 $p=5$.
所以抛物线的标准方程为 $x^2=10y$.

习 题 10.6

1. 填空题:

(1) 抛物线上一点 P 到其准线的距离是 2,则点 P 到其焦点的距离是_____;

(2) 顶点在原点,焦点坐标是 $F(-2,0)$ 的抛物线的标准方程是_____;

(3) 点 P 在椭圆 $\frac{x^2}{9}+\frac{y^2}{4}=1$ 上,F_1,F_2 是该椭圆的焦点,则 $\triangle PF_1F_2$ 的周长是_____;

(4) 点 P 是双曲线 $x^2-3y^2=3$ 上一点,已知点 P 的横坐标与该双曲线的左焦点的横坐标相同,那么点 P 的坐标是_____;

(5) 双曲线 $\frac{y^2}{9}-\frac{x^2}{36}=1$ 的焦点坐标为_____,顶点坐标为_____,渐近线方程是_____.

2. 选择题:

(1) 抛物线 $y=-x^2$ 的焦点坐标是( ).

A. $\left(\frac{1}{4},0\right)$ B. $\left(0,\frac{1}{4}\right)$ C. $\left(-\frac{1}{4},0\right)$ D. $\left(0,-\frac{1}{4}\right)$

(2) 方程 $1+3x^2=y^2$ 表示的图形是( ).

A. 焦点在 x 轴上的椭圆 B. 焦点在 y 轴上的椭圆
C. 焦点在 x 轴上的双曲线 D. 焦点在 y 轴上的双曲线

(3) 实轴长为 6,虚轴长为 8 的双曲线的标准方程是( ).

A. $\frac{x^2}{9}-\frac{y^2}{16}=1$ 或 $\frac{y^2}{9}-\frac{x^2}{16}=1$ B. $\frac{x^2}{16}-\frac{y^2}{9}=1$ 或 $\frac{y^2}{9}-\frac{x^2}{16}=1$
C. $\frac{y^2}{9}-\frac{x^2}{16}=1$ D. $\frac{x^2}{9}-\frac{y^2}{16}=1$

(4) 对称轴是 x 轴,焦点到准线的距离是 1 的抛物线的标准方程是( ).

A. $y^2=2x$ B. $y^2=2x$ 或 $y^2=-2x$
C. $y^2=-2x$ D. $y^2=-2x$ 或 $x^2=-2y$

(5) 已知双曲线的方程为 $9y^2-9x^2=1$,则它的渐近线方程为( ).

A. $y=\pm x$ B. $y=\pm 9x$ C. $x=\pm 9y$ D. $x=\pm 2y$

3. 解答题:

(1) 求经过 $A(2,-1),B(0,5),C(-2,1)$ 三点的圆的方程,并求圆心坐标和圆半径.

(2) 求椭圆 $4x^2+3y^2=12$ 的长轴与短轴的长、焦点坐标、顶点坐标.

(3) 求椭圆 $\dfrac{x^2}{25}+\dfrac{y^2}{16}=1$ 的焦点坐标及焦距.

(4) 求双曲线 $\dfrac{x^2}{16}-\dfrac{y^2}{9}=1$ 的焦点坐标及焦距.

(5) 双曲线的顶点为 $A_1(0,-3),A_2(0,3)$,焦距是 10,求双曲线的标准方程.

(6) 已知抛物线 $y^2=-5ax$ 经过点 $P(-2,10)$,求它的焦点坐标和准线方程.

(7) 已知抛物线的焦点在 x 轴的正半轴上,且焦点到准线的距离为 4,写出抛物线的标准方程.

(8) 求焦点坐标是 $F_1(-\sqrt{10},0),F_2(\sqrt{10},0)$,且经过点 $N(2\sqrt{3},2)$ 的双曲线的标准方程.

(9) 设 F_1,F_2 是椭圆 $\dfrac{x^2}{5}+\dfrac{y^2}{4}=1$ 的两个焦点,短轴的一个端点为 B,求 $\triangle BF_1F_2$ 的周长.

本章知识精粹

本章旨在回顾中学数学的基础知识,提高数学运算技能和数学思维能力,以及运用所学知识、方法分析问题和解决问题的能力.

一、指数函数与对数函数

1. 分数指数幂

(1) $a^{\frac{m}{n}}=\dfrac{1}{\sqrt[n]{a^m}}$ $(a>0,m,n\in \mathbf{N}^*,$ 且 $n>1)$.

(2) $a^{-\frac{m}{n}}=\dfrac{1}{a^{\frac{m}{n}}}$ $(a>0,m,n\in \mathbf{N}^*,$ 且 $n>1)$.

2. 指数幂的运算性质

设 $a>0,b>0,x\in \mathbf{R},y\in \mathbf{R}$,则

$a^x \cdot a^y = a^{x+y}; a^x \div b^y = a^{x-y}; (a^x)^y = a^{xy}; (ab)^x = a^x \cdot b^x.$

3. 指数式与对数式的互化式

$\log_a N = b \Leftrightarrow a^b = N$ $(a>0, a\neq 1, N>0).$

4. 对数的换底公式

$\log_a N = \dfrac{\log_m N}{\log_m a}$ $(a>0,$ 且 $a\neq 1, m>0,$ 且 $m\neq 1, N>0).$

5. 对数的四则运算法则

如果 $a>0$ 且 $a\neq 1, m>0, n>0$,则

$\log_a mn = \log_a m + \log_a n$; $\log_a \dfrac{m}{n} = \log_a m - \log_a n$; $\log_a m^p = p\log_a m$.

6. 指数函数、对数函数的图像和性质

二、不等式

不等式的性质及二次函数的图像、一元二次方程的根、一元二次不等式的解集间的关系。

三、数列

1. 数列的通项公式与前 n 项的和的关系

$$a_n = \begin{cases} s_1, & n=1, \\ S_n - S_{n-1}, & n \geqslant 2. \end{cases}$$

2. 等差数列的通项公式、前 n 项和公式

$$a_n = a_1 + (n-1)d = dn + a_1 - d \, (n \in \mathbf{N}^*);$$
$$S_n = \dfrac{n(a_1 + a_n)}{2} = na_1 + \dfrac{n(n-1)}{2}d = \dfrac{d}{2}n^2 + \left(a_1 - \dfrac{1}{2}d\right)n.$$

3. 等比数列的通项公式、前 n 项的和公式

$$a_n = a_1 q^{n-1} = \dfrac{a_1}{q} \cdot q^n \, (n \in \mathbf{N}^*);$$

$$S_n = \begin{cases} \dfrac{a_1(1-q^n)}{1-q}, & q \neq 1, \\ na_1, & q = 1, \end{cases} \quad \text{或} \quad S_n = \begin{cases} \dfrac{a_1 - a_n q}{1-q}, & q \neq 1, \\ na_1, & q = 1. \end{cases}$$

四、复数

1. 两个复数相等

$a+bi = c+di \Leftrightarrow a=c$ 且 $b=d$(其中 $a,b,c,d \in \mathbf{R}$),特别地 $a+bi = 0 \Leftrightarrow a=b=0$.

2. 复数的乘方

① 复数的乘方:$z^n = \underbrace{z \cdot z \cdot z \cdot \cdots \cdot z}_{n} \, (n \in \mathbf{N}^+)$.

② 对任何 $z, z_1, z_2 \in \mathbf{C}$ 及 $m, n \in \mathbf{N}^+$ 有
$$z^m \cdot z^n = z^{m+n}, (z^m)^n = z^{m \cdot n}, (z_1 \cdot z_2)^n = z_1^n \cdot z_2^n.$$

3. 复数的三角形式

$$z = r(\cos\theta + i\sin\theta)$$

4. 复数的代数形式与三角形式的互化

$$a+bi=r(\cos\theta+i\sin\theta), r=\sqrt{a^2+b^2}, \cos\theta=\frac{a}{r}, \sin\theta=\frac{b}{r}.$$

5. 复数集中一元二次方程的求根公式、韦达定理也成立

五、三角函数

1. 同角三角函数的基本关系

2. 三角函数的诱导公式

3. 两角和与差的正弦、余弦和正切公式

4. 二倍角的正弦、余弦和正切公式

5. 解三角形

(1) 三角形面积公式: $S_{\triangle ABC}=\frac{1}{2}bc\sin A=\frac{1}{2}ab\sin C=\frac{1}{2}ac\sin B.$

(2) 正弦定理与余弦定理.

6. 正弦函数、余弦函数的图像与性质

六、圆锥曲线

(1) 圆的方程.

① 标准方程 $(x-a)^2+(y-b)^2=r^2$,圆心 (a,b),半径为 r;

② 一般方程 $x^2+y^2+Dx+Ey+F=0.$

(2) 直线与圆的位置关系:相离、相切、相交三种情况.

(3) 圆锥曲线的统一定义:平面内到定点 F 和定直线 l 的距离之比为常数 e 的点的轨迹.

当 $0<e<1$ 时,轨迹为椭圆;当 $e=1$ 时,轨迹为抛物线;当 $e>1$ 时,轨迹为双曲线.

(4) 椭圆、双曲线、抛物线的标准方程与几何性质.

第十章习题

1. 填空题:

(1) 设函数 $f(x)=x^2-1$,则 $f(x+2)=$ _____;

(2) 函数 $y=\sin\frac{1}{2}x$ 的最小正周期为 _____;

(3) 函数 $y=\sqrt{|x|-1}$ 的定义域是 _____;

(4) 函数 $y=\log_x 5(x>0)$ 的反函数为 _____;

(5) 已知复数 $z=-3-4i$,则 $\frac{1}{z}$ 的虚部为 _____;

(6) 设 $\cos\alpha=\frac{3}{5}$,则 $\sin 2\alpha=$ _____;

(7) 不等式 $|3-2x|>7$ 的解集为 _____；

(8) 若 $\sin\left(\dfrac{\pi}{4}+\alpha\right)\sin\left(\dfrac{\pi}{4}-\alpha\right)=\dfrac{1}{6},\alpha\in\left(\dfrac{\pi}{2},\pi\right)$，则 $\sin 4\alpha$ 的值等于 _____．

2. 选择题：

(1) 若抛物线的顶点在原点，焦点坐标为 $(-1,0)$，则抛物线的标准方程为（ ）．

A. $y^2=4x$ B. $y^2=-4x$ C. $y^2=2x$ D. $y^2=-2x$

(2) 已知 $\tan\alpha=\sqrt{2}$，则 $\dfrac{\sin\alpha+\cos\alpha}{\sin\alpha-\cos\alpha}=$（ ）．

A. $3-2\sqrt{2}$ B. $3+2\sqrt{2}$ C. $2+3\sqrt{2}$ D. $2-3\sqrt{2}$

(3) 若角 $\alpha=120°$，则 $\cos(180°-\alpha)=$（ ）．

A. $\sin\alpha$ B. $-\sin\alpha$ C. $\cos\alpha$ D. $-\cos\alpha$

(4) 函数 $y=\lg(x^2+x-2)$ 的定义域是（ ）．

A. $[-2,1]$ B. $(-\infty,-2)\cup(1,+\infty)$
C. $(-2,1)$ D. $[-2,1]$

(5) 双曲线 $\dfrac{y^2}{2}-x^2=1$ 的两个焦点坐标是（ ）．

A. $(1,0),(-1,0)$ B. $(0,1),(0,-1)$
C. $(\sqrt{3},0),(-\sqrt{3},0)$ D. $(0,\sqrt{3}),(0,-\sqrt{3})$

(6) 设 $\sin\alpha=\dfrac{1}{2}$，α 为第二象限角，则 $\cos\alpha=$（ ）．

A. $-\dfrac{\sqrt{3}}{2}$ B. $-\dfrac{\sqrt{2}}{2}$ C. $\dfrac{1}{2}$ D. $\dfrac{\sqrt{3}}{2}$

(7) 设等比数列 $\{a_n\}$ 的各项都为正数，若 $a_3=1,a_5=9$，则公比 $q=$（ ）．

A. 3   B. 2   C. -2 D. -3

(8) 已知椭圆的长轴长为 8，则它的一个焦点到短轴一个端的距离为（ ）．

A. 8   B. 6   C. 4   D. 2

(9) 已知抛物线方程为 $y^2=8x$，则它的焦点到准线的距离是（ ）．

A. 8   B. 4   C. 2   D. 6

习题参考答案

习题 10.1

1. (1) A；(2) B；(3) D；(4) D；(5) D；(6) C.

2. (1) a；(2) $3^{-2}=\dfrac{1}{9}$；(3) $\sqrt[3]{9}$；(4) 12；(5) $\dfrac{b-2a}{1-a}$；(6) $3a-\dfrac{2}{a}-2$；(7) 1.

3. (1) $\{x|x>1\ \text{或}\ x>4\}$. (2) 1.

习题 10.2

1. (1) D；(2) D；(3) C；(4) B；(5) C.

2. (1) ① $\{x|-3\leqslant x<-2\ \text{或}\ 0<x\leqslant 1\}$；② $\{x|-1\leqslant x<0\ \text{或}\ x\geqslant 2\}$；
③ $\{x|x\leqslant -1\ \text{或}\ x>4\}$；④ $\{x|x<4\}$.

(2) 当 $0<a<\frac{1}{2}$ 时，$\left\{x\Big|x<a \text{ 或 } x>\frac{1}{2}\right\}$；当 $\frac{1}{2}<a<1$ 时，$\left\{x\Big|x<\frac{1}{2} \text{ 或 } x>a\right\}$；当 $a=\frac{1}{2}$ 时，$x\neq\frac{1}{2}$.

习题 10.3

1. (1) 19；(2) $(-1)^n \cdot 2n$；(3) -3；(4) $\frac{81}{4}$；(5) ± 8；(6) 10；(7) 10；(8) $a_n=2n-4$.

2. (1) -128；(2) 32,35.

习题 10.4

1. (1) C；(2) A；(3) B；(4) D；(5) B；(6) B；(7) C；(8) B.

2. (1) $x=-1, y=5$.

　　(2) ① $2\left(\cos\frac{7\pi}{4}+\mathrm{i}\sin\frac{7\pi}{4}\right)$；② $\sqrt{2}\left(\cos\frac{3\pi}{4}+\mathrm{i}\sin\frac{3\pi}{4}\right)$；

　　　③ $\cos\frac{4\pi}{3}+\mathrm{i}\sin\frac{4\pi}{3}$；④ $2\left(\cos\frac{2\pi}{3}+\mathrm{i}\sin\frac{2\pi}{3}\right)$.

　　(3) ① $-1+\mathrm{i}$；② $\frac{\sqrt{6}}{2}-\frac{\sqrt{2}}{2}\mathrm{i}$；③ $-2+2\mathrm{i}$；④ $\frac{3\sqrt{3}}{2}+\frac{3}{2}\mathrm{i}$.

　　(4) ① $2\mathrm{e}^{\frac{4\pi}{3}\mathrm{i}}$；② $\mathrm{e}^{2\mathrm{i}}$；③ $\sqrt{2}\mathrm{e}^{-\frac{3\pi}{4}\mathrm{i}}$；④ $\mathrm{e}^{\frac{3\pi}{2}\mathrm{i}}$.

习题 10.5

1. $-\frac{\sqrt{3}}{2}$.　2. $\frac{2\sqrt{13}}{13},-\frac{3\sqrt{13}}{13}$.　3. -3.　4. $-\frac{15}{32}$.　5. (1) >0；(2) >0；(3) <0.

6. $\frac{7\pi}{30},\frac{8\pi}{30},\frac{\pi}{2}$.　7. $\frac{7\sqrt{2}}{10},\frac{24}{25}$.　8. $-\frac{7\sqrt{2}}{10},\frac{24}{25}$.　9. $-\frac{3}{4},-2$.　10. $\frac{3}{4}$.

11. (1) $\frac{1}{8}$；(2) $\frac{\sqrt{2}}{2}$；(3) $\frac{1}{4}$；(4) $\sqrt{3}$.　12. 0.

13. (1) $8,8\pi,8,-8$；(2) $\frac{1}{3},\frac{2\pi}{3},\frac{1}{3},\frac{1}{3}$；(3) $\frac{1}{2},\frac{\pi}{2},\frac{1}{2},\frac{1}{2}$；(4) $2,2\pi;2,-2$.

14. $8\sqrt{3}$.　15. $C=15°, a=4.462, c=1.195$.　16. $B=27°52', C=25°25', c=7.444$.

习题 10.6

1. (1) 2；(2) $y^2=-8x$；(3) $6+\sqrt{5}$；(4) $\left(-2,\frac{\sqrt{3}}{3}\right)$；(5) $(0,\pm 3\sqrt{5}),(0,\pm 3),y=\pm\frac{1}{2}x$.

2. (1) C；(2) D；(3) A；(4) B；(5) A.

3. (1) $(x-1)^2+(y-2)^2=10$.　(2) $4,2\sqrt{3},(0,\pm 1),(0,\pm 2),(\pm\sqrt{3},0)$.　(3) $(\pm 1,0),2$.

　　(4) $(\pm\sqrt{5},0),2\sqrt{5}$.　(5) $\frac{y^2}{9}-\frac{x^2}{16}=1$.　(6) $\left(-\frac{25}{2},0\right),x=\frac{25}{2}$.　(7) $y^2=8x$.

　　(8) $\frac{x^2}{6}-\frac{y^2}{4}=1$.　(9) $2\sqrt{5}+2$.

第十章习题

1. (1) x^2+4x+3；(2) 4π；(3) $\{x|x\leqslant-1 \text{ 或 } x\geqslant 1\}$；(4) $y=5^x(x\in\mathbf{R})$；(5) $\frac{4}{25}$；

　　(6) $\frac{24}{25}$；(7) $\{x|x\leqslant-2 \text{ 或 } x\geqslant 5\}$；(8) $-\frac{4\sqrt{2}}{9}$.

2. (1) B；(2) B；(3) D；(4) B；(5) D；(6) A；(7) A；(8) C；(9) B.

参 考 文 献

[1] 同济大学应用数学系. 高等数学.(第五版)[M]. 北京:高等教育出版社, 2002.

[2] 高汝熹. 高等数学(一)微积分[M]. 武汉:武汉大学出版社,1998.

[3] 陆庆乐,等. 高等数学(上册、下册)[M]. 北京:高等教育出版社,1998.

[4] 赵树嫄. 微积分(第三版)[M]. 北京:中国人民大学出版社,2007.

[5] 龚德恩,等. 经济数学基础(第三版)(第一分册)[M]. 成都:四川人民出版社, 2000.

[6] 叶其孝. 大学生数学建模竞赛辅导教材(一)[M]. 长沙:湖南教育出版社, 1993.

[7] 叶其孝. 大学生数学建模竞赛辅导教材(二)[M]. 长沙:湖南教育出版社, 1997.